高等院校大数据应用型人才培养立体化资源"十四五"系列教材

大数据存储技术与应用

曹小平　黄金土　王海蓉　阳维国　主编

中国铁道出版社有限公司
CHINA RAILWAY PUBLISHING HOUSE CO., LTD.

内 容 简 介

本书针对高等院校大数据应用型人才培养目标编写,采取教、学、做相结合的模式,对大数据存储技术与应用进行了讲解。本书分为基础篇、实践篇和拓展篇。基础篇包含三个项目,讲解了大数据处理流程、大数据存储架构、大数据存储技术等;实践篇包含三个项目,讲解了结构化数据存储技术、PostgreSQL 存储技术、MPP 并行数据存储架构、NoSQL 存储技术等;拓展篇包含一个项目,根据行业需求,选取与大数据技术结合紧密的相关技术,讲解了大数据存储系统构建、规划、部署、优化、维护等。

本书突出校企融合、前瞻性,适合作为高等院校大数据技术专业教材,也可作为培训机构数据存储课程的教材,还可作为大数据系统管理人员的参考书。

图书在版编目(CIP)数据

大数据存储技术与应用/曹小平等编著. —北京:中国铁道出版社有限公司, 2024.2

高等院校大数据应用型人才培养立体化资源“十四五”系列教材

ISBN 978-7-113-30826-1

Ⅰ.①大… Ⅱ.①曹… Ⅲ.①数据管理-高等学校-教材 Ⅳ.①TP274

中国国家版本馆 CIP 数据核字(2023)第 252187 号

书　　名: 大数据存储技术与应用
作　　者: 曹小平　黄金土　王海蓉　阳维国

策　　划: 张　彤　　　**编辑部电话:** (010)51873202
责任编辑: 张　彤
封面设计: MXK DESIGN STUDIO Q:1765628429
责任校对: 刘　畅
责任印制: 樊启鹏

出版发行: 中国铁道出版社有限公司(100054,北京市西城区右安门西街 8 号)
网　　址: http://www.tdpress.com/51eds/
印　　刷: 三河市燕山印刷有限公司
版　　次: 2024 年 2 月第 1 版　2024 年 2 月第 1 次印刷
开　　本: 787 mm×1 092 mm 1/16　**印张:** 14.5　**字数:** 359 千
书　　号: ISBN 978-7-113-30826-1
定　　价: 49.80 元

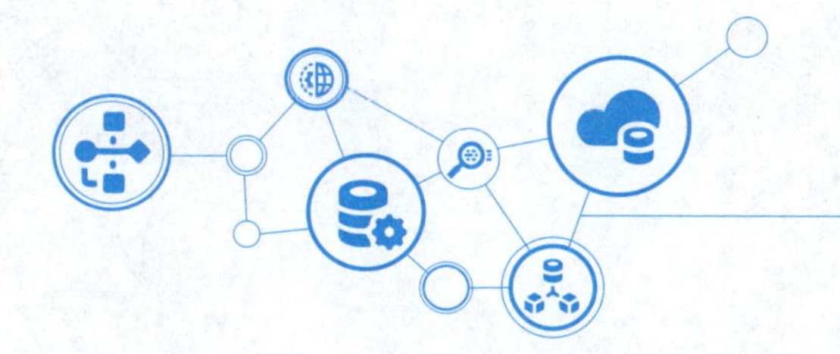

前　言

党的二十大报告指出："教育、科技、人才是全面建设社会主义现代化国家的基础性、战略性支撑。"

本书是高等院校大数据应用型人才培养立体化资源"十四五"系列教材之分册，以培养学生的应用能力为主要目标，强调理论与实践相结合。通过校企双方优势资源的共同投入和促进，建立以产业需求为导向、以实践能力培养为重点、以产学结合为途径的专业培养模式，使学生既获得实际工作体验，又夯实基础知识，掌握实际技能，提升综合素养。本书注重实际应用，立足于高等教育应用型本科的人才培养目标，结合国信蓝桥教育科技股份有限公司培养应用型技术技能专业人才的实践经验，在内容编排上，将教材知识点项目化，采用任务驱动的方式进行讲解，力求循序渐进、举一反三，突出实践性和工程性，使抽象的理论具体化、形象化，真正贴合实际、面向工程应用。

本书在编写过程中，注意突出以下特点：

(1)系统性。以项目为基础，以任务实战的方式安排内容，结构清晰、新颖，先让学生掌握课程整体知识内容的骨架，然后在不同项目中穿插实战任务，学习目标明确，对学生具有更好的培养效果。

(2)校企融合。本书由一批具有丰富教学经验的高级教师和多年从事工程实践经验的企业工程师编写，既解决了高校教师教学经验丰富但工程经验少、编写教材时理论内容过多的问题，又解决了工程人员实战经验多却无法全面清晰论述内容的问题。

(3)前瞻性。相关案例来自工程一线，案例新、实践性强，可使学生掌握实际工作中需要用到的各种技能，边做边学，在学校完成实践学习，提前具备岗位所需的职业人技能素养。

本书适合作为高等院校大数据技术相关专业数据存储技术教材，也可作为相关培训机构数据存储课程的教材，还可作为大数据系统管理人员的参考书。

在本书的编写过程中，得到大数据学界的师友及同仁的热情帮助，在此表示衷心的感谢！

由于时间仓促，编者水平有限，书中难免存在疏漏与不妥之处，敬请广大读者批评指正。

编　者

2023年5月

大数据存储
技术与应用
课程介绍

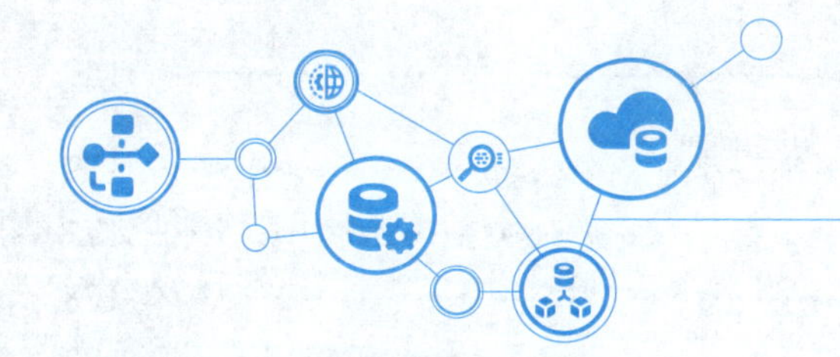

目　录

基础篇

实践篇

基础篇

引言

5G 时代背景下，新一代信息技术正在不断地影响着社会生产和人们的生活。

数据，已经被赋予了新的内涵：从二进制比特流演变成了个人、组织、国家重要的战略资源。在数据资源的支撑下，一切将变得更加智能，更加智慧；人们可以花更少的精力、占用组织和社会更少的资源干更多的事。

“让数据多跑路，让百姓少跑路”是数据在智慧政务中的应用；让出租车烧更少的油，服务更多的乘客是数据在智慧交通中的应用；让土壤施更少的肥料，结出更多更优的果实，是数据在智慧农业中的应用……

远程医疗、无人驾驶、智能机器人、森林防火无人机……我们身边的一切正在经历着翻天覆地的变化，我们每天都在以各种方式生产和消费着各种数据。数据让社区、组织、城市、国家乃至整个地球变得更加灵动，更加智慧。坐在高铁上，吸烟会让传感器采集到数据触发烟雾报警器，迫使列车停车。一串串的比特流构建着一张张巨大的神经网络，让冰冷的设备零件变得鲜活起来。

数据无处不在，无时不在；从远古渔猎时代的结绳计数，到摩斯电码；从老百姓的日用账本，到航空航天的北斗导航，时时处处都有数据的影子。

很难想象，在不清楚道路的情况下，车能怎么开；亦难想象，在没有任何支撑数据的情况下，做出一个重大决策又是多么困难。

洞察数据价值，存储数据资源，挖掘数据金矿，是时代赋予大数据工程师的特殊使命。

学习目标

- 掌握大数据处理流程。
- 掌握大数据存储架构、大数据存储技术路线。
- 具备识别结构化、半结构化、非结构化数据，根据存储应用场景规划存储技术路线的能力。

知识体系

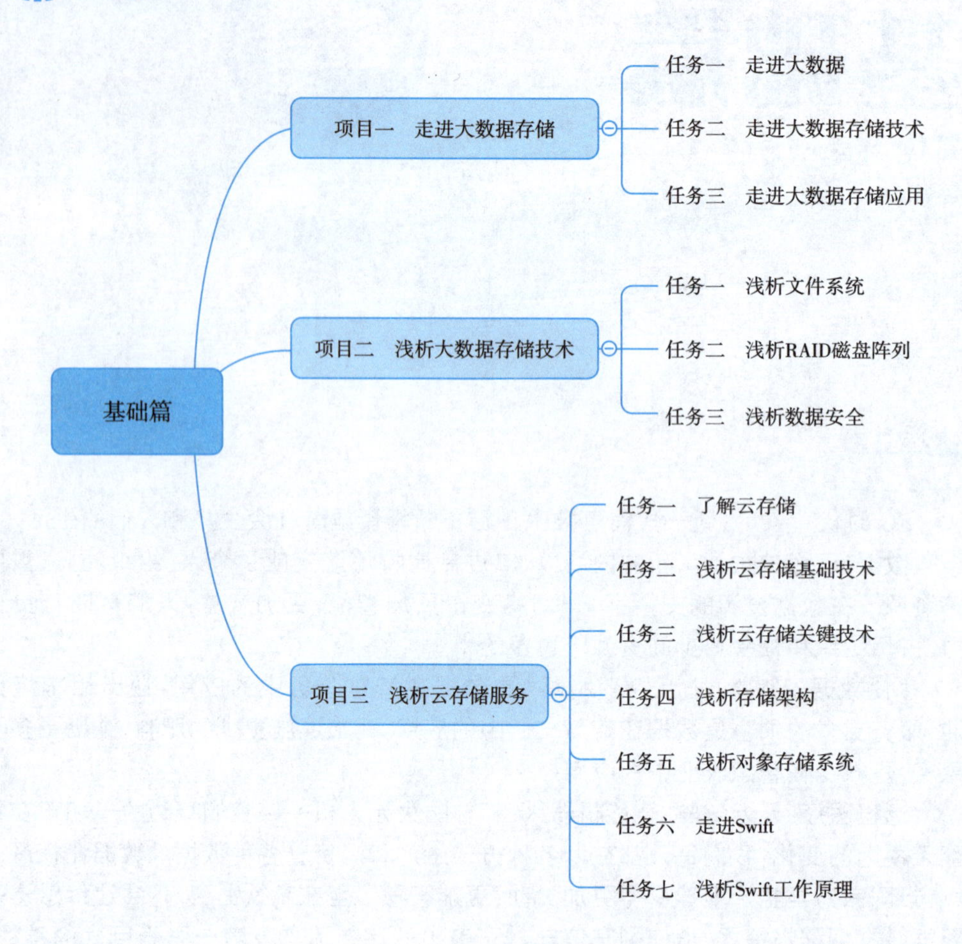

基础篇
项目一　走进大数据存储
任务一　走进大数据
任务二　走进大数据存储技术
任务三　走进大数据存储应用
项目二　浅析大数据存储技术
任务一　浅析文件系统
任务二　浅析RAID磁盘阵列
任务三　浅析数据安全
项目三　浅析云存储服务
任务一　了解云存储
任务二　浅析云存储基础技术
任务三　浅析云存储关键技术
任务四　浅析存储架构
任务五　浅析对象存储系统
任务六　走进Swift
任务七　浅析Swift工作原理

项目一

走进大数据存储

任务一　走进大数据

任务描述

在学习大数据存储之前，首先要了解“大数据”的概念，熟悉大数据的分类，随后进一步掌握大数据处理的流程。

任务目标

大数据存储概述

- 了解大数据的概念与特征。
- 熟悉大数据的分类。
- 掌握大数据的处理流程。

任务实施

一、了解大数据的概念与特征

随着5G通信技术的成熟，特别是社交网络、物联网、多种传感器的广泛应用，数据作为一种资源其重要性愈发凸显，传统的数据存储、分析技术难以实时处理海量的数据信息，大数据的概念应运而生。

1. 大数据的概念

在信息技术中，大数据(big data)是指使用传统数据管理工具和数据处理技术很难处理的大型而复杂的数据集。

2. 大数据的特征

大数据具有五个典型特征，分别是volume(大量)、velocity(高速)、variety(多样)、veracity(真实性)、value(价值)，又称5V特征。

1) volume(大量)

数据体量巨大,5G 时代背景下,在实际应用中,许多数据集堆叠在一起,已经形成了 PB 甚至更高级别的数据量。例如,智慧城市系统所产生的视频监控数据、指标监测数据等。

2) velocity(高速)

数据增长速度快,处理速度也快,时效性要求高。例如,搜索引擎要求几分钟前的新闻能够被用户查询到,个性化推荐算法尽可能要求实时完成推荐。这是大数据区别于传统数据挖掘的显著特征。

3) variety(多样)

数据来源多样,数据的类型和格式丰富,已经突破了传统结构化数据的限定;各种新型数据不断产生;衍生出多变的形式和类型。

4) veracity(真实性)

数据的真实性和可信赖度,即追求高质量的数据。随着新数据源的兴起,数据应用的思维模式发生了大的转变,传统应用的数据壁垒被打破,业务应用愈发需要确保数据的真实性和可信赖度,以输出有效的信息。

5) value(价值)

数据价值密度相对较低,随着 5G 通信、区块链、工业互联网以及物联网的广泛应用,信息感知无处不在,信息海量,但价值密度较低。如何结合实际应用场景并通过强大的大数据分析计算系统来挖掘数据金矿,是大数据时代迫切需要解决的问题。

二、熟悉大数据的分类

根据不同的分类规则,大数据可以分成不同的类别。

1. 按结构化特征分类

按照数据的结构化特征分类,分为结构化数据、半结构化数据和非结构化数据。结构化数据,如车辆行驶里程表、驾驶员基本信息表等;半结构化数据,如日志数据、电子邮件、XML 文件数据等;非结构化数据,如路侧监控视频、图像、传感器数据等。

2. 按处理时效性分类

按数据处理时效性分类,分为实时处理数据、准实时处理数据和批量处理数据。

3. 按存储方式分类

按存储方式分类,分为关系数据库存储、键值数据库存储、列式数据库存储、图数据库存储、文档数据库存储等。

4. 按交换方式分类

按交换方式分类,分为 ETL(extract,抽取;transform,转换;load,加载)方式、系统接口方式、FTP 方式、移动介质复制方式等。

三、掌握大数据的处理流程

大数据的处理流程主要包括大数据采集、大数据治理、大数据存储、分析与应用等环节。大数据分析应用项目实施流程如图 1-1-1 所示。

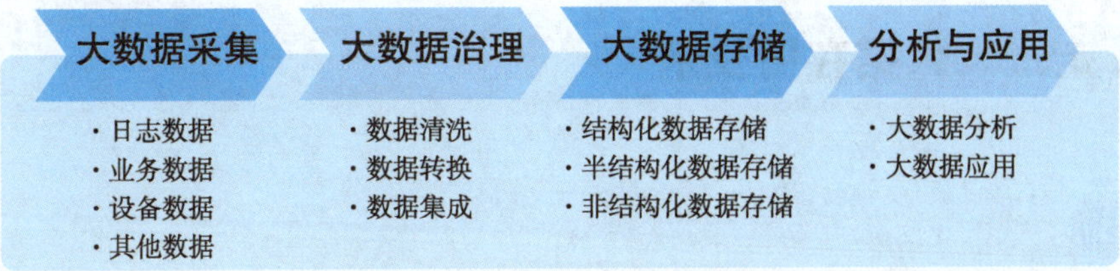

大数据采集
·日志数据
·业务数据
·设备数据
·其他数据

大数据治理
·数据清洗
·数据转换
·数据集成

大数据存储
·结构化数据存储
·半结构化数据存储
·非结构化数据存储

分析与应用
·大数据分析
·大数据应用

图 1-1-1　大数据分析应用项目实施流程

1. 大数据采集

大数据的采集通常采用多个数据库来接收终端数据，包括智能硬件端、多种传感器端、网页端、移动 App 应用端等，并且可以使用数据库进行简单的处理工作。可以使用 MySQL、Oracle 等来存储关系数据；Redis、MongoDB、Linux 文件系统、Hadoop HDFS 也常用于数据采集。

常用的数据采集方式如图 1-1-2 所示。

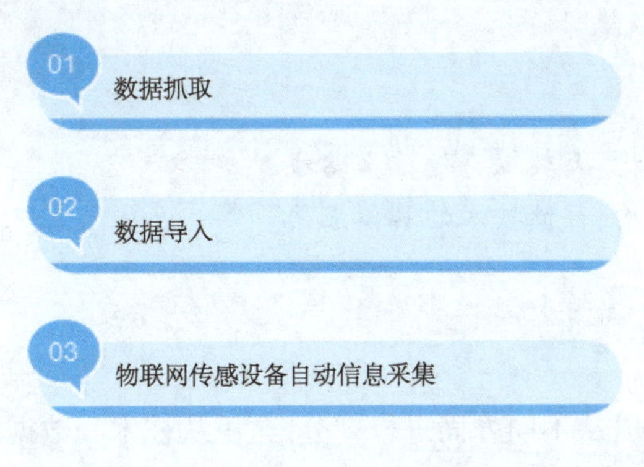

图 1-1-2　常用的数据采集方式

2. 大数据治理

虽然采集端本身有很多数据，但是如果要对这些海量数据进行有效的分析，应该将这些数据导入到一个集中的大型分布式数据库或者分布式存储集群中，同时，在导入的基础上完成数据清洗和治理工作。也有一些用户会在导入时使用 Storm 工具对数据进行流式计算，以满足部分业务的实时计算需求。

3. 大数据存储

通过构建大数据存储系统对各阶段海量数据进行有效存储。

4. 分析与应用

利用大数据分析计算、数据可视化等技术对海量数据进行分析计算和应用。

任务小结

通过本任务的学习，可对大数据有初步的认识，能够清晰地按照不同的分类规则对大数据进行分类；另外，还学习了大数据的处理流程。

任务二　走进大数据存储技术

任务描述

5G时代的到来,各种数据呈几何级增加,数据已然成为一种非常宝贵的战略资源。大数据已经成为社会的研究热点。如何改进数据存储与管理技术,以满足大数据应用中数据被高效、安全地长期保存、快速管理、实时调用和实时处理的需求,是大数据技术中的主要问题之一,也是大数据存储的目标所在。

通过本任务将系统学习大数据存储架构和大数据存储技术路线,并分析目前流行的大数据存储技术,最后了解大数据存储发展过程中出现的几种大数据存储系统。

大数据存储技术架构

任务目标

- 了解大数据存储架构、大数据存储技术路线。
- 掌握大数据存储架构、存储技术的具体应用。

任务实施

大数据的存储架构可以从不同方面进行划分,这里从技术和数据结构两个方面进行分类。

一、按技术分类

大数据存储架构,按照采用技术的不同可以分为嵌入式架构、x86架构和云存储架构。

1. 嵌入式架构

基于嵌入式架构的存储系统,如典型的NVR(network video recorder,网络硬盘录像机)、小型车载监控系统等。采用嵌入式架构所设计系统中通常没有大型的存储监控机房,数据存储容量相对较小,系统功能的集成度较高。

2. x86架构

x86是Intel通用计算机系列标准编号的缩写,是由Intel推出的一种复杂的指令集架构,用于控制芯片的运行程序。x86已经广泛运用到家用PC(personal computer,个人计算机)领域。大多数个人计算机和PC服务器采用了x86架构。

x86架构的存储系统,具有存储系统扩展性好、硬件平台通用、数据可充分共享等优点。

基于x86架构的典型存储技术有DAS(direct-attached storage,直连式存储)、NAS(network-attached storage,网络接入存储)、SAN(storage area network,存储区域网络)、文件系统、RAID(redundant arrays of independent disks,磁盘阵列)等。

3. 云存储架构

云存储(cloud storage)是一种基于云计算技术架构实现的存储系统。典型的云计算技术有基于vmware技术实现的云存储系统、开源OpenStack实现的云存储系统、开源CloudStack实现的云存储系统等。云存储的结构模型包括四部分：

1)存储层

存储层是云存储系统的基础,由存储设备(DAS 本地存储、SAN、NAS、iSCSI、NAS 等)构成。

2)基础管理层

基础管理层是云存储系统最核心的部分,主要负责存储设备之间的任务协同、数据加密、分发及容灾备份等工作。

3)应用接口层

应用接口层是系统中根据用户需求来开发的部分,根据不同的业务类型,可以开发出不同的应用服务接口。

4)访问层

访问层授权用户通过应用接口来登录、享受云服务。

二、按数据结构分类

大数据存储按照数据结构可分为结构化数据存储架构、半结构化数据存储架构和非结构化存储架构。

1. 结构化数据存储架构

结构化数据可以基于关系型数据库存储。典型的结构化数据存储系统如 PostgreSQL 数据存储系统、GreenPlum 并行数据存储系统等。

2. 半结构化数据存储架构

半结构化数据具有一定的结构性,也具有一定的可变性,如学生的档案数据,包含的内容非常复杂:基本信息、学习信息等,还有一些无法事先预料的数据。

半结构化典型存储技术有关系数据库(RDBMS)存储技术、NoSQL 存储技术、ElasticSearch 日志存储技术。

1)关系数据库存储技术

整个半结构化数据采用关系数据库设计和存储。各大关系数据库厂商为关系数据库产品增加了对半结构化数据的存储支持,如大型对象(LOB)数据类型。

业务应用系统通过数据接口将无法预料的半结构化数据用 XML 格式组织并保存到 LOB 字段中。

2)NoSQL 存储技术

NoSQL 数据库通常指非关系型的数据库,与关系数据库不同,它们不保证关系数据的 ACID 特性,即原子性(atomicity)、一致性(consistency)、隔离性(isolation)和持久性(durability)。

NoSQL 存储架构非常适合半结构化数据的存储。

3)ElasticSearch 日志存储技术

ElasticSearch 是一个基于 Lucene 的分布式全文搜索引擎,是一款由 Java 程序设计语言开发的开源框架,遵守 Apache 许可条款,是当前非常流行的开源的企业级搜索引擎。

3. 非结构化数据存储架构

非结构化数据存储是指为文档、视频、音频等非结构化数据设计的存储架构。相比于传统的关系型数据库,非结构化数据存储架构更适用于处理海量的、不同类型的非结构化数据,如文本、音频、视频等。常见的非结构化数据存储架构包括 Hadoop 等。这类架构不仅可以提供高可

扩展性和高性能，还可以满足大数据处理的需求。

任务小结

本任务涉及大数据存储体系架构按技术分类、按照数据结构分类。

技术分类从技术角度对大数据存储体系架构进行了解析，具体包括嵌入式架构、x86 架构和云存储架构，应用的场景各有不同。

数据结构分类从数据角度对大数据存储体系架构进行了解析，具体包括结构化数据、非结构化数据和半结构化数据，不同数据类型采用的存储架构也不同。

任务三　走进大数据存储应用

任务描述

5G 时代的到来，各种数据呈几何级增加，数据已然成为一种非常宝贵的战略资源备受关注，大数据已经应用到各个领域。

农业领域，借助于大数据提供的消费能力和趋势报告，政府可为农业生产进行合理引导，依据需求进行生产，避免产能过剩造成不必要的资源和社会财富浪费。通过大数据的分析将会更精确地预测未来的天气，帮助农民做好自然灾害的预防工作，帮助政府实现农业的精细化管理和科学决策。

智慧城市，大数据技术可以了解经济发展情况、各产业发展情况、消费支出和产品销售情况等，依据分析结果，科学地制定宏观政策，平衡各产业发展，避免产能过剩，有效利用自然资源和社会资源，提高社会生产效率。大数据技术也能帮助政府进行支出管理，透明合理的财政支出将有利于提高公信力和监督财政支出。

教育领域，信息技术已在教育领域有了越来越广泛的应用，教学、考试、师生互动、校园安全、家校关系等，只要技术达到的地方，各个环节都被数据包裹。通过大数据的分析来优化教育机制，也可以做出更科学的决策，这将带来潜在的教育革命。在不久的将来，个性化学习终端将会更多地融入学习资源云平台，根据每个学生的不同兴趣爱好和特长，推送相关领域的前沿技术、资讯、资源乃至未来职业发展方向。

本任务以医疗、电力、交通系统为案例，了解大数据存储技术在行业领域的具体应用。

任务目标

大数据存储应用

- 了解大数据存储技术在医疗、电力、交通系统中的应用。
- 了解大数据关键存储技术。

任务实施

本任务将以案例为切入点，详细介绍大数据存储技术的行业应用。随着数据量的爆发式增长,单一的离线存储和计算架构已经不能够满足项目应用的需求。

在实际应用场景中,多采用融合架构设计,针对实际项目需求整合各架构技术的优势,取长补短、优化设计。例如,大规模并行处理、并行存储技术的推广和应用、Redis 内存计算和存储技术的应用、高速缓存技术的应用等。

一、了解医疗大数据

1. 背景介绍

随着大数据在互联网、电子商务、公共服务等行业的成功应用,医疗卫生行业的信息化也迎来自己的“大数据时代”。目前,医疗卫生系统的信息化日趋成熟,但随着省级医院与基层、公共卫生机构之间的数据共享和互联互通建设的推进,数据数量的增加、数据所需处理速度的提高、数据类型和标准的多样化、系统之间的数据孤岛等问题逐渐显现。

2. 平台价值

医疗大数据平台帮助医院取得如下几方面的成果和业务价值:打通信息孤岛、构建患者档案、管理医务绩效、支持高效决策。

二、了解电力大数据

1. 背景介绍

电力行业是国民经济的命脉,虽然衡量电力工业发展的重要指标——装机容量始终在增长,但是其增速已经有所放缓。这就要求根据新的形势和国际规则探索新的发展模式,迎接所面临的各种挑战。

某电力公司在省公司的科学领导下,按照“规范、标准、统一、共享”的顶层设计思路,初步建成了统一的企业级数据共享与业务融合支撑平台,实现了数据管理规范化、模型设计标准化、质量监控可视化;全面支撑了省公司实现“两个一流”(创建世界一流电网、创建国际一流企业),整体提升战略执行力和运营管理水平的战略目标。

2. 平台价值

通过电力大数据融合平台的建设,可以最大限度地发挥数据的价值:

(1)提升生产集约化和管理现代化水平。

(2)提高智能电网的信息化水平。

(3)增强操作控制的自动化能力。

(4)提升用电服务的互动化水平。

三、了解交通大数据

1. 背景介绍

交通大数据是指采集来自轨道、公交等智能交通和其他源头的海量交通信息和数据,通过整合和分析,为优化交通管理和服务,提高交通运输效率和安全,改善出行体验和环境保护等提供支撑。

2. 平台价值

某市公共交通政府购买服务大数据平台采集轨道集团、公交集团和其他交通数据,通过整合和分析提供以下服务。

(1)交通流量:轨道、公交、其他交通工具的交通流量、速度、拥堵情况等。

(2)交通行为:驾驶行为、出行目的、乘客运输、货物运输等。

(3)交通设施:道路、桥梁、隧道、交通信号灯、公交线路、停车场交通设施的基本信息、运营情况和维护状况等。

(4)交通安全:事故发生率、交通违法行为、交通事故类型和严重程度等。

(5)公众出行需求和行为:出行时间、目的地、出行方式、出行耗时等。

(6)合规性分析:免费卡、学生卡、爱心优惠卡的合规性分析等。

四、了解关键存储技术

1. 大规模并行计算(MPP computing)

充分利用各种计算和存储资源,不管是服务器还是普通的PC,对网络条件也没有严苛的要求。作为横向扩展的大数据平台,MPP并行存储架构能够充分发挥各个节点的计算能力,轻松实现针对TB/PB级数据分析的秒级响应。

2. 内存计算(in-memory computing)

通过内存计算,CPU直接从内存而非磁盘上读取数据并对数据进行计算。内存计算是对传统数据处理方式的一种加速,是实现大数据分析的关键应用技术。

3. 列存储(column-based)

基于列存储的大数据集市,不读取无关数据,能降低读/写开销,同时提高I/O的效率,从而大幅提高查询性能。另外,列存储能够更好地压缩数据,一般压缩比在5~10倍之间,这样一来,数据占有空间降低到传统存储的1/5~1/10。良好的数据压缩技术,不但节省了存储设备和内存的开销,而且大幅提升了计算性能。

任务小结

本任务涉及对大数据存储技术的典型应用,对大数据存储应用的平台价值进行了剖析。

大数据存储技术应用非常广泛:工业、能源、医疗、金融、电信、交通等行业均有应用,如何整合数据、利用数据创造价值是大数据存储技术的关键点。本任务以医疗大数据、能源电力大数据为例,解读了大数据存储技术的应用。

※思考与练习

一、填空题

1. 大数据的5V特征,包括__________、__________、__________、__________和__________。

2. 大数据分类按照结构化特征分为__________、__________和__________。

3. 大数据分类按存储方式分为__________、__________、__________、__________、__________等。

4. 利用大数据分析计算、数据可视化等技术对海量数据进行__________和__________。

5. 大数据按数据处理时效性可以分为__________、__________和__________。

二、判断题

1. 大数据的 value 特征是指大数据不仅数据量大，而且数据的价值密度非常高。 （ ）
2. 大数据的处理流程，包括大数据采集、大数据治理、大数据存储和大数据分析与应用。 （ ）
3. veracity 是指数据的真实性和可信赖度，即追求高质量的数据。 （ ）
4. 大数据（big data）数据量虽然庞大，使用传统的存储、分析技术同样可以很容易进行实时处理。 （ ）
5. volume 是指数据量非常大，通常也称为“海量”数据。 （ ）

三、选择题

1. 非结构化数据存储是指为（ ）、视频、音频等非结构化数据设计的存储架构。
   A. 文档 B. 数据库 C. 磁盘系统 D. 操作系统
2. （ ）是云存储系统的基础。
   A. 存储层 B. 基础管理层 C. 应用接口层 D. 访问层
3. （ ）是云存储系统最核心的部分，主要负责存储设备之间的任务协同、数据加密、分发及容灾备份等工作。
   A. 存储层 B. 基础管理层 C. 应用接口层 D. 访问层
4. （ ）是系统中根据用户需求来开发的部分，根据不同的业务类型，可以开发出不同的应用服务接口。
   A. 存储层 B. 基础管理层 C. 应用接口层 D. 访问层
5. （ ）指授权用户通过应用接口来登录、享受云服务。
   A. 存储层 B. 基础管理层 C. 应用接口层 D. 访问层

四、简答题

1. 什么是大数据？
2. 大数据的 5V 特征有哪些？
3. 请描述大数据的处理流程。
4. 什么是大数据采集？
5. 简述大数据分析与应用。
6. 按技术分类，大数据存储架构有哪些？
7. 什么是嵌入式架构，应用场景有哪些？
8. 简述云存储架构。
9. 简述结构化数据存储架构。
10. 简述非结构化数据存储架构。
11. 医疗大数据平台可帮助医院取得哪几方面的成果和业务价值？

调研国产数据存储产业化现状

一、实践目的

（1）熟悉我国大数据存储技术的产业化情况。

(2)了解我国大数据存储主流技术及产品特性。

二、实践要求

各学员通过调研、搜集网络数据等方式完成。

三、实践内容

(1)调研我国大数据存储技术产业联盟情况。

(2)调研华为、中兴通讯、阿里、南大通用大数据存储技术发展情况,完成下面内容的补充。

时间:______________________________

用户数:______________________________

技术研发总投资:______________________________

市场规模:______________________________

分组讨论:针对国产大数据存储主流技术之一所带来的影响,学员从正反两个角度进行讨论,提出国产大数据存储技术未来的发展方向。

项目二 浅析大数据存储技术

任务一 浅析文件系统

任务描述

大数据存储技术离不开文件系统，本任务需要对文件系统的作用、核心概念、访问流程进行系统阐述，随后对典型的日志文件系统和 XFS 文件系统进行剖析。通过对文件系统的理解、剖析，将促进人们更熟练、深入地掌握文件系统存储技术。

任务目标

- 了解文件系统的作用。
- 了解文件系统的核心概念。
- 了解文件系统的访问流程。
- 了解 XFS 文件系统的历史、特性和操作。
- 文件系统对比。

任务实施

文件系统是一种存储和组织数据的方法，它使得对数据的访问和查找变得容易。文件系统使用文件和树形目录的抽象逻辑概念代替了硬盘和光盘等物理设备使用数据块的概念，用户使用文件系统来保存数据，不必关心数据实际保存在硬盘（或者光盘）的哪个的数据块上，只需要记住这个文件的所属目录和文件名。在写入新数据之前，用户不必关心硬盘上的哪个块地址没有被使用，硬盘上的存储空间管理（分配和释放）功能由文件系统自动完成，用户只需要记住数据被写入到了哪个文件中。

一、了解文件系统的作用

文件系统通常使用硬盘和光盘这样的存储设备，并维护文件在设备中的物理位置。但是，实际上文件系统也可能仅仅是一种访问数据的界面而已，实际的数据通过网络协议（如 NFS、SMB 等）提供，或者存放在内存上，甚至可能根本没有对应的文件（如 proc 文件系统）。

文件系统向用户提供底层数据访问机制。它将设备中的空间划分为特定大小的块（扇区），一般每块 512B。数据存储在这些块中，大小被修正为占用整数个块。由文件系统软件来负责将这些块组织为文件和目录，并记录哪些块分配给了哪个文件，以及哪些块没有被使用。

二、了解文件系统的核心概念

文件系统的核心概念包括以下内容：

1. 文件名

在文件系统中，文件名用于定位存储位置。大多数文件系统对文件名的长度有限制。在一些文件系统（如 Windows 操作系统）中，文件名大小写不敏感（如 FOO 和 foo 指的是同一个文件）；在另一些文件系统（如 Linux 操作系统）中则大小写敏感。大多数现代文件系统都支持使用 Unicode 字符集的字符作为文件名。但是，在文件系统的界面中，通常会限制某些特殊字符出现在文件名中。这些特殊字符可能被文件系统用来表示设备、设备类型、目录前缀或文件类型。但是，如果将特殊字符放在双引号中，这些特殊字符就可以存在于文件名中。为了方便，建议不要在文件名中使用特殊字符。

2. 元数据

元数据（metadata）是用来描述数据的数据。

例如，每张数码照片都包含 EXIF（exchangeable image file format，可交换图像文件格式）信息，它就是一种用来描述数码图片的元数据。按照 Exif 2.1 标准，其中主要包含以下信息：

（1）Image Description：图像描述、来源，指生成图像的工具。

（2）Artist：作者，有些照相机可以输入用户的名字。

（3）Make：生产者，指产品生产厂家。

（4）Model：型号，指设备型号。

（5）Orientation：方向，有的照相机支持，有的不支持。

（6）XResolution/YResolution X/Y：方向分辨率，本栏目已有专门条目解释此问题。

（7）ResolutionUnit：分辨率单位，一般为 PPI。

（8）Software：软件，显示固件 Firmware 版本。

（9）DateTime：日期和时间。

（10）YCbCrPositioning：色相定位。

（11）ExifOffsetExif：信息位置。

（12）ExposureTime：曝光时间，即快门速度。

（13）FNumber：光圈系数。

可以看到，元数据最大的好处是，它可以使信息的描述和分类实现格式化，从而为机器处理创造了可能。

文件系统的中的元数据信息常常伴随着文件自身保存在文件系统中。根据文件系统类型的不同可能包含文件长度、文件创建时间、文件最后访问时间、文件最后修改时间、文件设备类型(如区块数、字符集、套接口、子目录等)、文件所有者的 ID、组 ID,以及访问权限等参数。

3. inode

inode 是指在许多“类 UNIX 文件系统”中的一种数据结构,类似于前面提到的元数据的概念。每个 inode 保存了文件系统中的一个文件系统对象(包括文件、目录、设备文件、socket、管道等)的元数据信息,但不包括数据内容或者文件名。

在 Linux 操作系统中,文件系统创建(格式化)时,就把存储区域分为两大连续的存储区域:一个用来保存文件系统对象的元信息数据,这是由 inode 组成的表,每个 inode 默认是 256 B 或者 128 B;另一个用来保存“文件系统对象”的内容数据,划分为 512 B 的扇区,以及由 8 个扇区组成的 4 KB 的块。块是读/写时的基本单位,一个文件系统的 inode 的总数是固定的,这限制了该文件系统所能存储的文件系统对象的总数目。典型的实现下,所有 inode 占用了文件系统 1% 左右的存储容量。

文件系统中每个文件系统对象对应一个 inode 数据,并用一个整数值来识别。这个整数常被称为 inode 号码(i-number 或 inode number)。由于文件系统中 inode 表的存储位置、总条目数量都是固定的,因此可以用 inode 号码去索引查找 inode 表。

inode 存储了文件系统对象的一些元信息,如所有者、访问权限(读、写、执行)、类型(是文件还是目录)、内容修改时间、inode 修改时间、上次访问时间、对应的文件系统存储块的地址等。知道了 1 个文件的 inode 号码,就可以在 inode 元数据中查出文件内容数据的存储地址。

文件名与目录名是“文件系统对象”便于使用的别名。一个文件系统对象可以有多个别名,但只能有一个 inode,并用这个 inode 来索引文件系统对象的存储位置。

inode 不包含文件名或目录名的字符串,只包含文件或目录的“元信息”。

UNIX 的文件系统的目录也是一种文件。打开目录,实际上就是读取“目录文件”。目录文件的结构是一系列目录项(direct)的列表。每个目录项由两部分组成:所包含文件或目录的名字,以及该文件或目录名对应的 inode 号码。

文件系统中的一个文件是指存放在其所属目录的目录文件中的一个目录项,其所对应的 inode 的类别为“文件”;文件系统中的一个目录是指存放在其“父目录文件”中的一个目录项,其所对应的 inode 的类别为“目录”。可见,多个“文件”可以对应同一个 inode,多个“目录”也可以对应同一个 inode。

文件系统中如果两个文件或者两个目录具有相同的 inode 号码,就称它们是“硬链接”关系。实际上都是这个 inode 的别名。换句话说,一个 inode 对应的所有文件(或目录)中的每一个,都对应着文件系统某个目录文件中唯一的一个目录项。

创建一个目录时,实际做了三件事:在其父目录文件中增加一个条目,分配一个 inode;再分配一个存储块,用来保存当前被创建目录包含的文件与子目录。被创建的目录文件中自动生成两个子目录的条目,名称分别是“.”和“..”。前者与该目录具有相同的 inode 号码,因此是该目录的一个硬链接。后者的 inode 号码就是该目录的父目录的 inode 号码。所以,任何一个目录的硬链接总数,总是等于它的子目录总数(含隐藏目录)加 2,即每个“子目录文件”中的“..”条目,加上它自身的“目录文件”中的“.”条目,再加上“父目录文件”中对应该目录的条目。

通过文件名打开文件,实际上分为三步实现:首先,操作系统找到这个文件名对应的 inode 号码;其次,通过 inode 号码获取 inode 信息;最后,根据 inode 信息找到文件数据所在的块,读出数据。

4. POSIX inode

POSIX(portable operating system interface,可移植操作系统接口)标准强制规范了文件系统的行为。每个“文件系统对象”必须具有:

Inode、硬链接与软链接

(1)以字节为单位表示的文件大小。

(2)设备 ID,标识容纳该文件的设备。

(3)文件所有者的 User ID。

(4)文件的 Group ID。

(5)文件的模式(mode),确定了文件的类型及其所有者、它的群组、其他用户访问此文件的权限。

(6)额外的系统与用户标志(flag),用来保护该文件。

(7)三个时间戳,记录了 inode 自身被修改(ctime,inode change time)、文件内容被修改(mtime,modification time)、最后一次访问(atime,access time)的时间。

(8)一个链接数,表示有多少个硬链接指向此 inode。

(9)到文件系统存储位置的指针,通常以 1 KB 或者 2 KB 的存储容量为基本单位。

使用 stat 系统调用可以查询一个文件的 inode 号码及一些元信息。

5. 硬链接与软链接

文件都有文件名与数据,这在 Linux 操作系统中被分成两部分:用户数据(user data)与元数据(meta data)。用户数据,即文件数据块(data block),是记录文件真实内容的地方;而元数据则是文件的附加属性,如文件大小、创建时间、所有者等信息。在 Linux 操作系统中,元数据中的 inode 号(inode 是文件元数据的一部分但其并不包含文件名,inode 号即索引节点号)才是文件的唯一标识而非文件名。文件名仅是为了方便人们的记忆和使用,系统或程序通过 inode 号寻找正确的文件数据块。图 2-1-1 所示为通过文件名获取文件内容的过程。

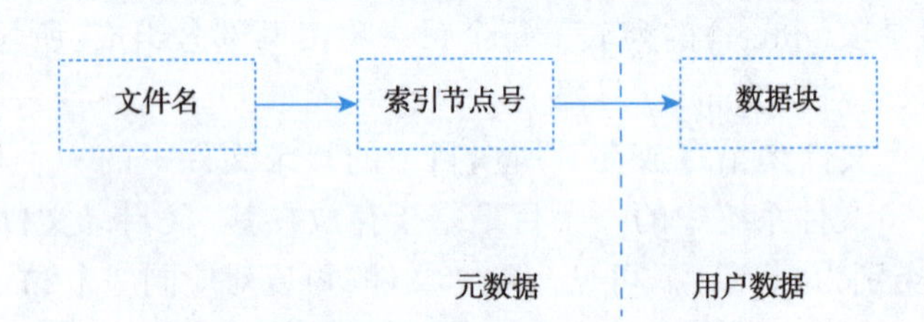

图 2-1-1 通过文件名获取文件内容的过程

在 Linux 操作系统中查看 inode 号可使用 stat 或 ls-i 命令(若是 AIX 系统,则使用 listat 命令)。

案例 1:使用命令 mv 移动并重命名文件 testfile001,其结果不影响文件的用户数据及 inode 号,文件移动前后 inode 号均为 587939。

```
# stat testfile001
   File: 'testfile001'
   Size: 0     Blocks: 0     IO Block: 4096   regular empty file
Device: fd00h/64768d   Inode: 587939   Links: 1
Access: (0644/-rw-r--r--) Uid: (0/root) Gid: (0/root)
```

```
Access: 2021-05-09 10:57:02.392785268 +0800
Modify: 2021-05-09 10:57:02.392785268 +0800
Change: 2021-05-09 10:57:02.392785268 +0800
Birth: -
# mv testfile001 testfile002
# stat testfile002
   File: 'testfile002'
   Size: 0     Blocks: 0     IO Block: 4096   regular empty file
Device: fd00h/64768d  Inode: 587939  Links: 1
Access: (0644/-rw-r--r--) Uid: (0/root)  Gid: (0/root)
Access: 2021-05-09 10:57:02.392785268 +0800
Modify: 2021-05-09 10:57:02.392785268 +0800
Change: 2021-05-09 15:07:53.519047949 +0800
Birth: -
```

为解决文件的共享使用，Linux 操作系统引入了两种链接：硬链接（hard link）与软链接（又称符号链接，即 soft link 或 symbolic link）。链接为 Linux 操作系统解决了文件的共享使用，且带来了隐藏文件路径、增加权限安全及节省存储等好处。若一个 inode 号对应多个文件名，则称这些文件为硬链接。换言之，硬链接就是同一个文件使用了多个别名。硬链接可由 link 或 ln 命令创建。以下是对文件 testfile002 创建硬链接：

```
# ln testfile002 testfile001
# ll -i
total 0
587939 -rw-r--r-- 2 root root 0 May  9  10:57 testfile001
587939 -rw-r--r-- 2 root root 0 May  9  10:57 testfile002
```

验证相同 inode 不同文件名对应的是同一文件：

```
# cat testfile001
# cat testfile002
# echo 123 > >testfile001
# cat testfile001
123
# cat testfile002
123
```

由于硬链接是有相同 inode 号仅文件名不同的文件，因此硬链接存在以下几点特性：

(1) 文件有相同的 inode 及文件数据块。

(2) 只能对已存在的文件进行创建。

(3) 不能对交叉文件系统创建硬链接。

(4) 不能对目录进行创建，只可对文件进行创建。

(5) 删除一个硬链接文件并不影响其他有相同 inode 号的文件。

硬链接特性展示如下：

```
# ls -li
total 0
// 只能对已存在的文件创建硬连接
# link old.file hard.link
link: cannot create link 'hard.link' to 'old.file': No such file or directory
# echo "This is an original file" >old.file
# cat old.file
This is an original file
# stat old.file
    File: 'old.file'
    Size: 25    Blocks: 8    IO Block: 4096    regular file
Device: 807h/2055d     Inode: 660650     Links: 2
Access: (0644/-rw-r--r--) Uid: (0/root)    Gid: (0/root)
...
// 文件有相同的 inode 号以及文件数据块
# link old.file hard.link | ls -li
total 8
660650 -rw-r--r-- 2 root root 25 Sep  1 17:44 hard.link
660650 -rw-r--r-- 2 root root 25 Sep  1 17:44 old.file
// 不能交叉文件系统
# ln /dev/input/event5 /root/bfile.txt
ln: failed to create hard link '/root/bfile.txt' => '/dev/input/event5':
Invalid cross-device link
// 不能对目录创建硬链接
# mkdir -p old.dir/test
# ln old.dir/ hardlink.dir
ln: 'old.dir/': hard link not allowed for directory
# ls -iF
660650 hard.link 657948 old.dir/ 660650 old.file
```

文件 old. file 与 hard. link 有着相同的 inode 号:660650 及文件权限。inode 随着文件的存在而存在,因此只有当文件存在时才可创建硬链接(即当 inode 存在且链接计数器(link count)不为 0 时)。inode 号仅在各文件系统下是唯一的,当 Linux 挂载多个文件系统后将出现 inode 号重复的现象(如案例 2 所示,文件 t3. jpg、sync 及 123. txt 并无关联,却有着相同的 inode 号),因此硬链接创建时不可跨文件系统。设备文件目录/dev 使用的文件系统是 devtmpfs,而/root(与根目录/一致)使用的是磁盘文件系统 ext4。下面展示了使用命令 df 查看当前系统中挂载的文件系统类型、各文件系统 inode 使用情况及文件系统挂载点。

案例 2:查找有相同 inode 号的文件。

```
# df -i --print-type
Filesystem      Type        Inodes     IUsed    IFree      IUse%    Mounted on
/dev/sda7       ext4        3147760    283483   2864277    10%      /
udev            devtmpfs    496088     553      495535     1%       /dev
tmpfs           tmpfs       499006     491      498515     1%       /run
none            tmpfs       499006     3        499003     1%       /run/lock
none            tmpfs       499006     15       498991     1%       /run/shm
/dev/sda6       fuseblk     74383900   4786     74379114   1%       /media/DiskE
/dev/sda8       fuseblk     29524592   19939    29504653   1%       /media/DiskF
# find / -inum 1114
/media/DiskE/Pictures/t3.jpg
/media/DiskF/123.txt
/bin/sync
```

软链接与硬链接不同，若文件用户数据块中存放的内容是另一文件的路径名的指向，则该文件就是软链接。软链接就是一个普通文件，只是数据块内容有点特殊。软链接有自己的 inode 号及用户数据块，因此软链接的创建与使用没有类似硬链接的诸多限制：

(1)软链接有自己的文件属性及权限等。

(2)可对不存在的文件或目录创建软链接。

(3)软链接可交叉文件系统。

(4)软链接可对文件或目录创建。

(5)创建软链接时，链接计数 i_nlink 不会增加。

(6)删除软链接并不影响被指向的文件，但若被指向的原文件被删除，则相关软链接被称为死链接(若被指向路径文件被重新创建，死链接可恢复为正常的软链接)。

软链接的访问如图 2-1-2 所示。图中虚线部分标志了实际文件存储的位置。

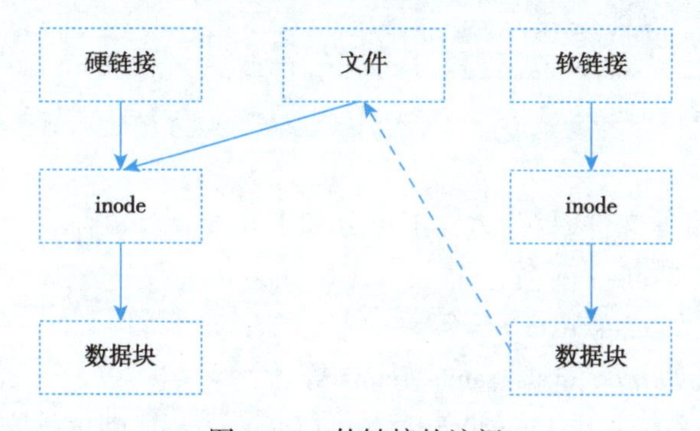

图 2-1-2　软链接的访问

下面展示一下软链接的特性，代码如下：

```
# ls -li
total 0
// 可对不存在的文件创建软链接
# ln -s old.file soft.link
```

```
# ls -liF
total 0
789467 lrwxrwxrwx 1 root root 8 Sep  1  18:00 soft.link -> old.file
// 由于被指向的文件不存在,此时的软链接 soft.link 就是死链接
# cat soft.link
cat: soft.link: No such file or directory
// 创建被指向的文件 old.file,soft.link 恢复成正常的软链接
# echo "This is an original file_A" > > old.file
# cat soft.link
This is an original file_A
// 对不存在的目录创建软链接
# ln -s old.dir soft.link.dir
# mkdir -p old.dir/test
# tree . -F --inodes .
├── [ 789497] old.dir/
│  └── [ 789498] test/
├── [ 789495] old.file
├── [ 789495] soft.link -> old.file
└── [ 789497] soft.link.dir -> old.dir/
```

当然,软链接的用户数据也可以是另一个软链接的路径,其解析过程是递归的。但需要注意:软链接创建时原文件的路径指向使用绝对路径较好。使用相对路径创建的软链接被移动后该软链接文件将成为一个死链接(如下所示的软链接 a 使用了相对路径,因此不易被移动),因为链接数据块中记录的亦是相对路径指向。

```
$ ls -li
total 2136
656627 lrwxrwxrwx 1 harris harris     8       Sep   1    14:37 a -> data.txt
656662 lrwxrwxrwx 1 harris harris     1       Sep   1    14:37 b -> a
656228 -rw------- 1 harris harris     2186738 Sep   1    14:37 data.txt 6
```

6. Linux VFS

Linux 有着极其丰富的文件系统,大体上可分如下几类:

(1)网络文件系统,如 nfs、cifs 等。

(2)磁盘文件系统,如 ext4、ext3、xfs 等。

(3)特殊文件系统,如 proc、sysfs、ramfs、tmpfs 等。

实现以上这些文件系统并由 Linux VFS(virtual file system),即虚拟文件系统提供基础支撑。VFS 作为一个通用的文件系统,抽象了文件系统的四个基本项:文件、目录项(dentry)、索引节点(inode)及挂载点,其在内核中为用户空间层的文件系统提供了相关的接口。VFS 实现了打开文件 open()、读文件 read()等系统调并使得文件复制 cp 等用户空间程序可跨文件系统。图 2-1-3 所示为 VFS 在 Linux 系统的架构。

Linux VFS 存在四个基本对象:超级块对象(superblock object)、索引节点对象(inode object)、目录项对象(dentry object)及文件对象(file object)。超级块对象代表一个已安装的文

件系统；索引节点对象代表一个文件；目录项对象代表一个目录项，如设备文件 event5 在路径/dev/input/event5 中，存在/、dev/、input/及 event5 四个目录项对象。文件对象代表由进程打开的文件。这四个对象与进程及磁盘文件之间的关系如图 2-1-4 所示。其中，d_inode 即为硬链接。为了快速解析文件路径，Linux VFS 设计了目录项缓存（directory entry cache）。

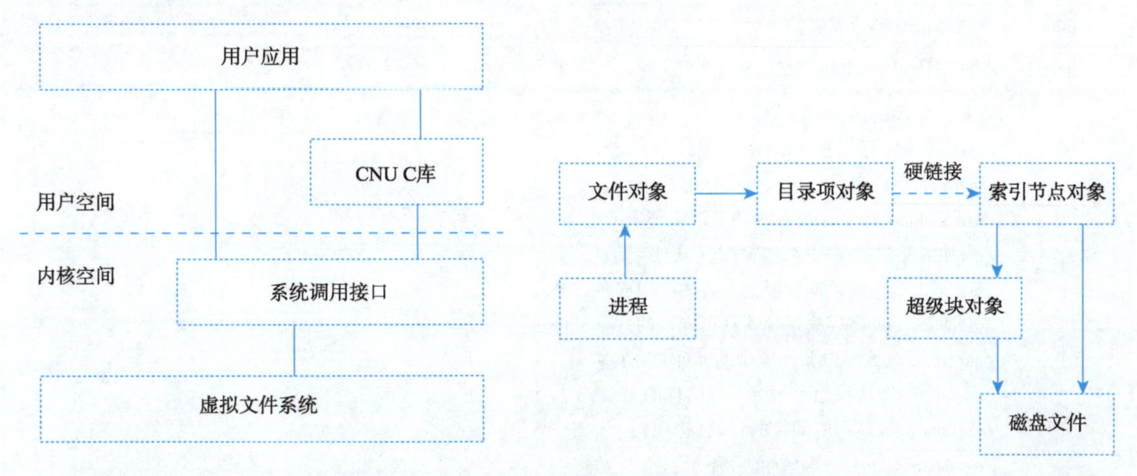

图 2-1-3　VFS 在 Linux 系统的架构　　　　图 2-1-4　VFS 对象与进程及磁盘文件之间的关系

7. FHS

FHS 是文件系统层次结构标准，它定义了 Linux 操作系统中的主要目录及目录内容。在大多数情况下，它是一个传统 BSD（berkeley software distribution，伯克利软件套件）文件系统层次结构的形式化与扩充。

FHS 由 Linux 基金会维护，这是一个由主要软件或硬件供应商组成的非营利组织，包括 HP、RedHat、IBM 和 Dell 等公司。

在 FHS 中，所有的文件和目录都出现在根目录“/”下，即使它们存储在不同的物理设备中。

FHS、文件读写执行属性

这些目录中的绝大多数都在 UNIX 操作系统中存在，并且一般都以类似的方法使用。以下描述是针对 FHS 的，并未考虑 Linux 以外的平台。

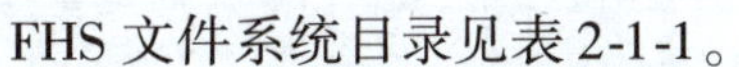

FHS 文件系统目录见表 2-1-1。

表 2-1-1　FHS 文件系统目录

目录	说　明
/	根目录
/bin	一般用户使用的命令
/boot	放置内核及 LILO、GRUB 等导引程序（bootloader）的文件，用于启动文件系统
/dev	硬盘、分区、键盘、鼠标、USB、tty 等所有的设备文件都放在这个目录
/etc	系统的所有配置文件都存放在此目录中
/home	用户空间，所有的用户都用此空间
/lib	共享连接库，如 C 库和 C 编译器等
/media	挂接 CD-ROM 等设备的目录
/mnt	移动设备文件系统的挂点

续表

目录	说　明
/opt	存放后来追加的用户应用程序
/root	管理员之家
/sbin	存放系统管理所需要的命令
/tmp	临时文件目录,重新启动时被清除
/usr	存放只能读的命令和其他文件: /usr/X11R6:存放 X-Window 系统; /usr/bin:存放用户和管理员的标准命令; /usr/include:C/C++ 等各种开发语言环境的标准 include 文件; /usr/lib:存放应用程序及程序包的连接库; /usr/local/:存放系统管理员安装的应用程序目录; /usr/local/share:存放系统管理员安装的共享文件; /usr/sbin:存放用户和管理员的标准命令; /usr/share:存放使用手册等共享文件的目录; /usr/share/dict:存放词表的目录(选项); /usr/share/man:存放系统使用手册; /usr/share/misc:存放一般数据; /usr/share/sgml:存放 SGML 数据(选项); /usr/share/xml:存放 XML 数据(选项)
/var	存放应用程序数据和日志记录的目录,例如,Apache Web 服务器的文档一般就放在/var/www/html 下。 /var/cache:存放应用程序缓存目录; /var/account:存放处理账号日志(选项); /var/crash:存放系统错误信息(选项); /var/games:存放游戏数据; /var/lib:存放各种状态数据; /var/lock:存放文件锁定纪录; /var/log:存放日志记录; /var/mail:存放电子邮件; /var/opt/opt:存放目录的变量数据; /var/run:存放进程的标示数据; /var/spool:存放电子邮件,打印任务等的队列目录; /var/spool/rwho:rwho 的守护进程文件(选项); /var/tmp:存放临时文件目录; /var/yp:存放 NIS 等黄页数据(选项)

8. 文件读/写执行属性

1)linux 下目录和文件的权限

(1)文件:读文件内容(r)、写数据到文件(w)、作为命令执行文件(x)。

(2)目录:读包含在目录中的文件名称(r)、写信息到目录中(增加和删除索引点的连接)、搜索目录(能用该目录名称作为路径名去访问它所包含的文件和子目录)。

具体说明如下:

①有只读权限的用户不能用 cd 进入该目录,必须有执行权限才能进入。

②有执行权限的用户只有在知道文件名,并拥有读权利的情况下才可以访问目录下的文件。

③必须有读和执行权限才可以用 ls 列出目录清单,或使用 cd 命令进入目录。

④有目录的写权限,可以创建、删除或修改目录下的任何文件或子目录,即使该文件或子目录属于其他用户也是如此。

chmod 使用语法举例:

```
$ chmod [options] mode[,mode] file1 [file2 ...]
```

chmod 命令可以使用八进制数来指定权限。文件或目录的权限位是由 9 个权限位来控制,每三位为一组,分别是文件所有者(user)的读、写、执行,用户组(group)的读、写、执行以及其他用户(other)的读、写、执行。历史上,文件权限被放在一个比特掩码中,掩码中指定的位设为 1,用来说明一个类具有相应的优先级。

chmod 的八进制语法的数字说明:

①r:4。

②w:2。

③x:1。

④-:0。

所有者的权限用数字表达:属主的三个权限位的数字加起来的总和(如 rwx),也就是 4 + 2 +1,应该是 7。

用户组的权限用数字表达:属组的三个权限位数字的相加的总和(如 rw-),也就是 4 +2 + 0,应该是 6。

其他用户的权限数字表达:其他用户权限位的数字相加的总和,(如 r-x),也就是 4 +0 +1,应该是 5。

例如,修改文件 myfile 的权限:

```
#修改 myfile 的权限
#
$ chmod 664 myfile
$ ls -l myfile
-rw-rw-r--  1  57 Jul  3  10:13  myfile
```

2)符号模式

使用符号模式可以设置多个项目:who(用户类型)、operator(操作符)和 permission(权限),每个项目的设置可以用逗号隔开。命令 chmod 将修改 who 指定的用户类型对文件的访问权限,用户类型由一个或者多个字母在 who 的位置说明。

who 的符号模式见表 2-1-2。

表 2-1-2 who 的符号模式

who	用户类型	说明
u	user	文件所有者
g	group	文件所有者所在组
o	others	所有其他用户
a	all	所用用户,相当于 ugo

operator 的符号模式见表 2-1-3。

表 2-1-3 operator 的符号模式

Operator	说　明
+	为指定的用户类型增加权限
-	去除指定用户类型的权限
=	设置指定用户权限的设置,即将用户类型的所有权限重新设置

permission 的符号模式见表 2-1-4。

表 2-1-4 permission 的符号模式

模式	名　字	说　明
r	读	设置为可读权限
w	写	设置为可写权限
x	执行权限	设置为可执行权限
X	特殊执行权限	只有当文件为目录文件,或者其他类型的用户有可执行权限时,才将文件权限设置为可执行
S	setuid/gid	当文件被执行时,根据 who 参数指定的用户类型设置文件的 setuid 或者 setgid 权限
t	粘贴位	设置粘贴位,只有超级用户可以设置该位,只有文件所有者 u 可以使用该位

例如:chmod u + x filename,这里 u 的意思是 user,指用户本人; + 的意思是增加权限;x 是指可执行文件。

3)符号模式实例

对目录的所有者 u 和关联组 g 增加读(r)和写(w)权限:

```
$ chmod ug + rw mydir
$ ls -ld mydir
drw-rw----   2 unixguy uguys   96   Dec 8 12:53 mydir
```

对文件的所有用户 ugo 删除写(w)权限:

```
$ chmod a-w myfile
$ ls -l myfile
-r-xr-xr-x   2 unixguy uguys   96   Dec 8 12:53 myfile
```

对 mydir 的所有者 u 和关联组 g 设置成读(r)和可执行(x)权限:

```
$ chmod ug = rx mydir
$ ls -ld mydir
dr-xr-x---   2 unixguy   uguys   96   Dec 8 12:53 mydir
```

命令使用实例见表 2-1-5。

表 2-1-5 命令使用实例

命　令	说　明
chmod a + r file	增加读权限对 file 的所有用户
chmod a - x file	删除执行权限对 file 的所有用户
chmod a + rw file	增加读/写权限对 file 的所有用户
chmod + rwx file	增加读/写执行权限对 file 的所有用户

续表

命令	说明
chmod u = rw, go = file	设置读写权限对 file 的所有者,清空所有权限对 file 的用户组和其他用户
chmod -R u+r, go-r docs	对目录 docs 和其子目录层次结构中的所有文件增加所有用户的读权限,而对用户组和其他用户删除读权限
chmod 664 file	设置读写权限对 file 的所有者和用户组,为其他用户设置读权限
chmod 0755 file	相当于 u = rwx (4+2+1), go = rx (4+1 & 4+1), 0 没有特殊模式
chmod 4755 file	4 设置了设置用户 ID 位,剩下的相当于 u = rwx (4+2+1), go = rx (4+1 & 4+1)
find path/-type d -exec chmod a-x{}\	删除可执行权限对 path/以及其所有的目录(不包括文件)的所有用户,使用'-type f'匹配文件
find path/-type d-exec chmod a+x{}\	允许所有用户浏览或通过目录 path/

三、了解访问文件的流程

查看一个文件的内容,实际上是这样的一个过程:

例如,命令 cat /tmp/abc.txt 只传递了一个绝对路径/tmp/abc.txt,系统需要知道/tmp/abc.txt 文件的 inode 是多少。根据之前的学习可知,某文件的父目录会记录该文件的 inode 号。

要得到/tmp/abc.txt 这个文件名,需要知道/tmp 目录的情况。要知道/tmp 目录的情况,需要先知道"/"目录的情况,所以就可以从"/"目录开始(假设"/"目录的 inode 号是0),然后再去一张 inode-table 表中查找 inode 号 0 所指向的数据域,再从数据域里找到一些类似于下面的内容:(看起来像一张表,其实可以想象到,目录文件就是一张表,存储了其内部有哪些文件名,以及该文件名对应的 inode 号)。

文件名	inode 号
bin	18
var	19
tmp	20

从"/"目录文件中找到/tmp 文件名对应的 inode 号就是 20。

然后通过 inode 号 20,去 inode-table 中找寻 20 对应的数据域,然后从数据域中又会找到一张表:(因为"/"是一个目录,/tmp 也是一个目录,所以数据域中存的还是表)。

文件名	inode 号
abc.txt	8899
bbb.mp3	10088
kkk.jpg	20000
…	

这样就找到了/tmp/abc.txt 的 inode 号 8899。根据上面的规律,接下来去 inode-table 中找 8899 号对应的数据域。

找到 inode 号 8899 对应的数据域,会发现如下一些内容:

```
abcdefg(假设文件内容是这样)
```

这次不是表,因为/tmp/abc.txt 文件不是目录文件,而是一个普通文件,所存储的通常是一些字符串。

在本质上就是：

①普通文件：存储普通数据，通常是字符串。

②目录文件：存储一张表，该表就是该目录文件下所有文件名和 inode 的映射关系。

从父目录中获得本文件的 inode 号，从 inode-table 表中找到这个 inode 号对应的数据域中的起点以及其他信息，然后去这个数据域中读取该文件的内容。

访问任何一个文件，关键就是要看是否能得到 inode 号，如果得到 inode 号，去 inode 表中查找即可，最后找到数据域，就可以找到文件的内容。

日志文件系统、XFS日志文件系统

四、了解日志文件系统

1. 日志文件系统概念

日志文件系统（journaling file system）是指在文件系统发生变化时，先把相关的信息写入一个被称为日志的区域，然后再把变化的信息写入主文件系统的文件系统。在文件系统发生故障（如内核崩溃或突然停电）时，日志文件系统更容易保持一致性，并且可以较快恢复。

2. 日志文件系统详述

对文件系统进行修改时，需要进行很多操作。这些操作可能中途被打断，如果操作被打断，就可能造成文件系统出现不一致的状态。

例如，删除文件时，先要从目录树中移除文件的标识，然后收回文件占用的空间。如果在这两步之间操作被打断，文件占用的空间就无法收回。文件系统认为它是被占用的，但实际上目录树中已经找不到使用它的文件。

在非日志文件系统中，要检查并修复类似的错误就必须对整个文件系统的数据结构进行检查。一般在挂载文件系统前，操作系统会检查它上次是否被成功卸载，如果没有，就会对其进行检查。如果文件系统很大或者 I/O 带宽有限，这个操作可能会花费很长时间。

为了避免这样的问题，日志文件系统分配了一个称为日志（journal）的区域来提前记录要对文件系统做的更改。在崩溃后，只要读取日志重新执行未完成的操作，文件系统就可以恢复一致。这种恢复只存在几种情况：

（1）不需要重新执行：这个事务被标记为已经完成。

（2）成功重新执行：根据日志，这个事务被重新执行。

（3）无法重新执行：这个事务会被撤销，如同这个事务从来没有发生过。

（4）日志本身不完整：事务还没有被完全写入日志，会被简单忽略。

3. 日志的三个级别

在很多日志文件系统（如 ext3、ReiserFS）中，可以选择三个级别的日志：回写（writeback）、顺序（ordered）和数据（data）。

1）回写

在回写模式中，只有元数据被记录到日志中，数据会被直接写入主文件系统。这种模式能提供较好的性能，不过有较大的风险。例如，在增大文件时，数据还未写入就发生崩溃，那么文件系统恢复后，文件后面就可能出现垃圾数据。

2）顺序

在顺序模式中，只有元数据被记录到日志中，但在日志被标记为提交前，数据会被写入文件系统。在这种模式下,如果在增大文件时,数据还未写入就发生崩溃,那么在恢复时这个事务会被简单地撤销,文件保持原来的状态。

3)数据

在数据模式中,元数据和文件内容都先被写入日志中,然后再提交到主文件系统。这提高了安全性,但损失了性能,因为所有数据要写入两次。在这种模式下,如果在增大文件时发生崩溃,可能有两种情况:

(1)日志完整:这时事务会被重新执行,修改会被提交到主文件系统。

(2)日志不完整:这时主文件系统还未被修改,只需要简单放弃这个事务。

4. 常见的日志文件系统

(1)JFS:IBM 的 Journaled File System,最早的日志文件系统。

(2)ext3 文件系统:ext2 文件系统演化而成的日志文件系统。

(3)ReiserFS:用 B + 树作为数据结构的日志文件系统,在处理小文件时有较好的性能。

(4)Btrfs:用 B 树作为数据结构,被认为是下一代 Linux 文件系统。

(5)NTFS:微软的 NTFS 也是日志文件系统。

(6)HFS + :苹果公司发展的 OS X 操作系统下主要使用的文件系统。

五、了解 XFS 文件系统的历史、特性和操作

XFS(XFile system,新一代文件系统)是一种高性能的日志文件系统,最早于 1993 年由 Silicon Graphics 为 IRIX 操作系统而开发。2000 年 5 月,Silicon Graphics 以 GNU 通用公共许可证发布这套系统的源代码,之后被移植到 Linux 内核上。XFS 特别擅长处理大文件,同时提供平滑的数据传输。

1. XFS 的历史

XFS 的开发始于 1993 年,1994 年被首次部署在 IRIX 5.3 上。2000 年 5 月,XFS 在 GNU 通用公共许可证下发布,并被移植到 Linux 上。2001 年 XFS 首次被 Linux 发行版所支持,现在所有的 Linux 发行版上都可以使用 XFS。

XFS 最初被合并到 Linux 2.4 基础版中,使得 XFS 几乎可以被用在所有 Linux 版本上。例如,Arch、Debian、Fedora、openSUSE、Gentoo、Kate OS、Mandriva、Slackware、Ubuntu、VectorLinux 和 Zenwalk 的安装程序中都可选择 XFS 作为文件系统,由于默认的启动管理器 GRUB 中存在 bug,仅有少数 Linux 发行版本允许用户将 XFS 文件系统使用于/boot 挂载点。

XFS 是一个分布式文件系统,是集密码学、区块链、互联网等多种技术的一个系统。打破了传统中心化存储的弊端,开创了全新的分布式存储时代。

2. XFS 的特性

1)容量

XFS 是一个 64 位文件系统,默认支持 1 B ~8 EB 的单个文件大小,最大可支持的文件大小为 9 EB,实际部署时取决于宿主操作系统的最大块限制。对于一个 32 位 Linux 操作系统,文件和文件系统的大小会被限制在 16 EB。

2)文件系统日志

日志文件系统是一种即使在断电或者操作系统崩溃的情况下保证文件系统一致性的途径。XFS 对文件系统元数据提供了日志支持,当文件系统更新时,元数据会在实际的磁盘块被更新

之前顺序写入日志。XFS 的日志被保存在磁盘块的循环缓冲区上,不会被正常的文件系统操作影响。XFS 日志大小的上限是 64k 个块和 128 MB 中的较大值,下限取决于已存在的文件系统和目录的块的大小。在外置设备上部署日志会浪费超过最大日志大小的空间。XFS 日志也可以存放在文件系统的数据区(称为内置日志),或者一个额外的设备上(以减少磁盘操作)。

XFS 的日志保存的是在更高层次上描述已进行的操作的"逻辑"实体。相比之下,"物理"日志存储每次事务中被修改的块。为了保证性能,日志的更新是异步进行的。当系统崩溃时,崩溃的一瞬间之前所进行的所有操作可以利用日志中的数据重做,这使得 XFS 能保持文件系统的一致性。XFS 在挂载文件系统的同时进行恢复,恢复速度与文件系统的大小无关。对于最近被修改但未完全写入磁盘的数据,XFS 保证在重启时清零所有未被写入的数据块,以防止任何有可能的、由剩余数据导致的安全隐患(因为虽然从文件系统接口无法访问这些数据,但不排除裸设备或裸硬件被直接读取的可能性)。

3)分配组

XFS 文件系统内部被分为多个"分配组",它们是文件系统中的等长线性存储区。每个分配组各自管理自己的 inode 和剩余空间,文件和文件夹可以跨越分配组。这一机制为 XFS 提供了可伸缩性和并行特性——多个线程和进程可以同时在同一个文件系统中执行 I/O 操作。这种由分配组带来的内部分区机制在一个文件系统跨越多个物理设备时特别有用,使得优化对下级存储部件的吞吐量利用率成为可能。

4)条带化分配

在条带化磁盘阵列(RAID)上创建 XFS 文件系统时,可以指定一个"条带化数据单元"。这可以保证数据分配、inode 分配,以及内部日志被对齐到该条带单元上,以此最大化吞吐量。

5)基于 Extent 的分配方式

XFS 文件系统中的文件用到的块由变长 Extent(扩展数据区间)管理,每一个 Extent 描述了一个或多个连续的块。与那些把文件所有块都单独列出来的文件系统相比,Extent 大幅缩短了列表。

有些文件系统用一个或多个面向块的位图管理空间分配——在 XFS 中这种结构被由一对 B + 树组成的、面向 Extent 的结构替代;每个文件系统分配组(AG)包含这样的一个结构。其中,一个 B + 树用于索引未被使用的 Extent 的长度,另一个索引这些 Extent 的起始块。这种双索引策略使得文件系统在定位剩余空间中的 Extent 时十分高效。

6)可变块尺寸

块是文件系统中的最小可分配单元。XFS 允许在创建文件系统时指定块的大小,从 512 B 到 64 KB,以适应专门的用途。例如,对于有很多小文件的应用,较小的块尺寸可以最大化磁盘利用率;但对于一个主要处理大文件的系统,较大的块尺寸能提供更好的性能。

7)延迟分配

XFS 在文件分配上使用了惰性计算技术。当一个文件被写入缓存时,XFS 简单地在内存中对该文件保留合适数量的块,而不是立即对数据分配 Extent。实际的块分配仅在这段数据被刷新到磁盘时才发生。这一机制提高了将这一文件写入一组连续的块中的机会,减少碎片的同时提升了性能。

8)稀疏文件

XFS 对每个文件提供了一个 64 位的稀疏地址空间,使得大文件中的"洞"(空白数据区)不被实际分配到磁盘上。因为文件系统对每个文件使用一个 Extent 表,文件分配表就可以保持一个较小的体积。对于太大以至于无法存储在 inode 中的分配表,这张表会被移动到 B + 树中,继续保持对该目标文件在 64 位地址空间中任意位置数据的高效访问。

9)扩展属性

XFS 通过实现扩展文件属性给文件提供了多个数据流,使文件可以被附加多个名/值对。文件名是一个最大长度为 256 B 的、以 NULL 字符结尾的可打印字符串,其他的关联值则可包含多达 64 KB 的二进制数据。这些数据被进一步分入两个名字空间 root 和 user 中。保存在 root 名字空间中的扩展属性只能被超级用户修改,user 名字空间中的属性可以被任何对该文件拥有写权限的用户修改。扩展属性可以被添加到任意一种 XFS inode 上,包括符号链接、设备节点、目录等。可以使用 attr 命令行程序操作这些扩展属性。xfsdump 和 xfsrestore 工具在进行备份和恢复时会一同操作扩展属性,而其他的大多数备份系统则会忽略扩展属性。

10)Direct I/O

对于要求高吞吐量的应用,XFS 给用户空间提供了直接的、非缓存 I/O 的实现。数据在应用程序的缓冲区和磁盘间利用 DMA(direct memory access,直接内存访问)进行传输,以此提供下级磁盘设备全部的 I/O 带宽。

11)确定速率 I/O

XFS 确定速率 I/O 系统给应用程序提供了预留文件系统带宽的 API(application program interface,应用程序接口)。XFS 会动态计算下级存储设备能提供的性能,并在给定的时间内预留足够的带宽以满足所要求的性能。此项特性是 XFS 所独有的,确定方式可以是硬性的或软性的,前者提供了更高性能,后者相对更加可靠。只要下级存储设备支持硬性速率确定,XFS 就只允许硬性模式。这一机制最常被用在实时应用中,如视频流。

12)DMAPI

XFS 实现了数据管理应用程序接口(DMAPI)以支持高阶存储管理(HSM)。

13)快照

XFS 并不直接提供对文件系统快照的支持,因为 XFS 认为快照可在卷管理器中实现。对一个 XFS 文件系统做快照需要调用 xfs_freeze 工具冻结文件系统的 I/O,然后等待卷管理器完成实际的快照创建,再解冻 I/O,继续正常的操作。之后这个快照可以被当作备份,以只读方式挂载。在 IRIX 上发布的 XFS 包含一个集成的卷管理器 XLV。这个卷管理器无法被移植到 Linux 上,不过 XFS 可以和 Linux 上标准的 LVM(逻辑卷管理)正常工作。在发布的 Linux 内核中,xfs_freeze 的功能被实现在了 VFS 层,当卷管理器的快照功能被唤醒时将自动启动 xfs_freeze。相对于无法挂起,卷管理器也无法对其创建“热”快照的 ext3 文件系统,XFS 的快照功能具有很大优势。从 Linux 2. 6. 29 内核开始,ext3、ext4、gfs2 和 jfs 文件系统也获得了冻结文件系统的特性。

14)在线碎片整理

虽然 XFS 基于 Extent 的特征和延迟分配策略显著提高了文件系统对碎片问题的抵抗力,但 XFS 仍然提供了一个文件系统碎片整理工具 xfs_fsr。这个工具可以对一个已被挂载、正在使用的 XFS 文件系统进行碎片整理。

15)在线尺寸调整

XFS 提供了 xfs_growfs 工具,可以在线调整 XFS 文件系统的大小。XFS 文件系统可以向保存当前文件系统的设备上的未分配空间延伸。这个特性常与卷管理功能结合使用,因为后者可以把多个设备合并进一个逻辑卷组,而使用硬盘分区保存 XFS 文件系统时,每个分区需要分别扩容。

16)原生备份/恢复工具

XFS 提供了 xfsdump 和 xfsrestore 工具协助备份 XFS 文件系统中的数据。xfsdump 按 inode 顺序备份一个 XFS 文件系统。与传统的 UNIX 文件系统不同,XFS 不需要在备份前被卸载;对使用中的 XFS 文件系统做备份就可以保证镜像的一致性。这与 XFS 对快照的实现不同,XFS 的备份和恢复的过程是可以被中断然后继续的,无须冻结文件系统。xfsdump 甚至提供了高性能的多线程备份操作——把一次备份拆分成多个数据流,每个数据流可以发往不同的目的地。不过到目前为止,Linux 尚未完成对多数据流备份功能的完整移植。

17)原子磁盘配额

XFS 的磁盘配额在文件系统被初次挂载时启用,解决了一个在其他大多数文件系统中存在的竞争问题:要求先挂载文件系统,但直到调用文件系统之前配额不会生效。

3. XFS 操作

1)新建一个 XFS 文件系统

```
mkfs.xfs /dev/sdb
```

图 2-1-5 所示为 mkfs. xfs 命令输出案例。

```
[root@bp01 ~]# mkfs.xfs /dev/sdb
meta-data=/dev/sdb               isize=512    agcount=4, agsize=65536 blks
         =                       sectsz=512   attr=2, projid32bit=1
         =                       crc=1        finobt=0, sparse=0
data     =                       bsize=4096   blocks=262144, imaxpct=25
         =                       sunit=0      swidth=0 blks
naming   =version 2              bsize=4096   ascii-ci=0 ftype=1
log      =internal log           bsize=4096   blocks=2560, version=2
         =                       sectsz=512   sunit=0 blks, lazy-count=1
realtime =none                   extsz=4096   blocks=0, rtextents=0
```

图 2-1-5　mkfs. xfs 命令输出案例

注意:XFS 文件系统被创建好以后,不能缩小,但是可以使用 xfs_growfs 命令扩大。

2)挂载 XFS 文件系统

XFS 文件系统可以不加任何参数直接挂载,如图 2-1-6 所示。

```
[root@bp01 filesystem]# mount /dev/sdb /opt/filesystem/xfs
[root@bp01 filesystem]# 
```

图 2-1-6　XFS 文件系统挂载

3)扩展 XFS 文件系统容量

XFS 文件系统可以使用 xfs_growfs 命令让其扩展,如图 2-1-7 所示。

```
[root@bp01 filesystem]# xfs_growfs  /opt/filesystem/xfs -D size
```

图 2-1-7　xfs_growfs 命令应用示例

其中,-D 参数指定了大小,如果不加-D 参数,默认占用所有可用空间。

4)整理 XFS 文件系统

使用 xfs_fsr 命令,不带参数整理所有的 XFS 文件系统,如图 2-1-8 所示。

指定路径可以允许针对一个文件进行碎片整理,如 xfs_fsr /opt/filesystem/xfs。

5)显示指定文件的块映射

使用 xfs_bmap 命令,如图 2-1-9 所示。

```
[root@bp01 filesystem]# xfs_fsr
xfs_fsr -m /proc/mounts -t 7200 -f /var/tmp/.fsrlast_xfs ...
/ start inode=0
/boot start inode=0
/opt/filesystem/xfs start inode=0
/ start inode=0
/boot start inode=0
/opt/filesystem/xfs start inode=0
/ start inode=0
/boot start inode=0
/opt/filesystem/xfs start inode=0
/ start inode=0
/boot start inode=0
/opt/filesystem/xfs start inode=0
/ start inode=0
/boot start inode=0
/opt/filesystem/xfs start inode=0
/ start inode=0
/boot start inode=0
/opt/filesystem/xfs start inode=0
/ start inode=0
/boot start inode=0
```

图 2-1-8　xfs_fs 命令应用示例

```
[root@bp01 filesystem]# xfs_bmap -v xfs/mysql-8.0.11-linux-glibc2.12-x86_64.tar.gz
xfs/mysql-8.0.11-linux-glibc2.12-x86_64.tar.gz:
 EXT: FILE-OFFSET         BLOCK-RANGE        AG AG-OFFSET          TOTAL
   0: [0..520167]:        4112..524279        0 (4112..524279)    520168
   1: [520168..1044383]:  524352..1048567     1 (64..524279)      524216
   2: [1044384..1177775]: 1069120..1202511   2 (20544..153935)   133392
[root@bp01 filesystem]#
```

图 2-1-9　xfs_bmap 命令应用示例

6）显示 XFS 文件系统信息

使用 xfs_info 命令，如图 2-1-10 所示。

```
[root@bp01 filesystem]# xfs_info xfs
meta-data=/dev/sdb               isize=512    agcount=4, agsize=65536 blks
         =                       sectsz=512   attr=2, projid32bit=1
         =                       crc=1        finobt=0 spinodes=0
data     =                       bsize=4096   blocks=262144, imaxpct=25
         =                       sunit=0      swidth=0 blks
naming   =version 2              bsize=4096   ascii-ci=0 ftype=1
log      =internal               bsize=4096   blocks=2560, version=2
         =                       sectsz=512   sunit=0 blks, lazy-count=1
realtime =none                   extsz=4096   blocks=0, rtextents=0
```

图 2-1-10　xfs_info 命令应用示例

六、文件系统对比

不同的操作系统所使用的文件系统是不一样的。例如，早期的 Windows 操作系统使用的是 FAT 文件系统，Windows 2000 以后的版本使用的是 NTFS 文件系统，Windows 10 开始使用 ReFS 文件系统。至于 Linux 的正规文件系统则为 Ext2，之后又出现了改进版的 Ext3 和 Ext4，总体上变化不大。

Windows 需要磁盘碎片整理，而 Linux 却不需要。这是为什么呢？

1）Ext2 文件系统的数据访问方式

Ext2 文件系统的数据访问方式，如图 2-1-11 所示。

假设一个文件的属性和权限信息存放在 3 号的 inode 上，而文件的实际数据存放在 1、4、6、11 这四个 block 中，那么当操作系统要访问该文件时，就能据此来排列磁盘的阅读顺序，可以扫描一次就将四个 block 内容读出来。这种访问方式称为索引式文件系统。而且，Ext 在每两个文件之间都留有相当巨大的空闲空间。当文件被修改、体积增加时，它们通常有足够的空间来扩展，因此在一定程度上保证了 block 的访问范围不会跨度很大，减小了磁头的移动距离。

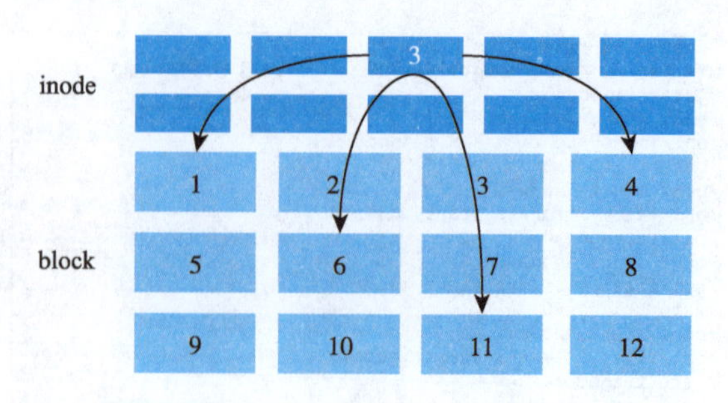

图 2-1-11　Ext2 文件系统的数据访问方式

2) Windows 文件系统的数据访问方式

下面介绍 Windows FAT 文件系统的访问方式,如图 2-1-12 所示。

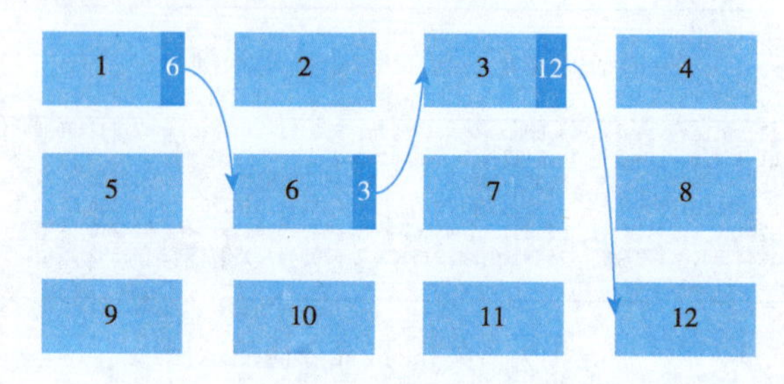

图 2-1-12　FAT 文件系统的访问方式

在往 FAT 文件系统中存入一个文件时,系统会尽量存放在靠近磁盘开始的地方。当存入第二个文件时,它会紧挨着第一个文件。当进行频繁的删除修改后,block 就会分散得特别厉害。FAT 文件系统没有 inode 的存在,所以不能一下子将文件的所有 block 在一开始就读取出来。每个 block 号码都记录在前一个 block 中,形成一个 block 链。当需要读取文件时,就必须逐个地将 block 读出,例图 2-1-12 的读出顺序为 1、6、3、12。这就会导致磁头无法在磁盘转一圈后就获得所有数据,有时候需要来回转好几圈才能读取到这个文件,导致文件读取性能极差。这就是 Windows 经常需要碎片整理的原因——使离散的数据汇合在一起。

NTFS 文件系统虽然有所进步,在文件周围分配了一些"缓冲"的空间,但经过一段时间的使用后,NTFS 文件系统还是会形成碎片。由于 Ext 是索引式文件系统,所以基本上不需要进行磁盘碎片整理。

任务小结

本任务对文件系统进行了介绍。文件系统是一种存储和组织数据的方法,它使得对数据的访问和查找变得容易。

任务二　浅析 RAID 磁盘阵列

任务描述

磁盘阵列(RAID)是大数据存储底层支撑技术,本任务将从物理磁盘结构开始,系统剖析磁盘、阵列技术和 RAID 系统配置。

任务目标

- 了解硬盘物理结构及硬盘主要参数。
- 掌握硬盘阵列结构。

任务实施

硬盘结构

一、了解硬盘物理结构及硬盘参数

1. 硬盘物理结构

1)磁头

磁头是硬盘中最昂贵的部件,也是硬盘技术中最重要和最关键的一环。传统的磁头是读/写合一的电磁感应式磁头,但是对于大多数计算机来说,在与硬盘交换数据的过程中,读操作远远快于写操作,而且读/写是两种不同特性的操作。这样就促使硬盘厂商开发一种读/写分离磁头,即磁阻磁头(magneto resistive head,MR)。

磁阻磁头采用的是分离式的磁头结构:写入磁头仍采用传统的磁感应磁头,读取磁头则采用新型的 MR 磁头,即所谓的感应写、磁阻读。另外,MR 磁头是通过阻值变化而不是电流变化去感应信号幅度,因而对信号变化相当敏感,读取数据的准确性也相应提高。而且,由于读取的信号幅度与磁道宽度无关,故磁道可以做得很窄,从而提高了盘片密度,达到 200 MB/in^2,而使用传统的磁头只能达到 20 MB/in^2,这也是 MR 磁头被广泛应用的最主要原因。

MR 磁头已得到广泛应用,而采用多层结构和磁阻效应更好的材料制作的 GMR 磁头(giant magneto resistance,巨磁阻)也逐渐普及,比 MR 技术磁头灵敏度高两倍以上。GMR 磁头是由四层导电材料和磁性材料薄膜构成的:一个传感层、一个非导电中介层、一个磁性的栓层和一个交换层。巨磁阻磁头 GMR 磁头与 MR 磁头一样,是利用特殊材料的电阻值随磁场变化的原理来读取盘片上的数据,但是 GMR 磁头使用了磁阻效应更好的材料和多层薄膜结构,比 MR 磁头更为敏感,相同的磁场变化能引起更大的电阻值变化,从而可以实现更高的存储密度,现有的 MR 磁头能够达到的盘片密度为 3 ~ 5 $Gbit/in^2$,而 GMR 磁头可以达到 10 ~ 40 $Gbit/in^2$ 以上。目前,GMR 磁头已经处于成熟推广期,今后它将会逐步取代 MR 磁头,成为最流行的磁头技术。

2)磁道

当磁盘旋转时,磁头若保持在一个位置,则每个磁头都会在磁盘表面划出一个圆形轨迹,这些圆形轨迹称为磁道。这些磁道仅是盘面上以特殊方式磁化了的一些磁化区,磁盘上的信息便是沿着这样的轨道存放的。相邻磁道之间并不是紧挨着的,这是因为磁化单元相隔太近时磁性会相互产生影响,同时也为磁头的读/写带来困难。硬盘上通常一面有成千上万个磁道。磁道的磁化方式一般由磁头迅速切换正负极改变磁道所代表的 0 和 1。

3)扇区

磁盘上的每一个磁道以 512B 为单位划分为弧段,这些弧段便是磁盘的扇区。在一些硬盘的参数列表上可以看到描述每个磁道的扇区数的参数,通常用一个范围标识,如 373 ~ 746 表示最外圈的磁道有 746 个扇区,而最里面的磁道有 373 个扇区,因此可以算出磁道的容量为 186.5 ~ 373 KB。

为了对扇区进行查找和管理,需要对扇区进行编号,扇区的编号从 0 磁道开始,起始扇区为 1 扇区,其后为 2 扇区、3 扇区……0 磁道的扇区编号结束后,1 磁道的起始扇区累计编号,直到最后一个磁道的最后一个扇区(n 扇区)。

在硬盘中无法被正常访问或不能被正确读/写的扇区称为坏扇区(bad sector)。一个扇区能存储 512 B 的数据,如果在某个扇区中有任何一个字节不能被正确读/写,则这个扇区为 bad sector。除了存储 512 B 之外,每个扇区还有数十个字节信息,包括标识(ID)、校验值和其他信息。这些信息任何一个字节出错都会导致该扇区变为坏扇区。

4)柱面

硬盘通常由重叠的一组盘片构成,每个盘面都被划分为数目相等的磁道,并从外缘的“0”开始编号,具有相同编号的磁道形成一个圆柱,称为磁盘的柱面。磁盘的柱面数与一个盘单面上的磁道数是相等的。无论是双盘面还是单盘面,由于每个盘面都只有自己独一无二的磁头,因此,盘面数等于总的磁头数。所谓硬盘的 CHS,即 cylinder(柱面)、head(磁头)、sector(扇区),只要知道了硬盘的 CHS 数目,即可确定硬盘的容量,硬盘的容量 = 柱面数 × 磁头数 × 扇区数 × 512 B。

2. *硬盘主要参数*

1)容量

作为计算机系统的数据存储器,容量是硬盘最主要的参数。

硬盘的容量以兆字节(MB)、吉字节(GB)或太字节(TB)为单位,常见的换算式为:1 TB = 1 024 GB,1 GB = 1 024 MB,1 MB = 1 024 KB。但硬盘厂商通常使用的是 GB,采用 1 GB = 1 000 MB 的换算方式,而 Windows 系统依旧以 GB 来表示,因此在 BIOS 中或在格式化硬盘时看到的容量会比厂家的标称值要小。

硬盘的容量指标还包括硬盘的单碟容量。所谓单碟容量是指硬盘单片盘片的容量,单碟容量越大,单位成本越低,平均访问时间也越短。

2)转速

转速是硬盘内电动机主轴的旋转速度,也就是硬盘盘片在一分钟内所能完成的最大转数。转速的快慢是判断硬盘档次的重要参数之一,它是决定硬盘内部传输速率的关键因素之一,在很大程度上直接影响硬盘的速度。硬盘的转速越快,寻找文件的速度也就越快,硬盘的传输速率也就得到了提高,硬盘的整体性能也就越好。硬盘转速以每分钟多少转来表示,单位为 r/min。

家用的普通硬盘的转速一般为 5 400 r/min、7 200 r/min,笔记本计算机硬盘转速一般为 5 400 r/min,虽然已经有公司发布了 10 000 r/min 的笔记本计算机硬盘,但在市场中还较为少见;服务器用户对硬盘性能要求最高,使用的 SCSI 硬盘转速基本都采用 10 000 r/min,甚至还有 15 000 r/min 的,性能要超出家用产品很多。较高的转速可缩短硬盘的平均寻道时间和实际读/写时间,但随着硬盘转速的不断提高也带来了温度升高、电动机主轴磨损加大、工作噪声增大等负面影响。

3）平均访问时间

磁盘的平均访问时间是指磁头从起始位置到到达目标磁道位置，并且从目标磁道上找到要读/写的数据扇区所需的时间。

平均访问时间体现了硬盘的读/写速度，包括硬盘的寻道时间和等待时间，即平均访问时间 = 平均寻道时间 + 平均等待时间。

硬盘的平均寻道时间是指硬盘的磁头移动到盘面指定磁道所需的时间。这个时间越小越好，硬盘的平均寻道时间通常在 8 ~ 12 ms 之间，而 SCSI 硬盘则应小于或等于 8 ms。

4）传输速率

硬盘的数据传输速率是指硬盘读/写数据的速度，单位为 MB/s。硬盘数据传输速率包括内部数据传输速率和外部数据传输速率。

内部传输速率也称为持续传输速率，它反映了硬盘缓冲区未用时的性能。内部传输速率主要依赖于硬盘的旋转速度。

外部传输速率也称为突发数据传输速率或接口传输速率，它标称的是系统总线与硬盘缓冲区之间的数据传输速率，外部数据传输速率与硬盘接口类型和硬盘缓存的大小有关。

5）缓存

缓存是硬盘控制器上的一块内存芯片，具有极快的存取速度，它是硬盘内部存储和外界接口之间的缓冲器。由于硬盘的内部数据传输速率和外部数据传输速率不同，缓存在其中起到缓冲的作用。缓存的大小与速度是直接关系到硬盘传输速率的重要因素，能够大幅提高硬盘整体性能。当硬盘存取零碎数据时需要不断地在硬盘与内存之间交换数据，如果有大的缓存，则可以将那些零碎数据暂存在缓存中，减小外系统的负荷，从而提高数据的传输速率。

3. 硬盘接口种类

1）ATA

ATA（advanced technology attachment，先进技术附件）是用传统的 40 pin 并口数据线连接主板与硬盘，外部接口速度最大为 133 MB/s，因为并口线抗干扰性太差，且排线占空间，不利计算机散热，已被淘汰。

2）IDE

IDE（integrated drive electronics，电子集成驱动器）俗称 PATA（parallel advanced technology attachment，并行先进技术附件），目前已被淘汰。

3）SATA

2001 年，由 Intel、APT、Dell、IBM、希捷、迈拓几大厂商组成的 Serial ATA 委员会正式确立了 Serial ATA 1.0 规范，2002 年，虽然串行 ATA 的相关设备还未正式上市，但 Serial ATA 委员会已抢先确立了 Serial ATA 2.0 规范。Serial ATA 采用串行连接方式，串行 ATA 总线使用嵌入式时钟信号，具备了更强的纠错能力，与以往相比其最大的区别在于能对传输指令（不仅是数据）进行检查，如果发现错误会自动矫正。

4）SATA Ⅱ

SATA Ⅱ 是芯片巨头 Intel 与硬盘巨头希捷在 SATA 的基础上发展起来的，其主要特征是外部传输速率从 SATA 的 150 MB/s 进一步提高到 300 MB/s，此外还包括 NCQ（native command queuing，原生命令队列）、端口多路器（port multiplier）、交错启动（staggered spin-up）等一系列技术特征。但是，并非所有的 SATA 硬盘都可以使用 NCQ 技术，除了硬盘本身要支持 NCQ 之外，也要求主板芯片组的 SATA 控制器支持 NCQ。

5)SATAⅢ

SATAⅢ正式名称为"SATA Revision 3.0",是串行 ATA 国际组织(SATA-IO)在 2009 年 5 月份发布的新版规范,传输速率达到 6 Gbit/s,同时向下兼容旧版规范 SATA Revision 2.6,接口、数据线都没有变动。

6)SCSI

SCSI(small computer system interface,小型计算机系统接口)是同 IDE(ATA)完全不同的接口。IDE 接口是普通 PC 的标准接口,而 SCSI 并不是专门为硬盘设计的接口,是一种广泛应用于小型机上的高速数据传输技术。SCSI 接口具有应用范围广、多任务、带宽高、CPU 占用率低,以及热插拔等优点,但较高的价格使其很难如 IDE 硬盘般普及,因此 SCSI 硬盘主要应用于中、高端服务器和高档工作站中,目前已被 SAS 接口取代。

7)SAS

SAS(Serial Attached SCSI,串行连接 SCSI),是新一代的 SCSI 技术,和现在流行的 Serial ATA(SATA)硬盘相同,都是采用串行技术以获得更高的传输速度。并通过缩短连接线改善内部空间等。SAS 是并行 SCSI 接口之后开发出的全新接口。此接口的设计是为了改善存储系统的效能、可用性和扩充性,并且提供与 SATA 硬盘的兼容性。SAS 接口是目前使用最广泛的服务器硬盘接口。

硬盘阵列结构

二、掌握硬盘阵列结构

1. 磁盘数据保护技术

1)S. M. A. R. T.

S. M. A. R. T 的全称为(self-monitoring analysis and reporting technology,自我监测、分析及报告技术)。支持 S. M. A. R. T 技术的硬盘可以通过硬盘上的监测指令和主机上的监测软件对磁头、盘片、电动机、电路的运行情况、历史记录及预设的安全值进行分析、比较。当出现安全值范围以外的情况时,就会自动向用户发出警告。

S. M. A. R. T. 是现在硬盘普遍采用的数据安全技术,在硬盘工作时监测系统对电动机、电路、磁盘、磁头的状态并进行分析,当有异常发生时就会发出警告,有的还会自动降速并备份数据。

S. M. A. R. T 信息保留在硬盘的系统保留区内,这个区域一般位于硬盘 0 物理面的最前面几十个物理磁道,由厂商写入相关内部管理程序。除了 S. M. A. R. T 信息表外,还包括低级格式化程序、加密解密程序、自监控程序、自动修复程序等。监测软件通过一个名为 SMART RETURN STATUS 的命令(命令代码为 B0H)对 S. M. A. R. T 信息进行读取,且不允许最终用户对信息进行修改。

S. M. A. R. T 标准中采用二进制代码作为 S. M. A. R. T 的基本指令,并规定写入标准的寄存器中,形成特定的 S. M. A. R. T 信息表,以供正常检测和运行。S. M. A. R. T 指令分主指令(command)和次指令(subcommands)。主指令主要提供设备是否支持 S. M. A. R. T 或忽略某一次指令特征的信息,而次指令则提供支持 S. M. A. R. T 设备的检测信息。这些指令主要由设备厂商写入,一些专业硬盘维修软件可以通过这些代码进行设备的检测。

平时用户需要注意的是阈值,又称门限值,是由硬盘厂商指定的可靠的属性值,通过特定公式计算而得。如果有一个属性值低于相应的阈值,就意味着硬盘将变得不可靠,保存在硬盘中的数据也很容易丢失。可靠属性值的组成和大小对不同硬盘来说是有差异的。这里需要注意的是,ATA 标准中只规定了一些 S. M. A. R. T 参数,没有规定具体的数值。

如果想检测硬盘信息,可以使用主流的硬盘检测工具查看硬盘 S. M. A. R. T 状态,这些工具一般都可以标注出异常的值,如果出现异常的情况,则要注意硬盘可能存在隐患,要提前做好备份和替换工作。

2)DFT

DFT(drive fitness test,驱动器健康检测)技术是 IBM 公司为其 PC 硬盘开发的数据保护技术,它通过使用 DFT 程序访问 IBM 硬盘中的 DFT 微代码对硬盘进行检测,可以让用户方便快捷地检测硬盘的运转状况。

研究表明,在用户送回返修的硬盘中,大部分硬盘本身是好的。DFT 能够减少这种情形的发生,为用户节省时间和精力,避免因误判造成数据丢失。在硬盘上分割出一个单独的空间给 DFT 程序,即使在系统软件不能正常工作的情况下也能调用。

DFT 微代码可以自动对错误事件进行登记,并将登记数据保存到硬盘上的保留区域中。DFT 微代码还可以实时对硬盘进行物理分析,如通过读取伺服位置错误信号来计算出盘片交换、伺服稳定性、重复移动等参数,并给出图形供用户或技术人员参考。

DFT 软件是一个独立的不依赖操作系统的软件,它可以在用户其他任何软件失效的情况下运行。

2. 盘阵硬件

1)盘阵硬件样式

盘阵样式有三种:外接式磁盘阵列柜、内接式磁盘阵列卡、利用软件仿真。

外接式磁盘阵列柜最常应用在大型服务器上,具有热交换的特性,不过这类产品的价格都很贵。

内接式磁盘阵列卡价格便宜,但需要较高的安装技术,适合技术人员使用操作。硬件阵列能够提供在线扩容、动态修改阵列级别、自动数据恢复、驱动器漫游、超高速缓冲等功能。它能提供性能、数据保护、可靠性、可用性和可管理性的解决方案。

利用软件仿真是指通过网络操作系统自身提供的磁盘管理功能将连接的普通 SCSI 卡上的多块硬盘配置成逻辑盘,组成阵列。软件阵列可以提供数据冗余功能,但是磁盘子系统的性能会有所降低,有的降低幅度还比较大,达 30% 左右。因此,会拖累机器的速度,不适合大数据流量的服务器。

2)外接式盘阵

通过以太网或者光纤与存储交换机连接,为局域网内的服务器提供存储服务,一般会提供块存储或者 NAS 服务。

3)磁盘阵列卡

磁盘阵列(redundant arrays of independent disks,RAID)卡一般在配置服务器时作为一个内置选配部件,为服务器增添 RAID 配置功能。RAID 卡品牌型号有很多,选择时要注意与服务器的搭配以及所需的 RAID 类型。

4）软件仿真 RAID

软件仿真 RAID 俗称软 RAID，是通过 CPU 计算 RAID 校验码，以软件控制的方式，在读/写数据时按照 RAID 的模式写入多块磁盘。其优点是价格便宜，缺点是要占用 CPU 内存资源，性能不好。一般在生产环境中都使用硬 RAID 卡。

3. RAID 类型详解

RAID 有多种形式，下面着重介绍目前存储系统普遍采用的四种，然后讨论有关 RAID 在实际生产环境中应用的必备知识。

1）RAID 0

RAID 0 又称条带化（stripe）存储，可以把多块硬盘连成一个容量更大的硬盘组，从而提高磁盘的性能和吞吐量。RAID 0 没有冗余或错误修复能力，成本低，要求至少两个磁盘，一般只在那些对数据安全性要求不高的情况下才被使用。RAID 0 连续以位或字节为单位分割数据，并行读/写于多个磁盘上，在所有的级别中，RAID 0 的速度是最快的。理论上讲，由 N 个磁盘组成的 RAID 0 是单个磁盘读/写速度的 N 倍。但是，RAID 0 是没有冗余功能的，如果一个磁盘（物理）损坏，则所有的数据都无法使用。图 2-2-1 所示为 RAID 0 结构示意图。

2）RAID 1

RAID 1 又称镜像（mirror）存储，把一个磁盘的数据镜像到另一个磁盘上，在不影响性能情况下最大限度地保证系统的可靠性和可修复性，具有很强的数据冗余能力，但磁盘利用率只有为 50%。当原始数据繁忙时，可直接从镜像复制中读取数据，因此 RAID 1 可以提高读取性能。RAID 1 是磁盘阵列中单位成本最高的，但提供了很高的数据安全性和可用性。当一个磁盘失效时，系统可以自动切换到镜像磁盘上读/写，而不需要重组失效的数据。图 2-2-2 所示为 RAID 1 结构示意图。

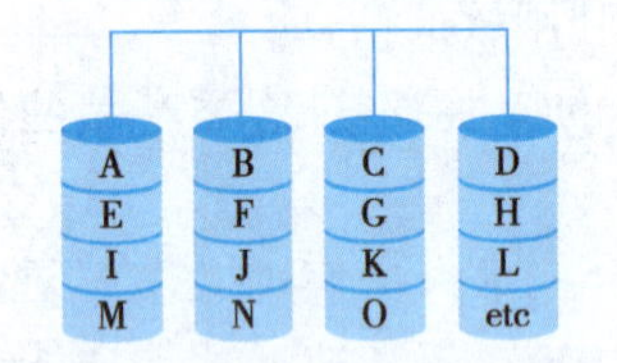

图 2-2-1　RAID 0 结构示意图

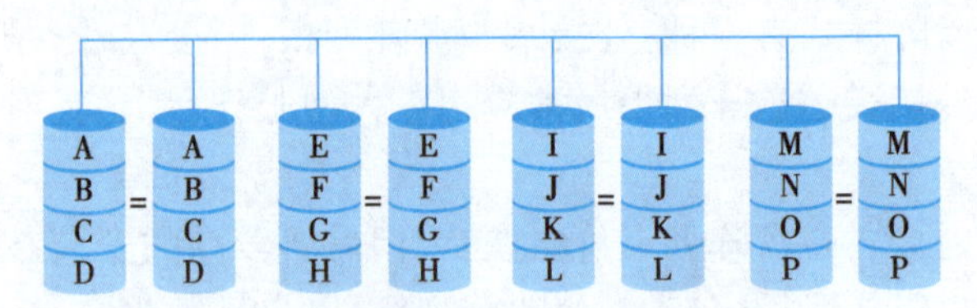

图 2-2-2　RAID 1 结构示意图

3）RAID 5

RAID 5 又称奇偶校验（XOR）条带存储、校验数据分布式存储，数据条带存储单位为块。RAID 5 不单独指定奇偶盘，而是在所有磁盘上交叉地存取数据及奇偶校验信息。在 RAID 5 上，读/写指针可同时对阵列设备进行操作，提供了更高的数据流量。RAID 5 更适合小数据块和随机读/写数据。在 RAID 5 中有“写损失”，即每一次写操作将产生四个实际的读/写操作，其中两次读旧的数据及奇偶信息，两次写新的数据及奇偶信息。

RAID 5 把校验块分散到所有的数据盘中。它使用了一种特殊的算法，可以计算出任何一个带区校验块的存放位置。这样就可以确保任何对校验块进行的读/写操作都会在所有的 RAID 磁盘中进行均衡，从而消除了产生瓶颈的可能。RAID 5 的读出效率很高，写入效率一般，块式的集体访问效率不错。RAID 5 提高了系统可靠性，但对数据传输的并行性解决不好，而且控制器的设计也相当困难。为了具有 RAID 5 级的冗余度，最少需要由三个磁盘组成的磁盘阵列（不包括一个热备用）。硬盘的利用率为 $n-1$。

当进行恢复时，例如，如果需要恢复图 2-2-3 中的 A0，就必须需要 B0、C0、D0 加 0 parity 才能计算并得出 A0，进行数据恢复。所以，当有两块盘坏掉时，整个 RAID 的数据就会失效。

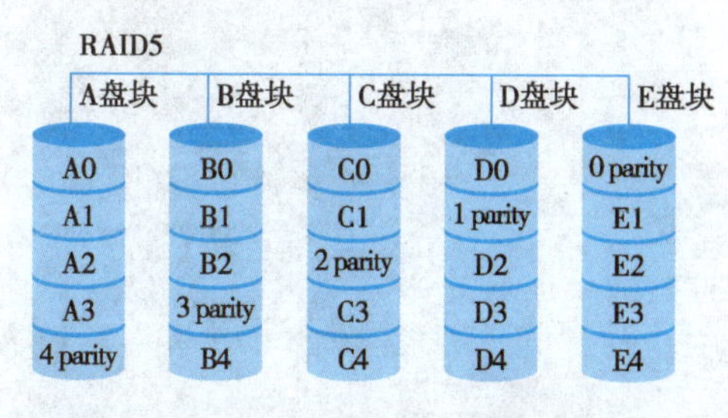

图 2-2-3　RAID 5 结构示意图

4）RAID 10 和 RAID 01

RAID 10 是先做镜像，然后再做条带，即 RAID 1 +0，如图 2-2-4 所示。

在这种情况下，当 Disk 0 损坏时，在剩下的 3 个硬盘中，最少只有当 Disk 1 发生故障时，才会导致整个 RAID 失效。

RAID 01 则是先做条带，然后再做镜像，即 RAID 0 +1，如图 2-2-5 所示。

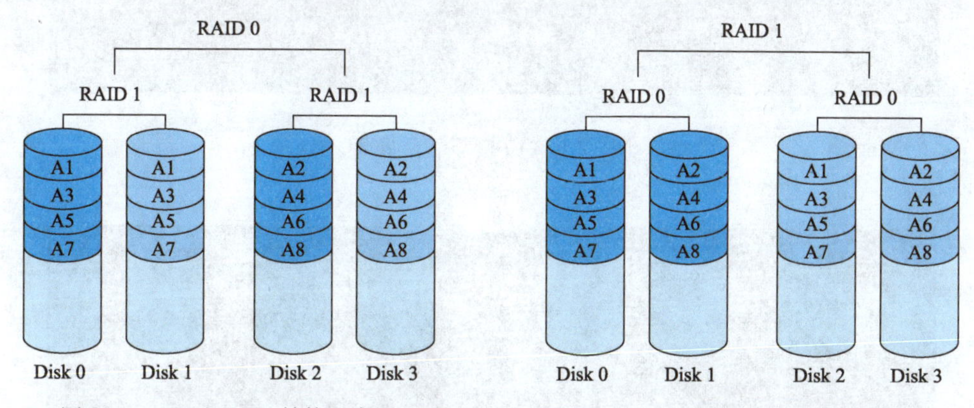

图 2-2-4　RAID 1 +0 结构示意图　　　　图 2-2-5　RAID 0 +1 结构示意图

在这种情况下，当 Disk 0 损坏时，左边的条带将无法读取。在剩下的 3 个盘中，最少只要 Disk 2、Disk 3 两个盘中任何一个损坏，都会导致整个 RAID 失效。

在正常情况下，RAID 01 和 RAID 10 是完全一样的，而且每一个读/写操作所产生的 I/O 数量也是一样的，所以在读/写性能上两者没什么区别。而当有磁盘出现故障时，如前面假设的 Disk 0 损坏时，就可以发现，这两种情况下在读的性能上有所不同，RAID 10 的读性能优于 RAID 01。

目前高端存储上采用 RAID 10 比较多。

RAID配置方法

4. RAID 配置方法

1）使用 UEFI 设置实用程序配置 RAID 阵列

（1）在计算机开机后立即按下【F2】或【Del】键，进入 UEFI（可扩展固件接口）设置实用程序。

（2）选择高级页面中的 Intel（R）快速存储技术，如图 2-2-6 所示。

（3）选择创建 RAID 磁盘卷选项，然后按【Enter】键，如图 2-2-7 所示。

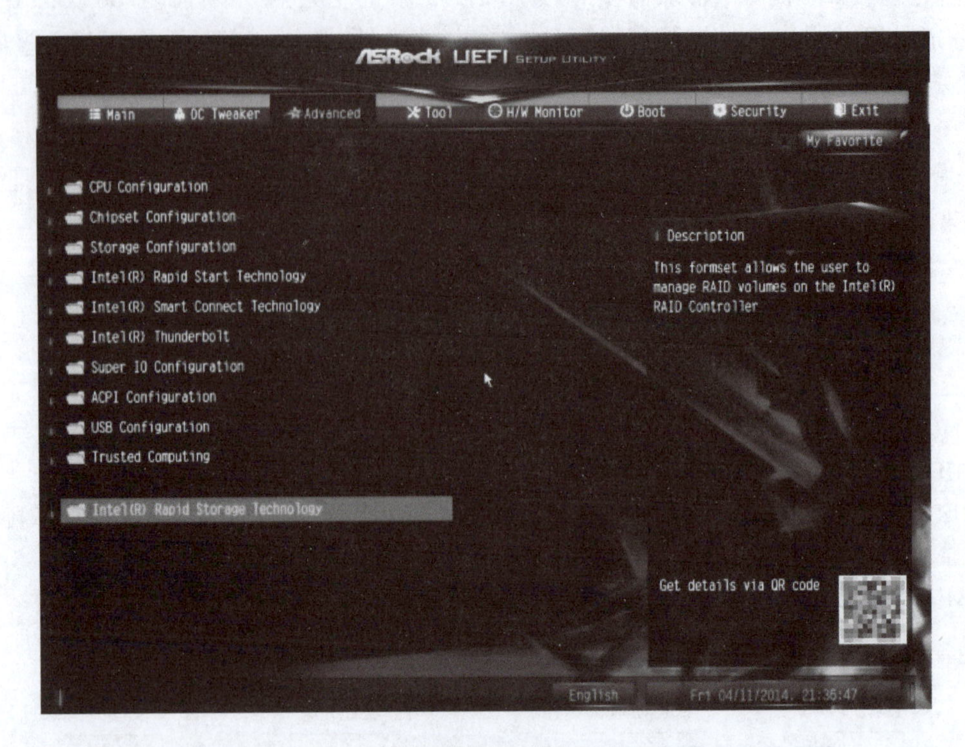

图 2-2-6　UEFI 设置主界面

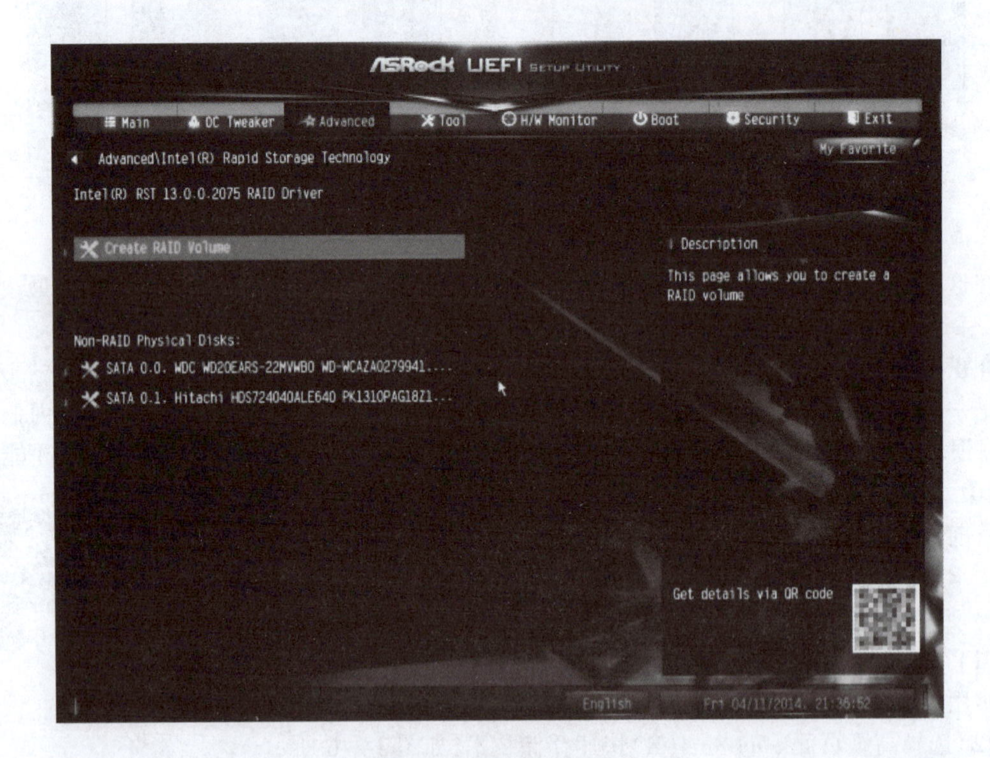

图 2-2-7　创建 RAID 磁盘卷

(4)输入磁盘卷名称,然后按【Enter】键,如图 2-2-8 所示。

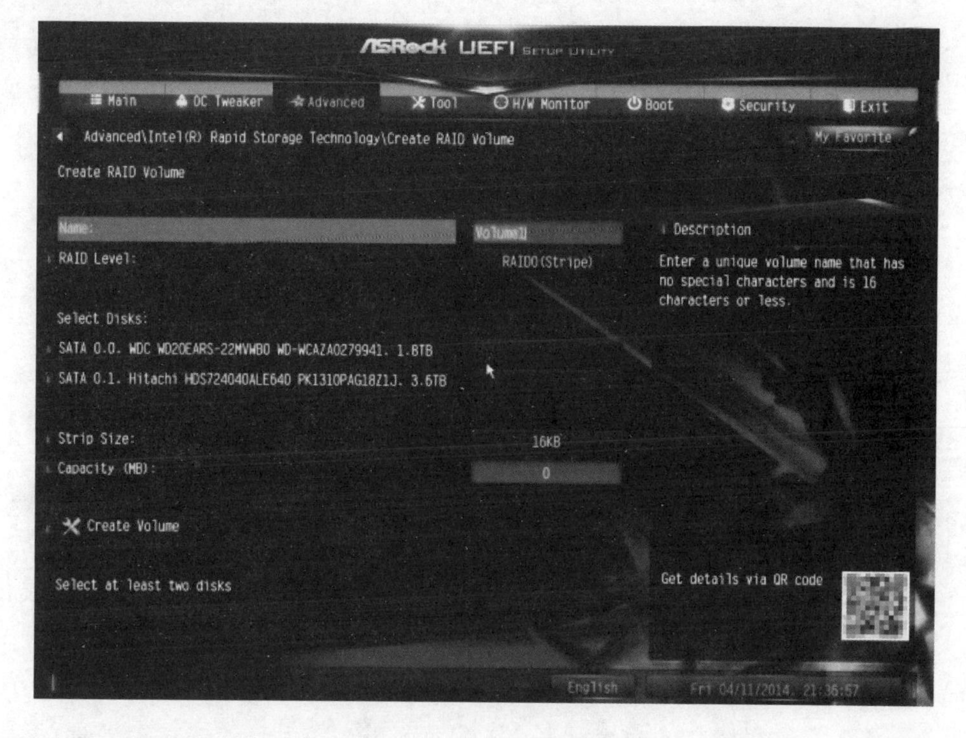

图 2-2-8　输入磁盘卷名称

(5)选择所需的 RAID 级别,然后按【Enter】键,如图 2-2-9 所示。

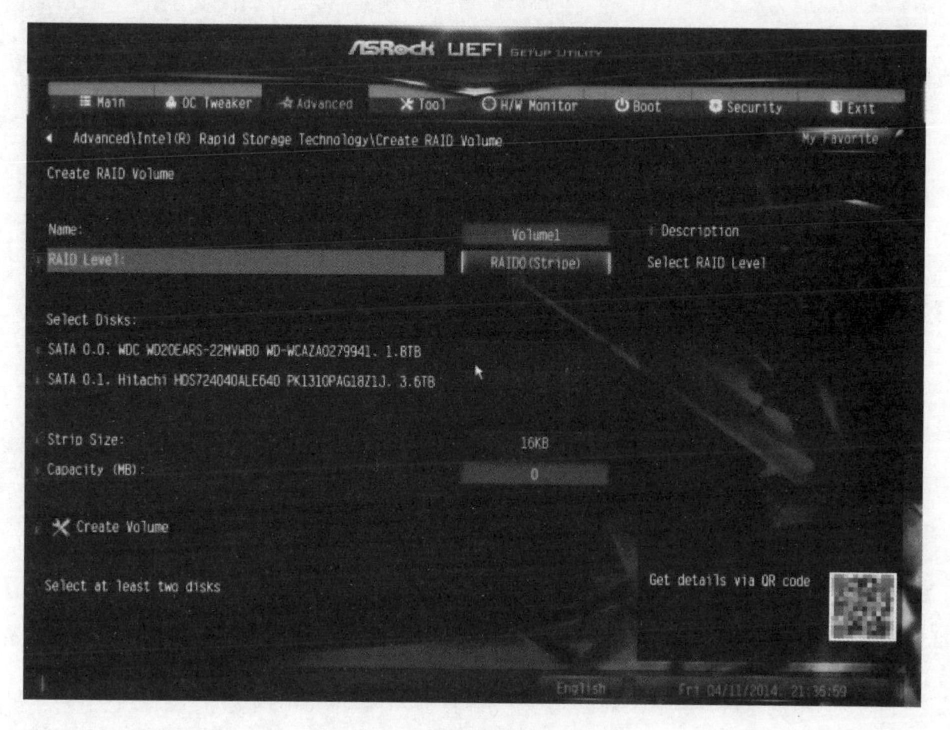

图 2-2-9　选择所需的 RAID 级别

(6)选择要加入 RAID 阵列的硬盘,然后按【Enter】键,如图 2-2-10 所示。

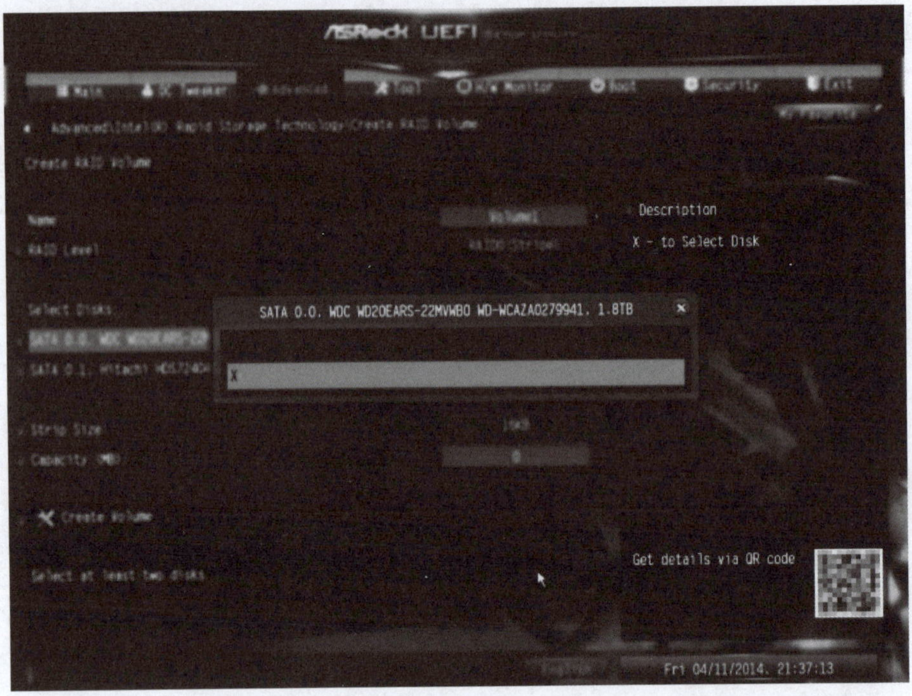

图 2-2-10 选择要加入 RAID 阵列的硬盘

(7)选择 RAID 的等量分割大小,然后按【Enter】键,如图 2-2-11 所示。

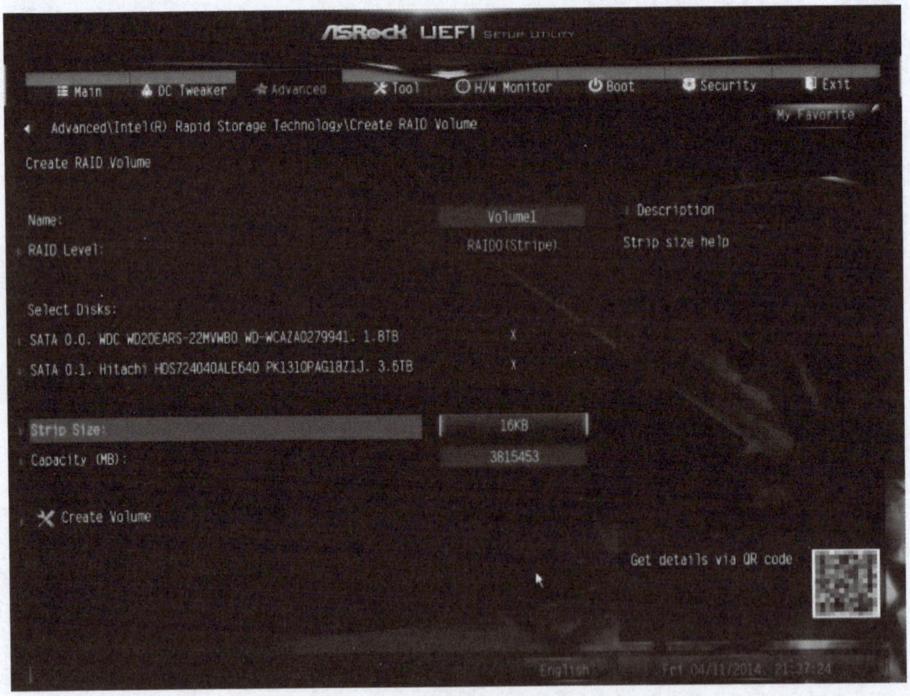

图 2-2-11 选择 RAID 的等量分割大小

(8)选择创建磁盘卷,然后按【Enter】键开始创建 RAID 阵列,如图 2-2-12 所示。

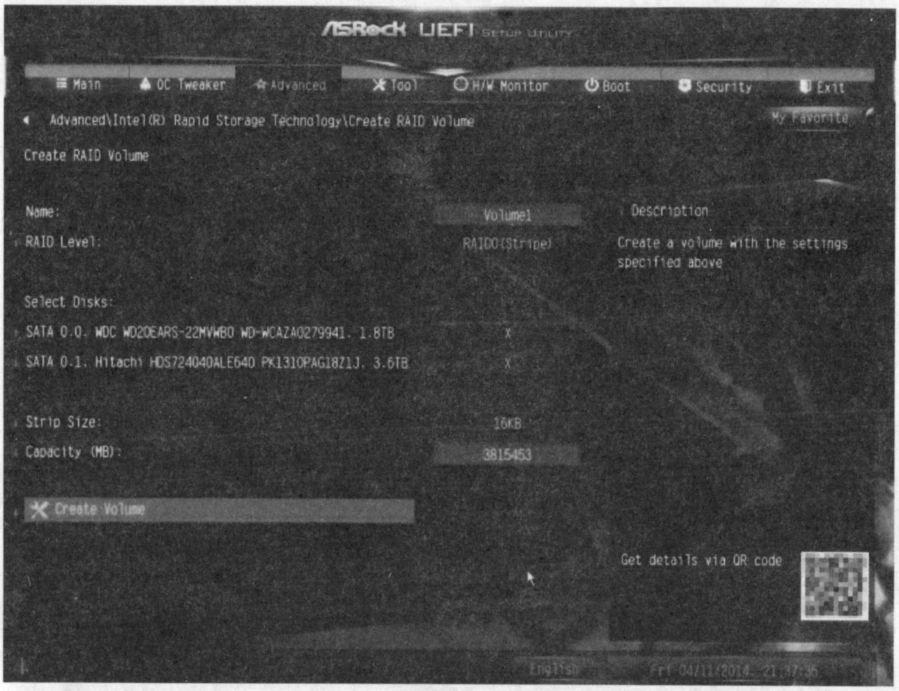

图 2-2-12　选择创建磁盘卷

(9)如果要删除 RAID 磁盘卷,请在 RAID 磁盘卷信息页面上选择删除选项,然后按【Enter】键,如图 2-2-13 所示。

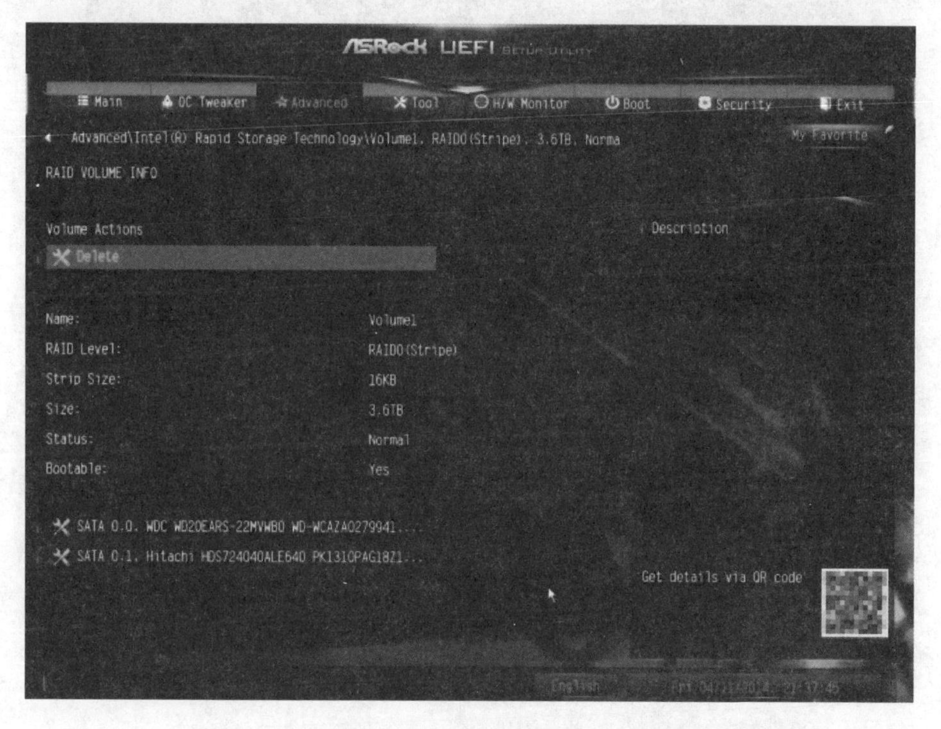

图 2-2-13　删除 RAID 卷

注意：本示例屏幕截图仅供参考。在 RAID 磁盘卷信息页面的实际界面可能依型号而有所不同。

2）使用 Intel RAID BIOS 配置 RAID 阵列

（1）重新引导计算机，直到看见 RAID 软件提示按【Ctrl + I】组合键为止，如图 2-2-14 所示。

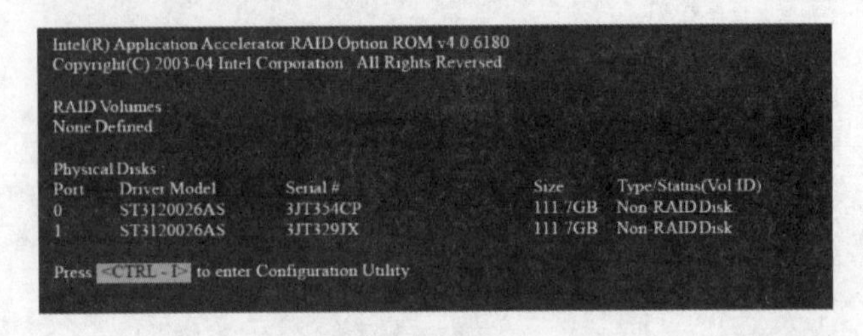

图 2-2-14　进入配置页面

（2）按【Ctrl + I】组合键，进入 Intel RAID 公用程序创建 RAID 磁盘卷窗口，如图 2-2-15 所示。

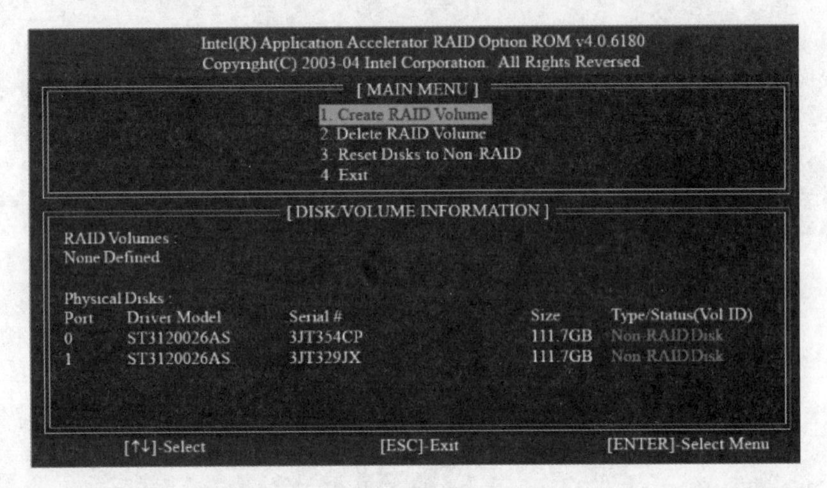

图 2-2-15　创建 RAID 卷

（3）在创建磁盘卷菜单的名称项目下，输入 RAID 磁盘卷由 1 ~ 16 个字符组成的唯一名称，然后按【Enter】键，如图 2-2-16 所示。

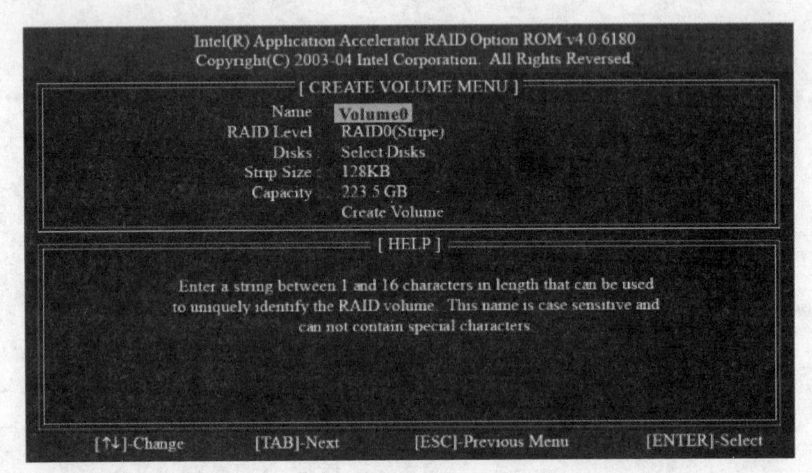

图 2-2-16　输入卷名称

(4)使用上下键选择所需的RAID级别。可选择RAID 0(等量分割)、RAID 1(镜像)、RAID 5或RAID 10作为RAID级别。按【Enter】键,之后即可选择等量分割大小,如图2-2-17所示选择所需的RAID级别,按图2-2-18选择所需的条带大小。

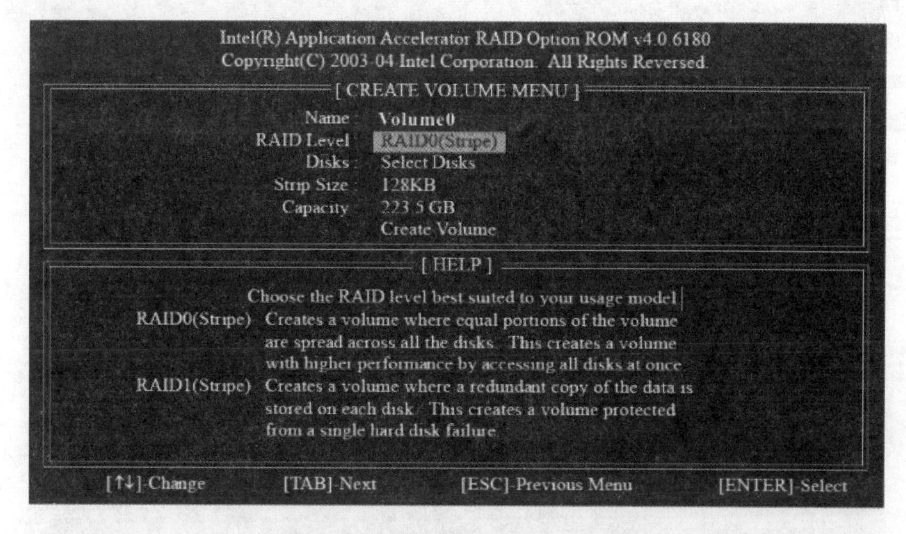

图2-2-17　选择所需的RAID级别

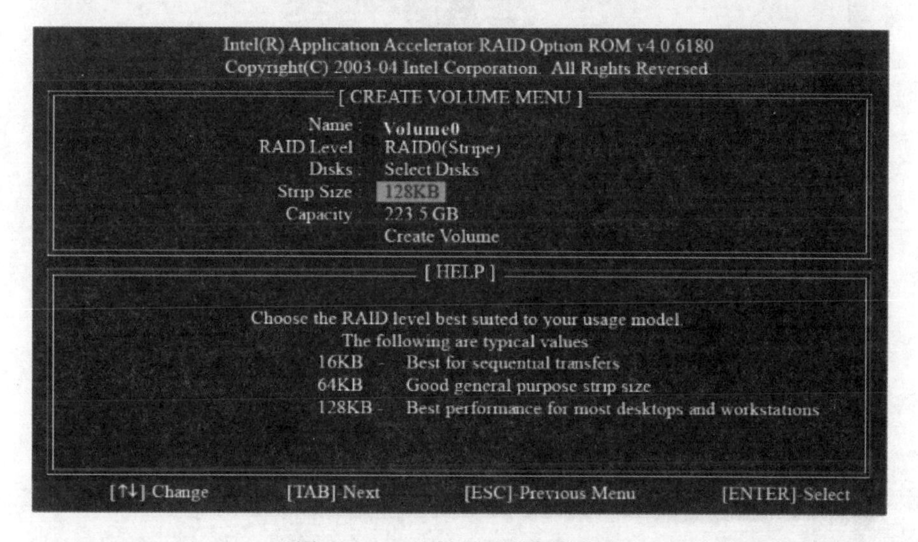

图2-2-18　选择所需的条带大小

如果选择RAID 0,可使用上下键选择RAID 0阵列的等量分割大小,然后按【Enter】键。可用的数值介于8~128 KB之间,默认选择为128 KB。应依据规划的磁盘驱动器使用量选择等量分割值。

① 8/16 KB:低磁盘使用量。

② 64 KB:标准磁盘使用量。

③ 128 KB:高性能磁盘使用量。

(5)设置磁盘卷块大小后,按【Enter】键设置磁盘容量,如图2-2-19所示。

(6)在创建磁盘卷项目下按【Enter】键,实用程序会显示如下所示的确认信息提示,如图2-2-20所示。

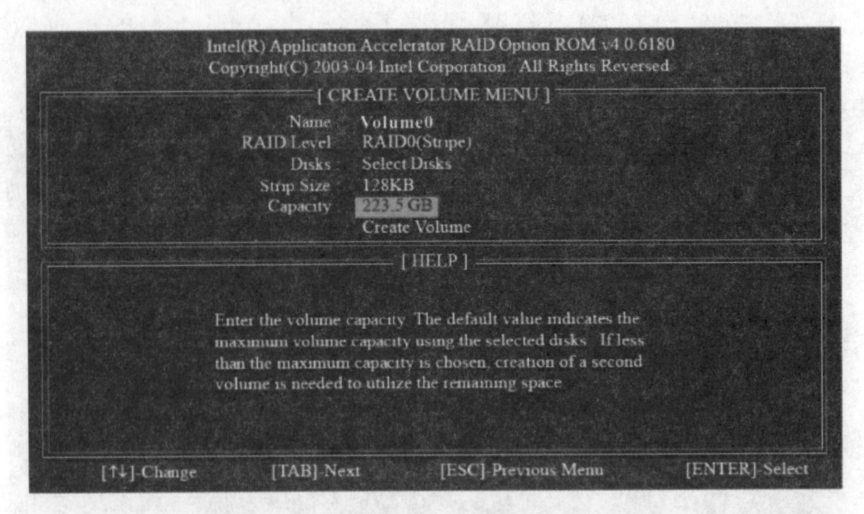

图 2-2-19　设置磁盘卷块大小

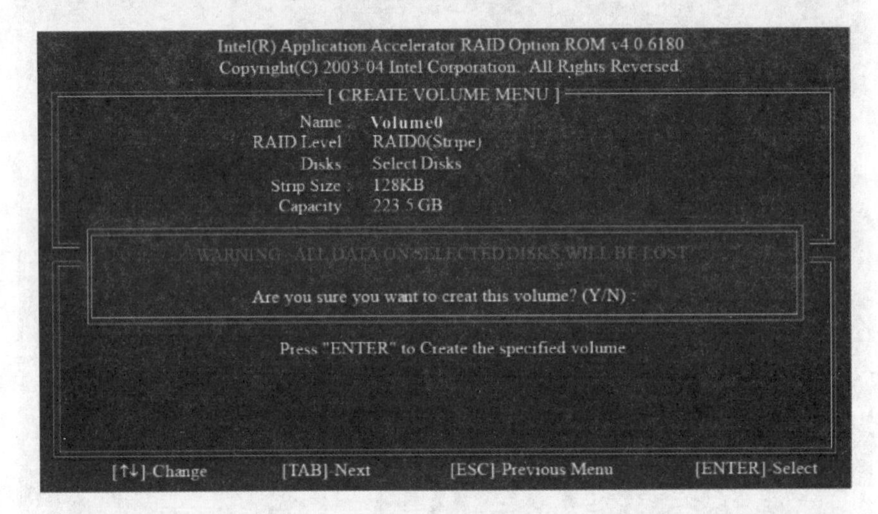

图 2-2-20　创建磁盘卷

(7)按【Y】键完成 RAID 设置,如图 2-2-21 所示。

Intel(R) Application Accelerator RAID Option ROM v4.0.6180
Copyright(C) 2003-04 Intel Corporation. All Rights Reversed.
[MAIN MENU]
1. Create RAID Volume
2. Delete RAID Volume
3. Reset Disks to Non-RAID
4. Exit
[DISK/VOLUME INFORMATION]
RAID Volumes

ID	Name	Level	Strip	Size	Status	Bootable
0	RAID_Volume0	RAID(Stripe)	128KB	223.5GB	Normal	Yes

Physical Disks

Port	Driver Model	Serial #	Size	Type/Status(Vol ID)
0	ST3120026AS	3JT354CP	111.7GB	Member Disk(0)
1	ST3120026AS	3JT329JX	111.7GB	Member Disk(0)

[↑↓]-Select [ESC]-Exit [ENTER]-Select Menu

图 2-2-21　完成 RAID 设置

(8)如果想要删除 RAID 磁盘卷,请选择删除 RAID 磁盘卷选项,按【Enter】键,然后按照屏幕上的指示进行,如图 2-2-22 所示。

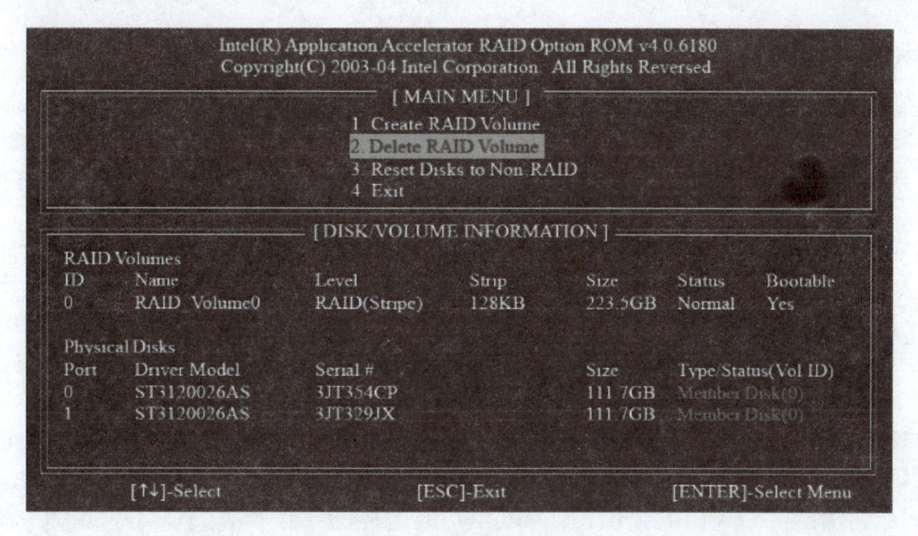

图 2-2-22　删除 RAID 磁盘卷

任务小结

本任务从硬盘物理结构(磁头、磁道、扇区、柱面)开始学习,涉及硬盘的主要参数:容量、转速、平均访问时间、传输速率、缓存;硬盘接口种类:ATA、IDE、SATA、SATA Ⅱ、SATA Ⅲ、SCSI、SAS。

重点对 RAID 磁盘阵列进行了讲解,盘阵样式包括外接式磁盘阵列柜、内接式磁盘阵列卡、利用软件仿真。

RAID 磁盘阵列的设计思想就是由若干磁盘组成磁盘组,目的是提供数据冗余和提升性能。

任务三　浅析数据安全

任务描述

"互联网+"时代,有各种各样、各个渠道来源的数据被企业所收集和应用,从线下实体店进店数据、用户交易数据、到企业级 CRM 数据等,数据安全是企业发展过程中的命脉。首先,企业需要有保护数据安全的意识,无论是制度安全、计算安全、存储安全、传输安全,还是产品和服务安全,在各个环节巩固数据管理、连接、分析等的安全保障,为消费者和企业数据的隐私和安全保驾护航。只有在保障所有数据安全性的情况下,可持续发展才有据可谈,并能实现和助力商业及社会的繁荣发展。

本任务要求从备份策略入手,通过系统学习,对大数据时代的数据安全有初步的认识,为后续项目实践打下基础。

任务目标

- 掌握数据备份策略。
- 理解文件级备份与块级备份。
- 了解 rsync 的概念特点和配置。
- 学习快照技术。

任务实施

一、掌握数据备份策略

1. 数据要备份的原因

数据备份策略、快照技术

每一位计算机使用者都会有这样的经验：一旦在操作过程中按错了一个键，几个小时，甚至是几天的工作成果便有可能付之东流。据统计，80% 以上的数据丢失都是由于人们的错误操作引起的，但这样的错误操作对人类来说是永远无法避免的。

除了人为操作失误，计算机本身出现故障也很难避免。一般来说，硬盘损坏是造成系统崩溃和文件丢失的最主要因素，因为其他的组件坏掉时，虽然会影响到系统提供服务，但至少数据还是存在硬盘中的。为了避免这个困扰，已经采用了磁盘阵列，但是如果 RAID 控制芯片坏掉，就算有 RAID 系统，重要数据也需要进行额外的备份。

还有一种很常见的导致数据丢失的情况就是恶意攻击。假如在 Internet 上 Web 服务器被攻击，这时如果没有系统关键文件和数据库的备份，服务器上所有重要的数据就会丢失，即使重新搭建一台 Web 服务器，也无法恢复原有服务。

所以无论是个人还是企业，无论是针对系统还是数据，备份都是非常必要且关键的。

2. 数据备份方式

系统角色不同，备份的需求也不同，针对个人计算机使用的数据，一般采用以下备份方式：

1）手动备份

（1）备份文件的最快方法是将外部硬盘或 U 盘插入计算机把文件复制到其中。也可以使用移动硬盘、网络来保存。

（2）当决定备份文件时空间是一个问题，特别是 U 盘。如果有一个足够大的外部驱动器，空间就不是大问题。外部硬盘驱动器可容纳高达数太字节（TB）的数据。图 2-3-1 所示为一款 U 盘备份。

图 2-3-1　使用 U 盘

如果连接到网络，也可以将数据备份到网络存储，在文件管理器的地址栏输入网络存储的地址，如图 2-3-2 所示。

（3）当使用手动备份时，要确保需要备份的所有文件被复制过来，如图 2-3-3 所示。

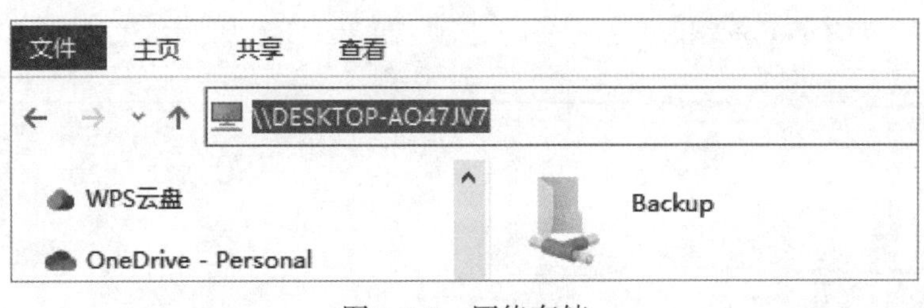

图 2-3-2　网络存储

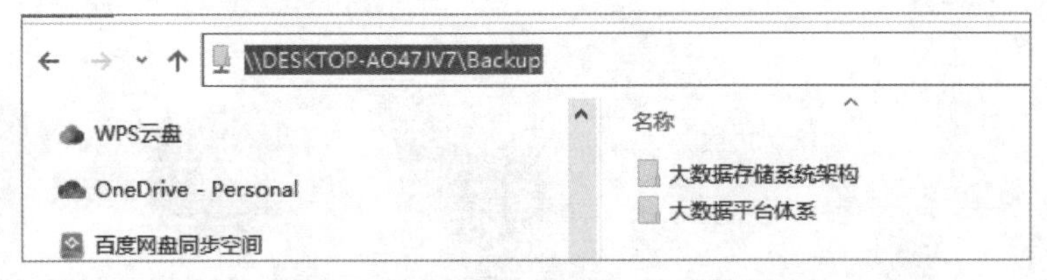

图 2-3-3　确保需要备份的所有文件被复制

(4)设置数据的重要等级,包括重要和敏感文件、充满感情的文件和照片,以及其他不可替代的重要数据。

程序不能进行备份,如果系统出错程序将需要重新安装,但是程序的设置文件是可以备份的。查阅程序的说明文档可以找到需要设置的文件,如图 2-3-4 所示。

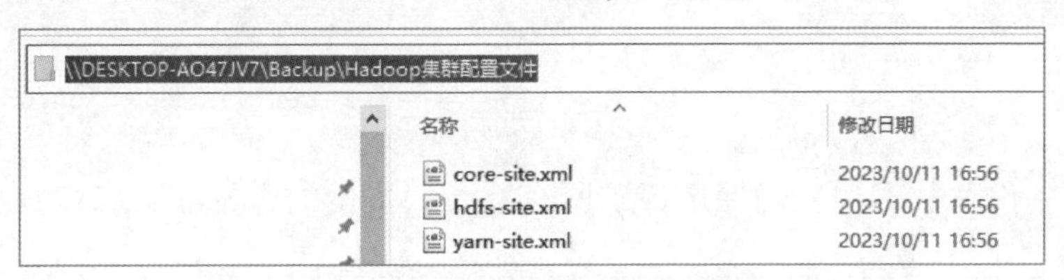

图 2-3-4　备份程序的设置文件

2. 使用备份程序

(1)EASEUS Todo Backup 是一个磁盘备份软件,其安装界面如图 2-3-5 所示。可以对整个硬盘驱动器或选定的分区进行备份、还原,能够对当前所有应用程序和设置创建一个完整系统备份,在系统崩溃或硬件出现故障时进行恢复。还可以使用该软件将系统迁移到一个新的硬盘,而无须重新安装操作系统和应用程序。

图 2-3-5　EaseUS Todo Backup

(2)EaseUS Todo Backup 提供了多种备份选项,如图 2-3-6 所示。

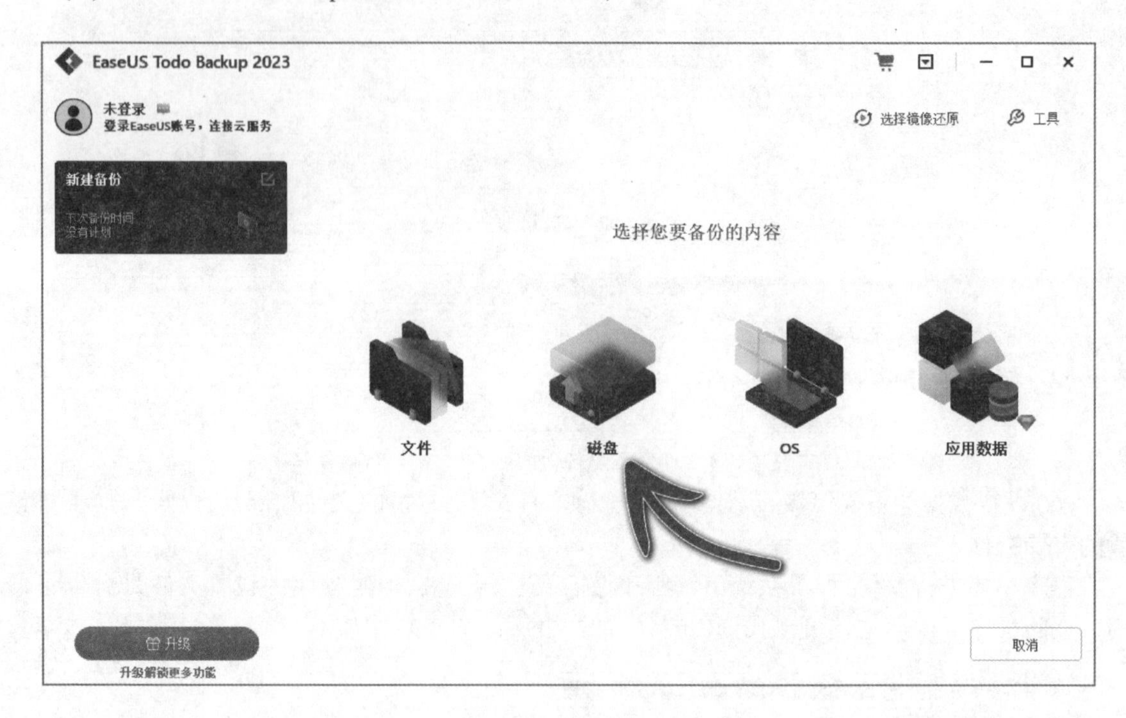

图 2-3-6　备份选项

(3)选择要备份的数据。要确保选择了所有重要的备份内容,如图 2-3-7 所示。

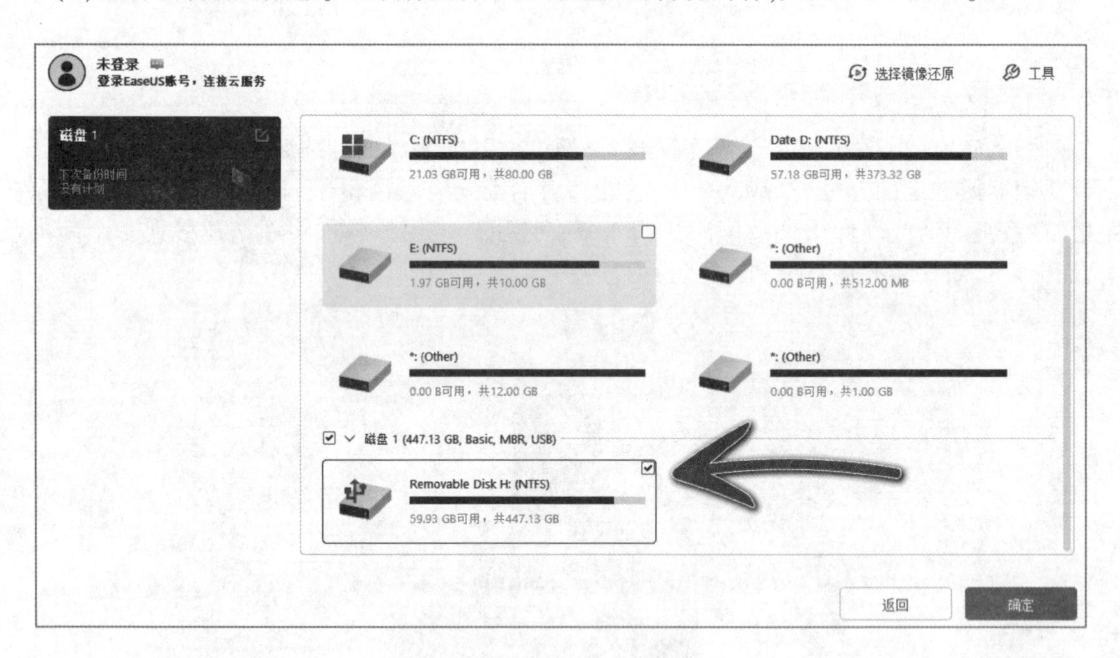

图 2-3-7　选择要备份的内容

(4)可以对备份模式、性能、备份分割、加密等备份选项进行设置,如图 2-3-8 所示。

(5)设置定时备份日程。备份更新之间的时间跨度在很大程度上取决于访问和编辑文件的频繁程度。如果经常做需要更改并保存,最好频繁做备份,可达每一小时一次。频繁备份通常可以影响计算机的运行,可以在主机不使用的时间进行备份,如图 2-3-9 所示。

图 2-3-8　指定备份选项

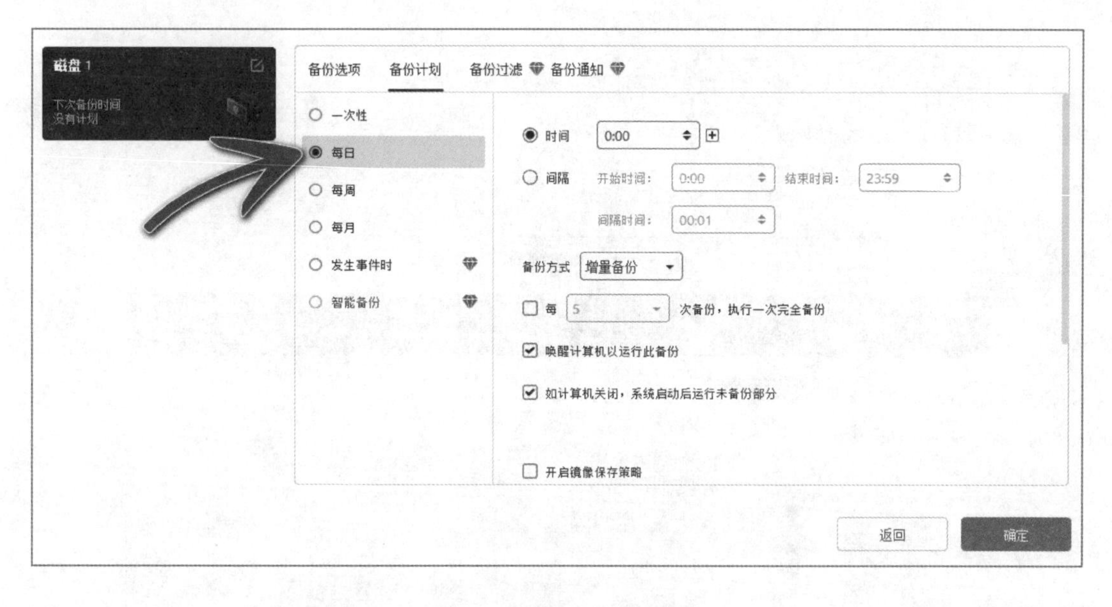

图 2-3-9　选择备份频率

(6)请确保备份设备在预定的备份时间都连接好,如图 2-3-10 所示。

(7)使用 Windows 中的文件历史记录,如图 2-3-11 所示。

(8)打开文件历史记录程序,启用文件历史记录能够加载文件或文件夹的旧版本,在文件丢失或损坏时,可以从历史记录中恢复,如图 2-3-12 所示。

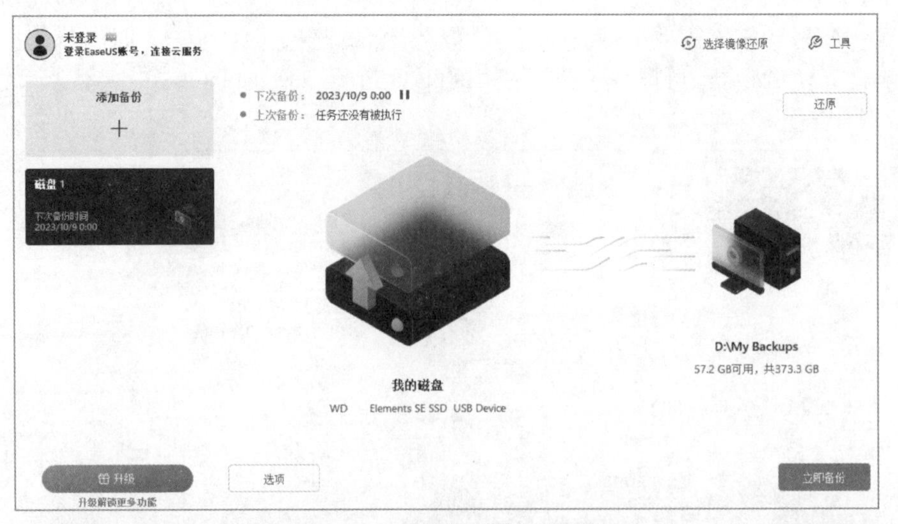

图 2-3-10　确保备份设备连接

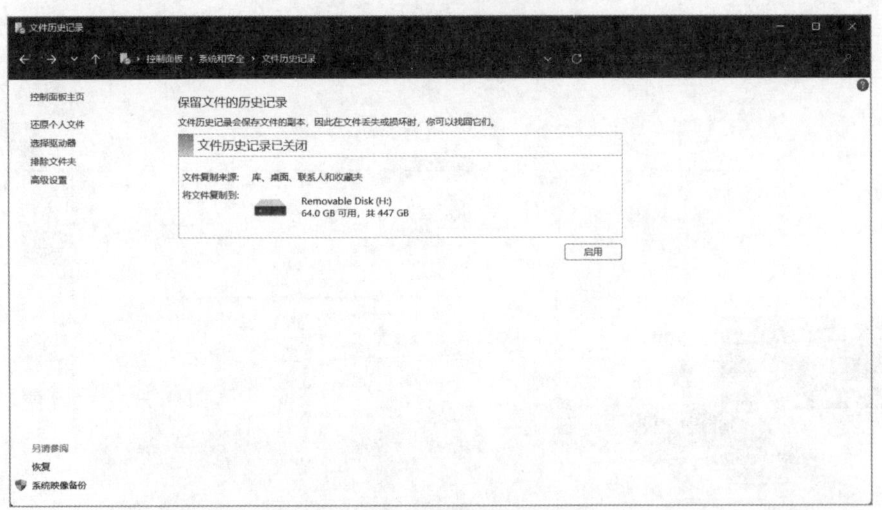

图 2-3-11　文件历史记录

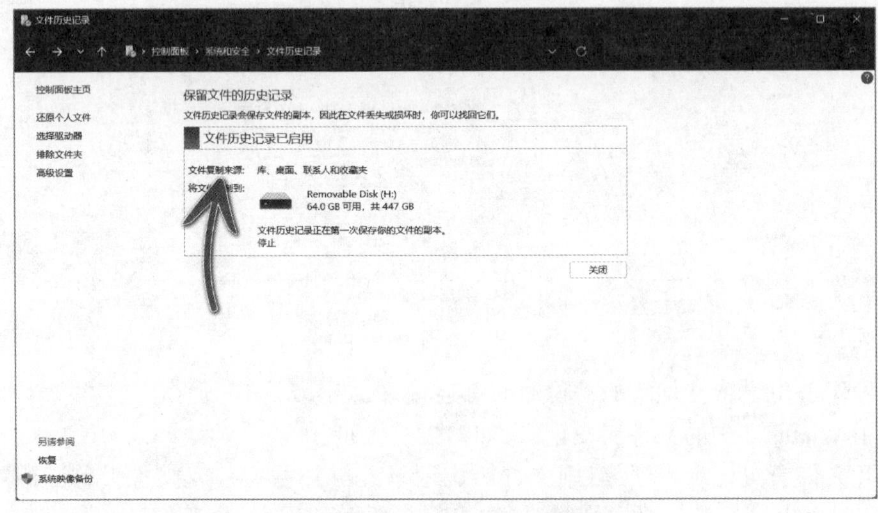

图 2-3-12　文件历史记录程序

(9)家庭组设置可以设置与家庭组中其他设备的共享,如图 2-3-13 所示。文件历史记录高级设置如图 2-3-14 所示。

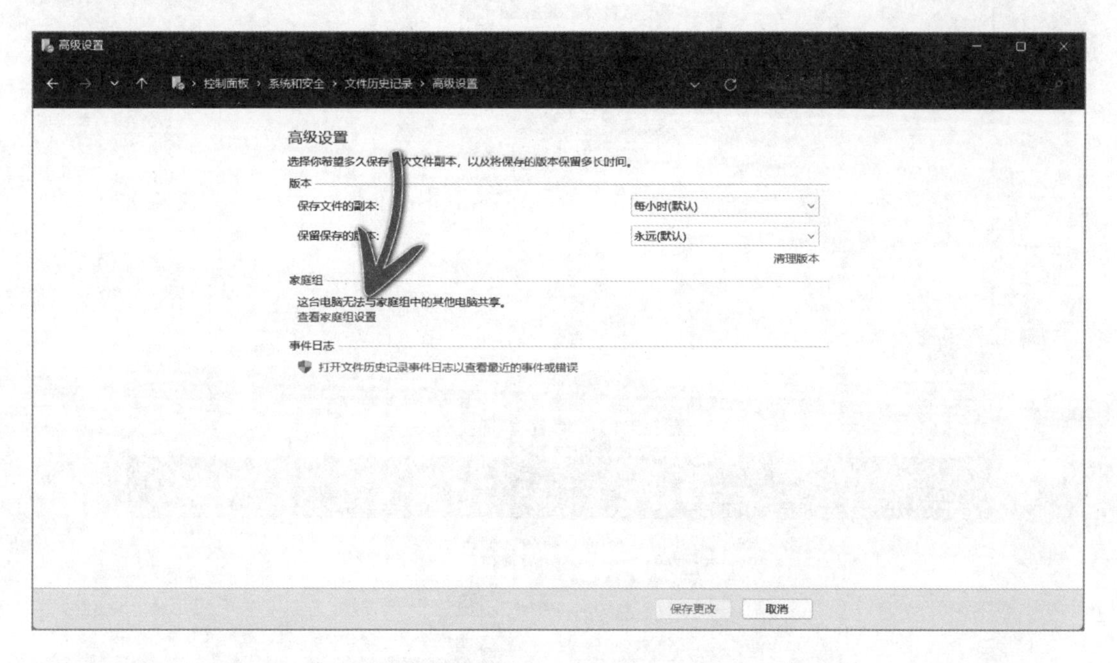

图 2-3-13　家庭组

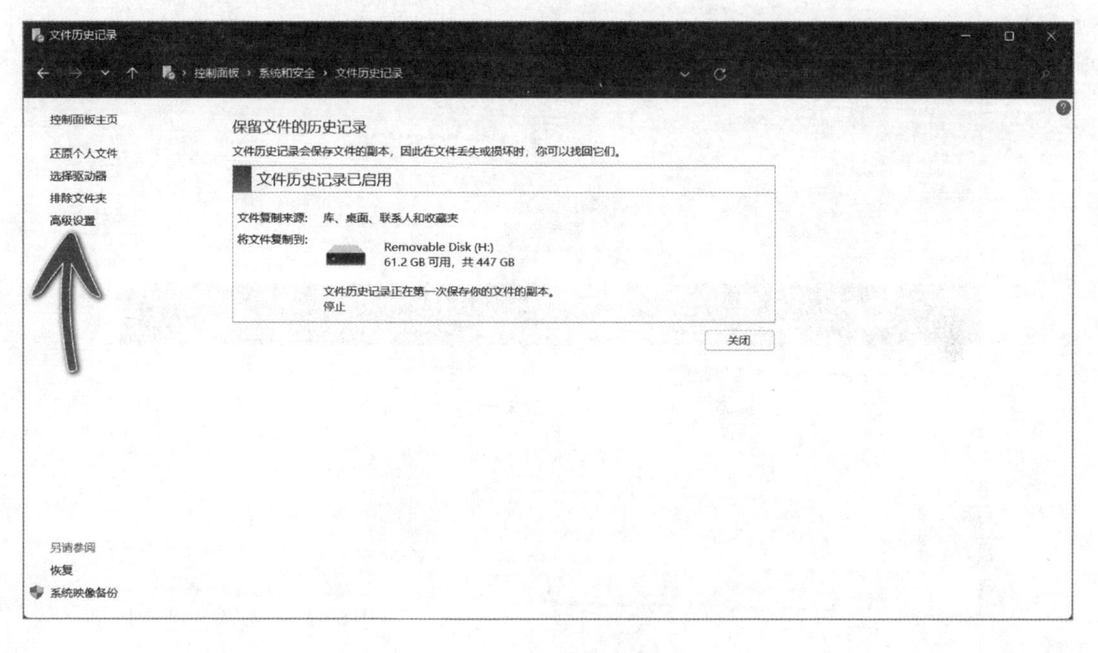

图 2-3-14　高级设置

(10)配置文件历史记录设置。一旦启用文件历史记录,就可以单击左侧菜单中的“高级设置”链接配置其高级设置。图 2-3-15 所示为保存复制文件窗口,图 2-3-16 所示为选择时间窗口,图 2-3-17 所示为选择驱动器窗口。

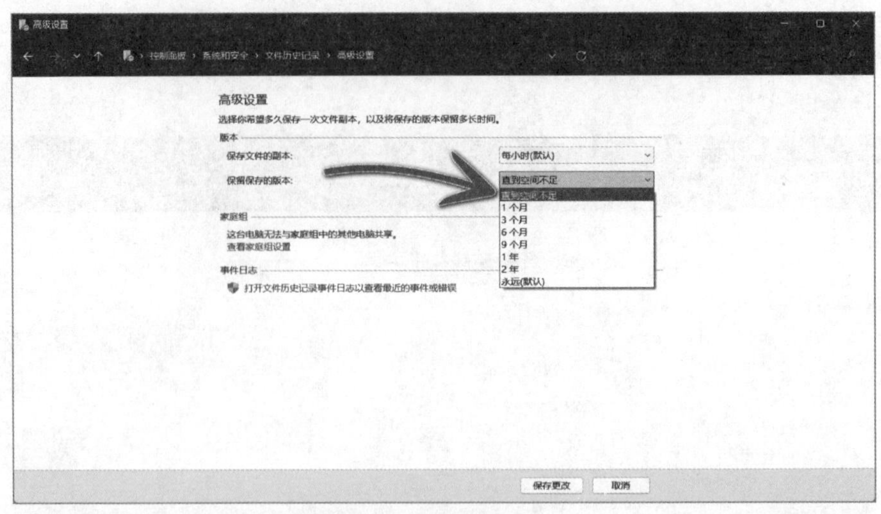

图 2-3-15　保存复制文件

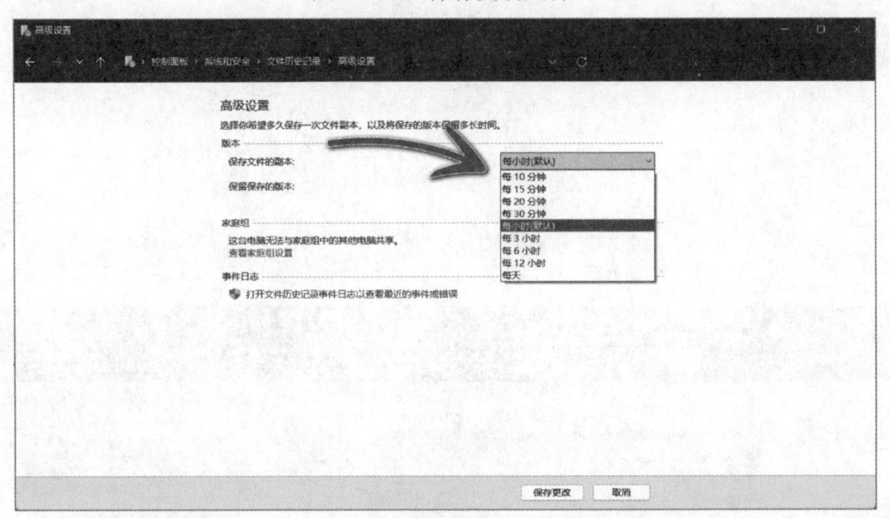

图 2-3-16　选择时间

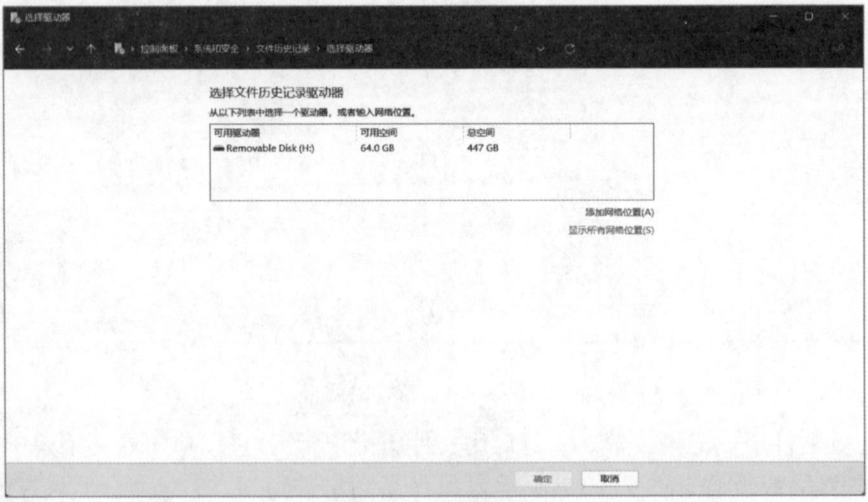

选择驱动器
控制面板 › 系统和安全 › 文件历史记录 › 选择驱动器
选择文件历史记录驱动器
从以下列表中选择一个驱动器，或者输入网络位置。

可用驱动器	可用空间	总空间
Removable Disk (H:)	64.0 GB	447 GB

添加网络位置(A)
显示所有网络位置(S)
确定　取消

图 2-3-17　选择驱动器

3. 备份到云端

(1)可以使用一些免费的云服务作为文件的一个永远在线的备份位置,如百度云盘、WPS云空间等。这些服务都开放了免费空间,也可以付费升级到更多空间。图2-3-18所示为备份到云端示例。

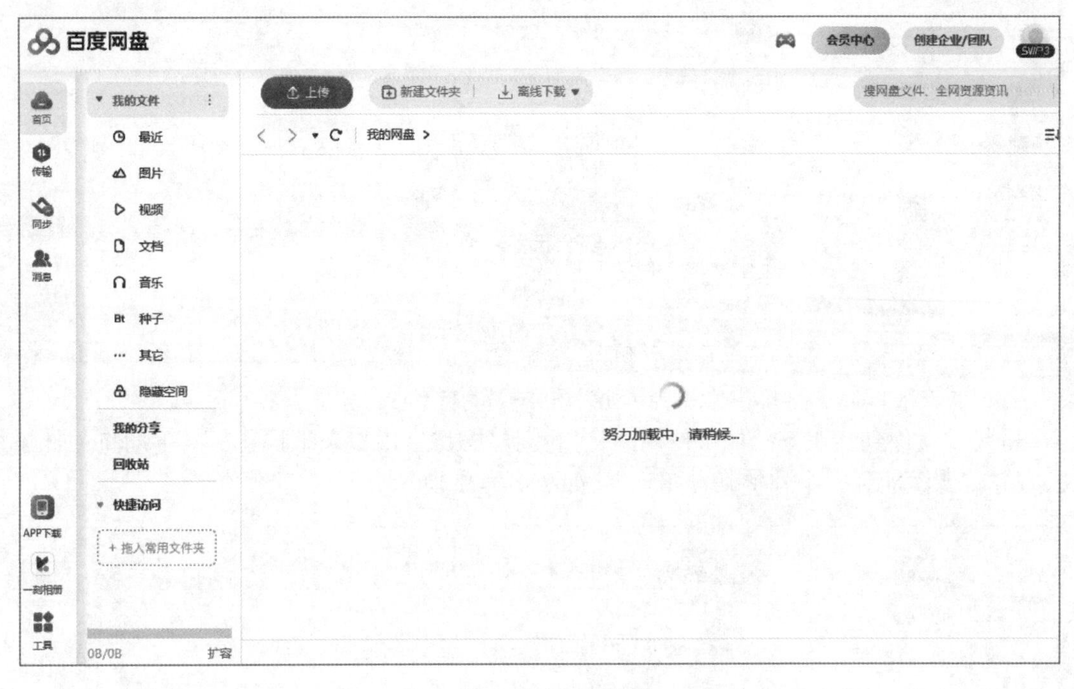

图2-3-18　备份到云端

(2)还有一些收取费用的VIP(very important person,贵宾)会员。图2-3-19所示为VIP云盘会员,图2-3-20所示为云盘支付中心。

图2-3-19　VIP云盘会员

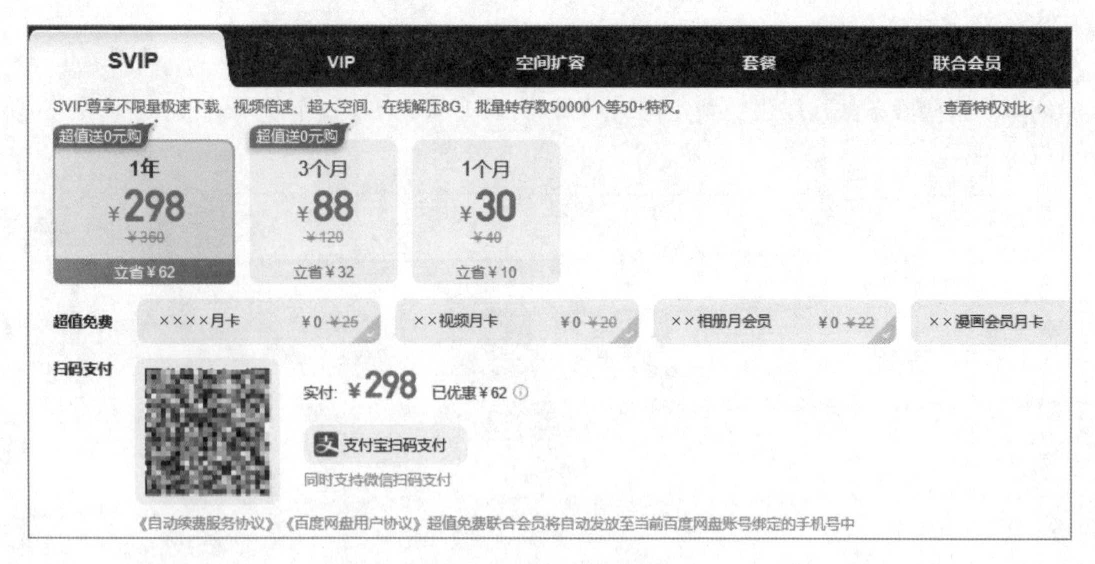

图 2-3-20　VIP 会员支付中心

(3)复制文件到云服务。如果使用的是免费服务,将由用户来维护备份。手动将文件添加到云服务就像添加到一个外接硬盘驱动器,如图 2-3-21 所示。

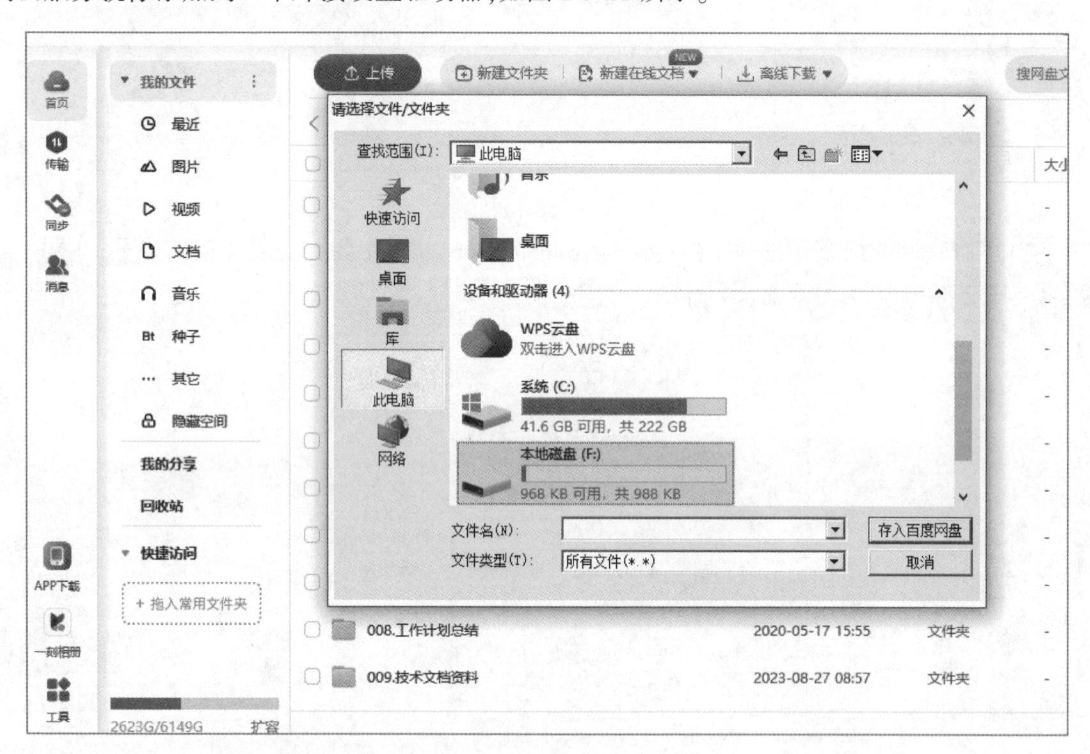

图 2-3-21　复制文件到云服务

注意:如果无法使用国外的云存储产品,这里使用一些国内的云存储产品(如百度云)也是可以的,在操作上都大同小异。

4. 备份的常见策略与关键技术

在企业中,备份一般指将文件系统或数据库系统中的数据加以复制,一旦发生灾难或错误操作时,得以方便而及时地恢复系统的有效数据和正常运作。最好将重要数据制作三个或三个以上的备份,并且放置在不同的场所来应对紧急情况。

在企业里常见的备份策略有以下几种:

(1)全部备份(full backup):即把硬盘或数据库内的所有文件、文件夹或数据进行一次性的复制。

(2)增量备份(incremental backup):指对上一次全部备份或增量备份后更新的数据进行备份。

(3)差异备份(differential backup):提供运行完整备份后变更的文件的备份。

(4)选择式备份:对系统的一部分进行备份。

(5)冷备份:系统处于停机或维护状态下的备份。这种情况下,备份的数据与系统中此时段的数据完全一致。

(6)热备份:系统处于正常运转状态下的备份。这种情况下,由于系统中的数据可能随时在更新,备份的数据相对于系统的真实数据可能会有一定滞后。

在实施备份的过程中,可以对数据进行各种处理,这些不同的处理方式可以改善备份速度,恢复速度,增加数据安全性,提升存储介质的利用率。

常用的技术有以下几种:

(1)数据压缩技术(compression):通过各种机制降低备份数据的大小,以便占用更少的存储空间,压缩的方法在磁带存储中尤为常见。

(2)数据重复删除技术(de-duplication):当多个相似系统的数据要备份到同一台存储设备上时,需要重复备份数据,这会产生大量的冗余。例如,有 20 个 Windows 工作站要备份到同一台存储设备上,备份数据就可以共享系统文件。存储设备上只需要一份系统文件,就可以用来恢复多个工作站。这项技术可以应用在文件级,也可以应用在未经处理的数据块级,通过避免冗余数据的重复复制,可以大幅节省存储设备的存储空间。重复数据删除技术可以发生在服务器端,在数据备份到存储设备之前执行,这种方法可以在节省存储空间的同时节省备份数据的带宽需求。这种方法的重复数据删除称为在线即时数据处理(inline)。重复数据删除技术也可以发生在存储设备端,称为后台重复数据删除技术。

(3)数据复制技术(duplication):在备份的过程中,数据有可能需要额外备份到第二组存储设备;通过复制备份数据,可以调整备份镜像来优化恢复速度,而且可以将第二份备份数据存放在不同的备份地点或者不同的备份介质上。

(4)数据加密技术(encryption):对于大容量的可移动的备份存储介质,会面临丢失和被盗的风险。通过对数据加密可以降低上述风险,但是也带来了另外的问题:首先,加密会占用大量的 CPU 进程,从而降低备份速度;其次,数据被加密之后,就不能有效地压缩;最后,加密技术要成功起作用,必须配合整体的安全策略通盘考虑。

二、理解文件级备份与块级备份

1. 文件级备份与块级备份概念

首先了解一下什么叫作块级,什么叫作文件级。

1)块级的概念

块级是指以扇区为基础,一个或者连续的扇区组成一个块,也称为物理块。它在文件系统与块设备(如磁盘驱动器)之间。

2)文件级的概念

文件级是指文件系统,单个文件可能由一个或多个逻辑块组成,且逻辑块之间是不连续分布的。逻辑块大于或等于物理块的整数倍。

2. 物理块与文件系统之间的关系

物理块与文件系统之间的关系见表2-3-1。

表2-3-1 物理块与文件系统之间的关系

文件系统(如NTFS、EXT4、XFS、JFS)
逻辑块
物理块(驱动层)
磁盘驱动器(扇区)

映射关系:扇区→物理块→逻辑块→文件系统。

3. 块级备份

块级备份是以磁盘块为基本单位将数据从主机复制到备机。也就是说,每次备份数据都是以一个扇区(512 B)为单位来进行备份。

4. 文件级备份

文件级备份是以文件为基本单位将数据从主机复制到备机。通常是以一个完整的文件作为备份单位的,大小由文件本身来决定。

5. 备份模式的区别

1)高效性

块级备份是位于文件系统之下和硬件磁盘驱动之上。增加了一个软驱动,忽略了文件和结构,处理过程简洁,因此在执行过程中花费在搜索操作上的开销较少,备份的性能很高。

文件级备份是基于文件级别的备份,每个文件都是由不同的逻辑块组成。每一个逻辑的文件块存储在连续的物理磁盘块上,但组成一个文件的不同逻辑块极有可能存储在分散的磁盘块上。文件级备份在对非连续存储磁盘上的文件进行备份时需要额外的查找操作。这些额外的操作增加了磁盘的开销,降低了磁盘的吞吐率。所以,同块级备份相比,备份性能较差。

块级备份避免了当文件出现一个小的改动时,就需要对整个文件做备份,只是做改动部分的备份,有效地提高了备份效率,节省了备份时间。

文件级备份模式下,文件即使有一个很小的改变,也需要将整个文件备份。因此,在一个文件很大的情况下,就会大幅地降低备份效率,增加磁盘开销和备份时间。

2)实时性

块级备份可以做到高效的实时备份,因为在主机每次向磁盘写数据时,都需要同时将数据写入备机,这种写入操作都是基于磁盘扇区的,所以很快就能被识别。只有在备机完成之后,才会返回给上层的应用系统来继续下一步工作。

文件级备份是很难做到实时备份的,因为它的每次修改都是基于文件的,而文件的哪部分被修改,系统很难实时捕获到,所以备份时需要把整个文件读一遍再发到备机,实时的效率不是很高。

3)支持度

块级备份是在文件系统之下对数据进行复制，所以它不受文件系统限制，可以支持各种文件系统，包括RAW分区。

文件级备份是以单个文件为单位对数据进行复制，所以它受文件系统限制，仅能对部分支持的文件系统做备份，不支持RAW分区。

三、了解rsync的概念特点和配置

rsync

1. rsync的概念

rsync是类UNIX系统下的数据镜像备份工具——remote sync。这是一款快速增量备份工具，远程同步支持本地复制，或者与其他SSH、rsync主机同步。

2. rsync特点

(1)可以镜像保存整个目录树和文件系统。

(2)可以很容易做到保持原来文件的权限、时间、软硬链接等。

(3)无须特殊权限即可安装。

(4)快速：第一次同步时rsync会复制全部内容，但在下一次只传输修改过的文件。rsync在传输数据的过程中可以实行压缩及解压缩操作，因此可以使用更少的带宽。

(5)安全：可以使用scp、ssh等方式来传输文件，也可以通过直接的socket连接。

(6)支持匿名传输，以方便进行网站镜像。

3. rsync配置概述

(1)下载、安装rsync。代码如下：

```
#tar zxvf rsync-2.6.9.tar.gz
#cd rsync-2.6.9
#./configure --prefix=/usr/local/rsync
#make
#make install
```

(2)启动RSYNC。代码如下：

```
vim /etc/xinetd.d/rsync
disable=no
把原来的YES改成NO
```

(3)随系统启动RSYNC。代码如下：

```
#chkconfig rsync on
```

(4)配置介绍/etc/rsyncd.conf。代码如下：

```
uid=root                       //运行RSYNC守护进程的用户
gid=root                       //运行RSYNC守护进程的组
use chroot=no                  //不使用chroot
max connections=4              //最大连接数为4
strict modes=yes               //是否检查口令文件的权限
port=873                       //默认端口873
```

```
[backup]                                   //这里是认证的模块名,在 Client 端需要指定
path = /home/backup/                       //需要做镜像的目录,不可缺少
comment = This is a test                   //这个模块的注释信息
ignore errors                              //可以忽略一些无关的 I/O 错误
read only = yes                            //只读
list = no                                  //不允许列文件
auth users = hening                        //认证的用户名,如果没有这行则表明是匿名,此用户与系统无关
secrets file = /etc/rsync.pas              //密码和用户名对比表,密码文件自己生成
hosts allow = 192.168.1.1,10.10.10.10                 //允许主机
hosts deny = 0.0.0.0/0                                //禁止主机
#transfer logging = yes
//下面这些文件是安装完 RSYNC 服务后自动生成的文件
pid file = /var/run/rsyncd.pid                        //pid 文件的存放位置
lock file = /var/run/rsync.lock                       //锁文件的存放位置
log file = /var/log/rsyncd.log                        //日志记录文件的存放位置
```

(5)配置 rsync 密码(在上边的配置文件中已经写好路径)/etc/rsync.pas(名字随便写,只要和上面配置文件中的一致即可)、格式(一行一个用户)。

```
账号:密码
#vim /etc/rsync.pas
//例子:
abc:111111
```

(6)权限:因为 rsync.pas 存储了 rsync 服务的用户名和密码,所以非常重要。要将 rsync.pas 设置为 root 所有,且权限为 600。所示如下:

```
cd /etc
chown root.root rsync.pas
chmod 600 rsync.pas
```

(7)rsyncd.motd(配置欢迎信息,可有可无)。代码如下:

```
vim /etc/rsyncd.motd
```

(8)启动 rsync server。代码如下:

```
/usr/bin/rsync -daemon
```

(9)配置 rsync client。代码如下:

```
//设置密码
  vim /etc/rsync.pas
  111111
//修改权限
  cd /etc
  chown root.root rsync.pas
  chmod 600 rsync.pas
```

（10）client 连接 SERVER。代码如下：

```
//从 SERVER 端取文件
/usr/bin/rsync-vzrtopg--progress--delete hening@ 192.168.0.200::backup /home/backup--password-file = /etc/rsync.pas
//向 SERVER 端上传文件
/usr/bin/rsync-vzrtopg--progress--password-file = /root/rsync.pas /home/backup hadoop@ 192.168.0.200::backup
```

这条命令将把本地机器/home/backup 目录下的所有文件（含子目录）全部备份到 RSYNC SERVER（192.168.0.200）的 backup 模块设置的备份目录下。

注意：如果路径结束后面带有“/”，表示备份该目录下的内容，但不会创建该目录，如果不带“/”，则创建该目录。

四、学习快照技术

1. 快照的概念

快照是关于指定数据集合的一个完全可用的复制，该复制包括相应数据在某个时间点（复制开始的时间点）的映像。快照可以是其所表示的数据的一个副本，也可以是数据的一个复制品。

2. 快照的作用

快照的作用主要是能够进行在线数据恢复，当存储设备发生应用故障或者文件损坏时可以及时进行数据恢复，将数据恢复成快照产生时间点的状态。快照的另一个作用是为存储用户提供了另外一个数据访问通道，当原数据进行在线应用处理时，用户可以访问快照数据，还可以利用快照进行测试等工作。

因此，所有存储系统，不论高中低端，只要应用于在线系统，快照就成为一项不可或缺的功能。

3. 快照的三种基本形式

快照有三种基本形式：基于文件系统式的快照、基于子系统式的快照和基于卷管理器/虚拟化式的快照，而且这三种形式差别很大。市场上已经出现了能够自动生成这些快照的实用工具，高中低端设备使用共同的操作系统，都能够实现快照应用；HP 的 EVA、HDS 通用存储平台以及 EMC 的高端阵列则实现了子系统式快照；而 Veritas 则通过卷管理器实现快照。

4. 快照的两种类型

目前有两大类存储快照：一种是即写即拷快照；另一种是分割镜像快照。

1）即写即拷快照

即写即拷快照可以在每次输入新数据或已有数据被更新时生成对存储数据改动的快照。这样做可以在发生硬盘写错误、文件损坏或程序故障时迅速地恢复数据。但是，如果需要对网络或存储媒介上的所有数据进行完全存档或恢复时，所有以前的快照都必须可供使用。

即写即拷快照是表现数据外观特征的“照片”。这种方式通常也称为“元数据”复制，即所有的数据并没有被真正复制到另一个位置，只是指示数据实际所处位置的指针被复制。在使用这项技术的情况下，当已经有了快照时，如果有人试图改写原始的 LUN（logical unit number，逻辑单元号）上的数据，快照软件将首先将原始的数据块复制到一个新位置（专用于复制操作的存储资源池)，然后再进行写操作。以后当引用原始数据时，快照软件将指针映射到新位置，或者当引用快照时将指针映射到老位置。

2)分割镜像快照

分割镜像快照引用镜像硬盘组上所有数据。每次应用运行时，都生成整个卷的快照，而不只是新数据或更新的数据。这使得离线访问数据成为可能，并且简化了恢复、复制或存档一块硬盘上的所有数据的过程。但是，这个过程较慢，而且每个快照需要占用更多的存储空间。

分割镜像快照也称为原样复制，它是某一 LUN 或文件系统上的数据的物理复制，有的管理员称之为克隆、映像等。原样复制的过程可以由主机(Windows 上的 MirrorSet、Veritas 的 Mirror 卷等)或在存储级上用硬件完成。

5. 快照的三种使用方法

快照的使用方法有三种：冷快照复制、暖快照复制和热快照复制。

1)冷快照复制

进行冷快照复制是保证系统可以被完全恢复的最安全的方式。在进行任何大的配置变化或维护过程之前和之后，一般都需要进行冷复制，以保证完全地恢复原状。冷复制还可以与克隆技术相结合复制整个服务器系统，以实现各种目的，如扩展、制作生产系统的复本供测试/开发用以及向二层存储迁移。

2)暖快照复制

暖快照复制利用服务器的挂起功能。当执行挂起行动时，程序计数器被停止，所有的活动内存都被保存在引导硬盘所在的文件系统中的一个临时文件(. vmss 文件)中，并且暂停服务器应用。在这个时间点上，复制整个服务器(包括内存内容文件和所有的 LUN 以及相关的活动文件系统)的快照复制。在这个复制中，机器和所有的数据将被冻结在完成挂起操作时的处理点上。

当快照操作完成时，服务器可以被重新启动，在挂起行动开始的点上恢复运行。应用程序和服务器过程将从同一时间点上恢复运行。从表面上看，就好像在快照活动期间按下了一个暂停键一样。对于服务器的网络客户机来讲，就好像网络服务暂时中断了一下一样；对于适度加载的服务器来讲，这段时间通常在 30 ~ 120 s。

3)热快照复制

在这种状态下，发生的所有写操作都立即应用在一个虚拟硬盘上，以保持文件系统的高度一致性。服务器提供让虚拟硬盘处于热备份模式的工具，以通过添加 Redo(重做)日志文件在硬盘子系统层上复制快照。

一旦 Redo 日志被激活，复制包含服务器文件系统的 LUN 的快照就是安全的。在快照操作完成后，可以发出另一条命令，这条命令将 Redo 日志处理提交给下面的虚拟硬盘文件。当提交活动完成时，所有的日志项都将被应用，Redo 文件将被删除。在执行这个操作的过程中，处理速度会略微下降，不过所有的操作将继续执行。但是，在多数情况下，快照进程几乎是瞬间完成的，Redo 创建和提交之间的时间非常短。

热快照操作过程从表面上看基本上察觉不到服务器速度下降。在最差情况下，看起来就像网络拥塞或超载的 CPU 造成的一般服务器速度下降。在最好情况下，不会出现可察觉到的影响。

任务小结

本任务根据系统角色的不同梳理不同的备份需求：针对个人计算机使用的数据，一般采用手动备份和备份到云端的方式。

从企业的视角来看，常见的备份策略有全部备份、增量备份、差异备份、冷备份、热备份。块级备份是以磁盘块为基本单位将数据从主机复制到备机。也就是说，每次备份数据都是以一个扇区(512 B)为单位来进行备份。文件级备份是以文件为基本单位将数据从主机复制到备机，同样是以一个完整的文件作为备份单位的。

随后对 rsync 和快照进行了学习，当原数据进行在线应用处理时，用户可以访问快照数据，还可以利用快照进行测试等工作。

※思考与练习

一、填空题

1. XFS 是一种高性能的____________系统。

2. XFS 的开发始于 1993 年，在 1994 年被首次部署在____________。

3. 2000 年 5 月，XFS 在 GNU 通用公共许可证下发布，并被移植到 Linux 上。2001 年 XFS 首次被____________所支持，现在所有的____________上都可以使用 XFS。

4. 在很多日志文件系统(如 ext3、ReiserFS)中，可以选择三个级别的日志：____________、____________和____________。

5. 文件系统通常使用硬盘和光盘这样的存储设备，并维护文件在设备中的____________。

二、判断题

1. 文件系统可能仅仅是一种访问数据的界面而已，实际的数据是通过网络协议(如 NFS、SMB 等)提供或者存放在内存中，甚至可能根本没有对应的文件(如 proc 文件系统)。(　　)

2. 在文件系统中，文件名用于定位存储位置。(　　)

3. 对文件系统进行修改时，需要进行很多操作。这些操作可能中途被打断，也就是说，这些操作是“不可中断”的。(　　)

4. chmod 命令可以使用八进制数来指定权限。(　　)

5. XFS 是一个 64 位文件系统，最大支持 8 EB 减 1B 的单个文件系统，实际部署时取决于宿主操作系统的最大块限制。(　　)

三、选择题

1. 文件系统向用户提供底层数据访问的机制。它将设备中的空间划分为特定大小的(　　)(扇区)，一般每块 512 B。

A. 块　　B. 包　　C. 数据　　D. 索引

2. 元数据是用来描述(　　)的数据。

A. 索引　　B. 系统　　C. 对象　　D. 数据

3. 在文件系统发生故障(如内核崩溃或突然停电)时，(　　)文件系统更容易保持一致性,并且可以较快恢复。

A. 数据　　B. 系统　　C. 日志　　D. 存储

4. FHS 是文件系统层次(　　),它定义了 Linux 操作系统中的主要目录及目录内容。

A. 数据标准　　B. 系统标准　　C. 结构标准　　D. 存储标准

5. 在非日志文件系统中,要检查并修复类似的错误就必须对整个文件系统的数据结构进行检查。一般在挂载文件系统前,(　　)会检查它上次是否被成功卸载,如果没有,就会对其进行检查。

A. 操作系统　　B. 数据库系统　　C. 日志系统　　D. 存储系统

四、简答题

1. 什么叫文件系统?
2. 简述文件系统的作用。
3. 什么是日志文件系统?
4. 简述日志的三个级别。
5. 简述 XFS 文件系统的特性。
6. 为什么要备份?
7. 简述数据备份的方式。
8. 什么是块级备份和文件级备份?
9. 简述 rsync 工具。
10. 什么是 S. M. A. R. T 磁盘数据保护技术?
11. 盘阵硬件样式有哪三种?
12. 简述 RAID 0 磁盘阵列技术。
13. 简述 RAID 1 磁盘阵列技术。
14. 简述 RAID 5 磁盘阵列技术。
15. 简述快照的两种类型。

调研量子存储新技术发展与应用

量子纠缠,是指一个红粒子和一个蓝粒子,在没有时间的第三空间里发生了神秘的关联。

由量子纠缠衍生出的量子存储技术是指在处理量子信息和通信时,与处理量子信息的量子逻辑门一起,被认为是储藏、变换及控制量子信息的核心技术。

未来的量子计算只需要花 200 s 就能够完成目前世界上顶级的超级计算机一万年才能完成的任务,未来的量子存储器只需要指甲盖大小的容量就能够存下全世界所有的数据。

调研量子计算与量子存储技术的最新研究进展和应用场景。

一、实践目的

1. 熟悉我国量子计算技术的最新进展。
2. 了解量子计算对大数据存储技术带来的影响。

二、实践要求

各学员通过调研、搜集网络数据等方式完成。

三、实践内容

1. 调研我国量子计算领域的最新进展，完成下面内容的补充。

时间：____

研发团队：____

研发总投入：____

技术应用范围：____

2. 分组讨论：针对量子计算作为我国未来量子存储技术之一所带来的影响，学员从正反两个角度进行讨论，提出量子计算技术发展给大数据行业带来的影响。

项目三

浅析云存储服务

任务一　了解云存储

任务描述

随着计算机技术、互联网技术的发展，以及近些年全球数据爆发式地增长，催生了云计算技术。云存储就是脱胎于云计算技术的新型存储方式，由于它廉价、便捷等优势，备受青睐，在短短几年便得到了充分的发展与应用。

本任务涉及分布式存储、云存储技术的起源和发展，以及云存储的定义和特点。

任务目标

云存储概述

- 了解分布式存储。
- 了解云存储的起源和发展。
- 掌握云存储的定义及特点。

任务实施

一、了解分布式存储

Google、Amazon、Alibaba 等互联网公司的成功催生了云计算和大数据两大热门领域。无论是云计算、大数据还是互联网公司的各种应用，其后台基础设施的主要目标都是构建低成本、高性能、可扩展、易用的分布式存储系统。

虽然分布式存储系统研究了很多年，但是，直到近年来互联网大数据应用的兴起才使得它大规模地应用到工程实践中。相比传统的分布式系统，互联网公司的分布式系统具有两个特点：一个特点是规模大，另一个特点是成本低。不同的需求造就不同的设计方案，通过本任务将学习大规模分布式系统的定义与分类。

1. 分布式存储概念

大规模分布式存储系统的定义如下：

分布式存储系统是大量普通 PC 服务器通过 Internet 互联，对外作为一个整体提供存储服务。

分布式存储系统具有如下几个特性：

1）可扩展

分布式存储系统可以扩展到几百台甚至几千台的集群规模，而且，随着集群规模的增长，系统整体性能表现为线性增长。

2）低成本

分布式存储系统的自动容错、自动负载均衡机制使其可以构建在普通 PC 之上。另外，线性扩展能力也使得增加、减少机器非常方便，可以实现自动运维。

3）高性能

无论是针对整个集群还是单台服务器，都要求分布式存储系统具备高性能。

4）易用

分布式存储系统需要能够提供易用的对外接口，另外，也要求具备完善的监控、运维工具，并能够方便地与其他系统集成，例如，从 Hadoop 云计算系统导入数据。

分布式存储系统面临以下主要挑战：

1）数据分布

保证数据分布均匀到多台服务器并实现跨服务器读/写操作。

2）一致性

将数据的多个副本复制到多台服务器，即使在异常情况下，也能够保证不同副本之间的数据一致性。

3）容错

当检测到服务器故障后，自动将出现故障的服务器上的数据和服务迁移到集群中其他服务器。

4）负载均衡

新增服务器和集群正常运行过程中自动负载均衡，数据迁移的过程中保证不影响已有服务。

5）事务与并发控制

分布式事务以及多版本并发控制。

6）易用性

设计对外接口使得系统容易使用，设计监控系统并将系统的内部状态以方便的形式暴露给运维人员。

7）压缩/解压缩

根据数据的特点设计合理的压缩/解压缩算法，平衡压缩算法节省的存储空间和消耗的 CPU 计算资源。

分布式存储系统挑战大，研发周期长，涉及的知识面广。一般来讲，工程师如果能够深入理解分布式存储系统，理解其他互联网后台架构不会再有任何困难。

2. 分布式存储分类

分布式存储面临的数据需求比较复杂，大致可以分为三类：

（1）非结构化数据：包括所有格式的办公文档、文本、图片、图像、音频和视频信息等。

（2）结构化数据：一般存储在关系数据库中，可以用二维关系表结构来表示。结构化数据的模式（Schema，包括属性、数据类型以及数据之间的联系）和内容是分开的，数据的模式需要预先定义。

（3）半结构化数据：介于非结构化数据和结构化数据之间，HTML 文档就属于半结构化数据。它一般是自描述的，与结构化数据最大的区别在于，半结构化数据的模式结构和内容混在一起，没有明显的区分，也不需要预先定义数据的模式结构。

不同的分布式存储系统适合处理不同类型的数据，这里将分布式存储系统分为四类：分布式文件系统、分布式键值系统、分布式表格系统和分布式数据库。

1）分布式文件系统

互联网应用需要存储大量的图片、照片、视频等非结构化数据对象，这类数据以对象的形式组织，对象之间没有关联，这样的数据一般称为 Blob（binary large object，二进制大对象）数据。

分布式文件系统用于存储 Blob 对象，典型的系统有 Taobao 文件系统（TFS）等。另外，分布式文件系统也常作为分布式表格系统以及分布式数据库的底层存储，如谷歌的 GFS（Google file system，谷歌文件系统）可以作为分布式表格系统 Google Bigtable 的底层存储，Amazon 的 EBS（elastic block store，弹性块存储）系统可以作为分布式数据库（Amazon RDS）的底层存储。总体上看，分布式文件系统存储三种类型的数据：Blob 对象、定长块及大文件。在系统实现层面，分布式文件系统内部按照数据块（chunk）来组织数据，每个数据块的大小大致相同，每个数据块可以包含多个 Blob 对象或者定长块，一个大文件也可以拆分为多个数据块。文件系统将这些数据块分散到存储集群，处理数据复制、一致性、负载均衡、容错等分布式系统难题，并将用户对 Blob 对象、定长块以及大文件的操作映射为对底层数据块的操作。图 3-1-1 所示为数据块与 Blob 对象、定长块、大文件之间的关系。

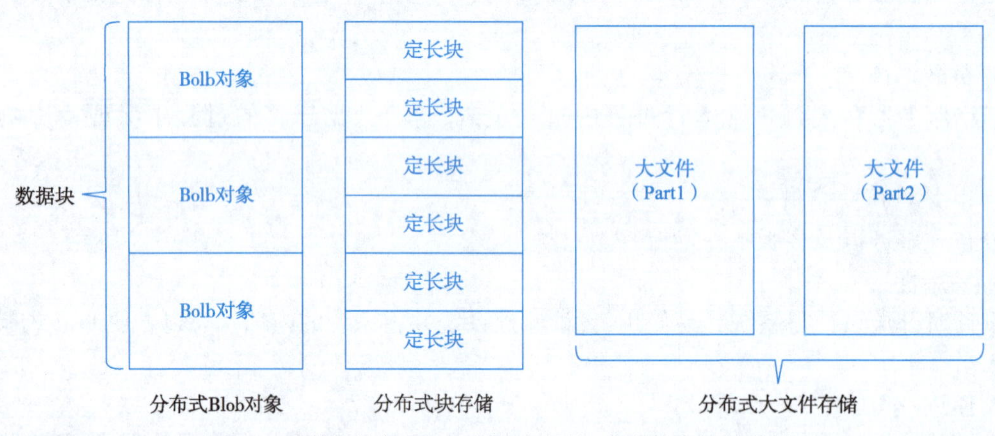

图 3-1-1　数据块与 Blob 对象、定长块、大文件之间的关系

2）分布式键值系统

分布式键值系统用于存储关系简单的半结构化数据，它只提供基于主键的 CRUD（create/read/update/delete）功能，即根据主键创建、读取、更新或者删除一条键值记录。

典型的系统有 Amazon Dynamo 以及 Taobao Tair。从数据结构的角度看，分布式键值系统与传统的哈希表比较类似,不同的是,分布式键值系统支持将数据分布到集群中的多个存储节点。分布式键值系统是分布式表格系统的一种简化实现,一般用作缓存,比如 Taobao Tair 以及 Memcache。一致性哈希是分布式键值系统中常用的数据分布技术,因其被 Amazon DynamoDB 系统使用而变得相当有名。

3)分布式表格系统

分布式表格系统用于存储关系比较复杂的半结构化数据,与分布式键值系统相比,分布式表格系统不仅支持简单的 CRUD 操作,而且支持扫描某个主键范围。分布式表格系统以表格为单位组织数据,每个表格包括很多行,通过主键标识一行,支持根据主键的 CRUD 功能及范围查找功能。

分布式表格系统借鉴了很多关系数据库技术,例如,支持某种程度上的事务[如单行事务,某个实体组(一个用户下的所有数据往往构成一个实体组)下的多行事务]。典型的系统包括 Google Bigtable 以及 Megastore、Microsoft Azure Table Storage、Amazon DynamoDB 等。与分布式数据库相比,分布式表格系统主要支持针对单张表格的操作,不支持一些特别复杂的操作,如多表关联、多表联接、嵌套子查询;另外,在分布式表格系统中,同一个表格的多个数据行也不要求包含相同类型的列,适合半结构化数据。分布式表格系统是一种很好的权衡,这类系统可以做到超大规模,而且支持较多的功能,但实现往往比较复杂,而且有一定的使用门槛。

4)分布式数据库

分布式数据库一般是从单机关系数据库扩展而来,用于存储结构化数据。分布式数据库采用二维表格组织数据,提供 SQL 关系查询语言,支持多表关联、嵌套子查询等复杂操作,并提供数据库事务以及并发控制。

典型的系统包括 MySQL 数据库分片(MySQL sharding)集群、Amazon RDS 及 Microsoft SQL Azure。分布式数据库支持的功能最为丰富,符合用户使用习惯,但可扩展性往往受到限制。当然,这一点并不是绝对的。Google Spanner 系统是一个支持多数据中心的分布式数据库,它不仅支持丰富的关系数据库功能,还能扩展到多个数据中心的成千上万台机器。除此之外,阿里巴巴 OceanBase 系统也是一个支持自动扩展的分布式关系数据库。

关系数据库是目前为止最为成熟的存储技术,它的功能极其丰富,产生了商业的关系数据库软件(如 Oracle、Microsoft SQL Server、IBM DB2、MySQL)以及上层的工具及应用软件生态链。然而,关系数据库在可扩展性上面临着巨大的挑战。传统关系数据库的事务以及二维关系模型很难高效地扩展到多个存储节点上,另外,关系数据库对于要求高并发的应用在性能上优化空间较大。为了解决关系数据库面临的可扩展性、高并发以及性能方面的问题,各种各样的非关系数据库相继出现,这类系统称为 NoSQL 系统。NoSQL 系统有自己的独到之处,适合解决某种特定的问题。

二、了解云存储技术的起源

云存储是云计算技术的衍生品,是一种新型网络的存储方式。探索云存储技术的起源,必将追溯至云计算技术的形成与发展,而云计算技术的出现又将追溯至计算机技术、存储技术、网络技术、分布式技术以及虚拟化技术等的出现与发展。下面将分三部分,按照时间发展脉络,系统地梳理云存储技术的起源。

1. *原始技术的积累*

1945 年 6 月约翰·冯·诺依曼(John von Neumann)和戈德斯坦(Goldstein)等人联名发表

了一篇长达 101 页纸的报告《EDVAC 报告书的第一份草案》(*First Draft of a Report on the EDVAC*),即计算机史上著名的“101 页报告”。在这份报告中冯·诺依曼明确提出了计算机的体系架构,即采用二进制体制,由运算器、控制器、存储器、输入设备和输出设备五大部分组成。冯·诺依曼的体系结构为电子计算机的发展打下了坚实的理论基础。

1946 年 2 月,宾夕法尼亚大学研制出了第一台电子计算机 ENIAC(electronic numerical integrator and computer,电子数字积分计算机)。ENIAC 用了 18 800 个电子管和86 000 个其他电子元件,占地约 140 m^2,质量为 30 t,运算速度只有每秒5 000 次加法或400 次乘法,耗资 100 万美元以上。ENIAC 采用了冯·诺依曼的体系架构,尽管还存在种种不足,但是却成了第一台真正意义上的电子计算机,从此揭开了电子计算机时代的序幕。

1948 年6 月,克劳德·艾尔伍德·香农(Claude Elwood Shannon)在《贝尔系统技术杂志》(*Bell System Technical Journal*)上发表了《通信的数学原理》,并于次年在同一杂志上发表了《噪声下的通信》。在这两篇著名的论文中,香农阐明了通信的基本问题,给出了通信系统的模型,提出了信息量的数学表达式,并解决了信道容量、信源统计特性、信源编码、信道编码等一系列基本技术问题,为计算机之间的通信打下了理论基础。

1949 年 9 月,马克 3 号计算机研制成功,并首次使用了磁鼓作为数与指令的存储器,取代了早期使用的磁带或者打孔纸带作为数据存储。

1950 年,东京帝国大学(现为东京大学)的中松义郎(Yoshiro Nakamatsu)发明了软磁盘,从而开创了计算机存储设备的新纪元。

1959 年,克里斯托弗·斯特雷奇(Christopher Strachey)发表了《大型高速计算机中的时间共享》(*Time Sharing in Large Fast Computers*)的学术论文,虚拟化概念也被正式提出。

1960 年,麻省理工学院教授约瑟夫·立克里德(J. Licklider)发表了计算机研究论文《人机共生关系》,在论文中他提出了分时操作系统的构想,并第一次实现了计算机网络的设想。

1962 年,保罗·巴兰(Paul Baran)发表了一篇学术报告《论分布式通信》,报告中首次提出了“分布式自适应信息块交换”,这就是现在的“分组交换”通信技术。

1966 年,美国军方启动了阿帕(ARPA)网的研究计划。

1969 年 10 月,阿帕网美国加州大学洛杉矶分校(UCLA)节点与斯坦福研究院(SRI)节点实现了第一次分组交换技术的远程通信,这也标志着互联网的正式诞生。

至此,云计算技术出现的理论基础和基本技术已经相继提出和实现。随着计算机技术、存储技术、网络技术、分布式技术以及虚拟化技术等的进一步发展,云计算技术随之孕育而生。

2. 云计算技术的形成和发展

1961 年,JohnMcCarthy(约翰·麦卡锡)提出将计算能力像公共事业中的水电一样提供给人们使用的理念,成了云计算的思想起源。

1962 年,利克里德尔(J. C. R. Licklider)提出了“星际计算机网络”设想,进一步推动了计算机互通互联构想。

1983 年,Sun 公司(已于 2009 年被 Oracle 公司收购)提出“网络就是计算机”概念,用于描述分布式计算机技术带来的新局面,同时将计算机技术与网络技术进行了一次概念融合。

1996 年,网格计算 Globus 开源平台正式上线,进一步活跃了分布式计算市场。

1999 年,马克·安德森(Marc Andreessen)创建 Loud Cloud,是第一个商业化的 IaaS(infrastructure as a service,基础设施即服务平台)。

2000 年,SaaS(software as a service,软件即服务)开始流行。

2002 年,IEEE 802.3 以太网标准组织批准了万兆以太网标准的最后草案,为宽带业务的提速提供了新的技术标准。

2005 年,Amazon 推出 Amazon Web Services(亚马逊网络服务,即现在的亚马逊云服务平台)。

2006 年 3 月,Amazon 推出弹性计算云(elastic compute cloud,EC2)服务。

2006 年 8 月 9 日,Google 首席执行官埃里克施密特(Eric Emerson Schmidt)在搜索引擎大会首次提出“云计算”(cloud computing)的概念。

2007 年,国内外互联网巨头,先后推出各自的 PaaS(platform as a service,平台即服务)。

至此,云计算概念正式出现,云计算三种服务模式也初步形成。

云计算是由分布式计算(distributed computing)、并行处理(parallel computing)、网格计算(grid computing)发展而来,是通过网络将庞大的计算处理程序自动分拆无数个较小的子程序,再交由多个服务器所组成的庞大系统经计算分析之后将处理结果回传给用户。通过云计算技术,网络服务提供者可以在数秒之内,处理数以千万计甚至亿计的信息,达到与“超级计算机”同样强大的网络服务。

通俗地讲,云计算的“云”是由互联网上的服务集群组成的资源池,包括硬件资源(服务器、存储器、CPU 等)和软件资源(如应用软件、集成开发环境等),而云存储服务也正是孕育在云计算的硬件资源之中,同时也是云计算环境的核心基础设施。

3. 云存储服务的出现

云存储技术,孕育在云计算技术的发展历程之中。云计算技术的发展,以及宽带业务的大幅度提速,为云存储的普及和发展提供了良好的技术支持。2004 年,互联网进入 Web 2.0 时代,人们更加注重资源的分析和信息的交互,这种对大容量、方便快捷、随存随取的存储需求,无疑将大大推动云存储服务的发展和普及。2006 年 3 月,Amazon 推出的亚马逊简易存储服务(Amazon simple storage service,S3)云存储产品,正式开启了云存储服务的发展。

至此,云存储产品正式面世,并提供存储服务。而云存储的概念也被进一步推广和认可,云存储是在云计算概念上延伸和发展出来的一个新的概念,是一种新兴的网络存储技术。同云计算类似,云存储是指通过集群应用、网络技术或分布式文件系统等功能,将网络中大量各种不同类型的、廉价的存储设备通过应用软件集合起来协同工作,共同对外提供数据存储和业务访问功能的一个系统。

云存储是通过互联网技术,可供公众随存随取的一种新兴网络存储方案,使用者可以在任何时间、任何地方,通过任何可联网的设备连接到“云”上方便地存取数据。

三、了解云存储技术的发展

存储技术的发展除了上面讲到的相关技术的推动,公众对大数据存储需求的推动不可忽视。同时数据安全问题,也将影响着云存储未来的发展方向。

1. 数据爆发的推动

随着计算机技术的发展以及互联网技术尤其是移动互联网技术的普及,每个人都成了海量数据的生产者,全球数据量呈现爆炸式的增长,仅在 2015 年就达到 8.6 ZB 左右。据 Statista 统计预测,到 2035 年,全球数据量将达到 2 142 ZB。爆炸式的数据生产,使得人们对大容量、易扩展、低价格的存储设备产生了强烈的需求。

庞大的存储需求,也刺激着云存储服务的市场发展。中国信通院近日发布的《云计算白皮书(2023 年)》显示,2022 年我国云计算市场规模达 4 550 亿元,同比增长 40.91%。预计 2025 年我国云计算整体市场规模将超万亿元。存储市场是增长最快的云计算服务,这也意味着云存储的市场潜力仍是巨大的。国内外互联网巨头,纷纷推出相应的云存储平台,如 Amazon 的 S3,谷歌的 Google Drive,微软的 Windows Azure、百度云盘、360 云盘等。

2. 数据安全的制约

云存储服务由于其成本低廉、方便快捷等优势,短短几年就得到了迅猛发展,使用云存存储放数据(文档、图片、音频、视频等)已十分普遍。但是,伴随着云存储数据安全问题频频发生,如数据泄露、数据丢失、账号或服务流量劫持、系统宕机等,使公众对云存储的数据安全问题日益关注。数据安全问题,既会严重制约云存储的发展,又将促进云存储提供商不断对数据存储安全的研究与改善。

3. 发展趋势

随着大数据存储需求的刺激、数据安全技术的完善以及宽带网络的发展,云存储提供商开始积极将各类搜索、应用技术和云存储相结合。云存储技术将在数据访问、数据安全、便携性及数据访问方面继续完善和改进。

云存储不仅只是简单的大容量存储,而且将是云计算时代的一场存储革命。随着云存储的安全性、可靠性、实用性等存储技术的不断成熟与完善,云存储将会给人们的生活方式、企业的运行模式带来更多的机遇与挑战。

四、掌握云存储的定义

到目前为止,云存储并没有行业权威的定义,但是业界对云存储初步达成了一个基本共识,云存储不仅是存储技术或设备,更是一种服务的创新。云存储的定义应该由以下两部分构成:

(1)在面向用户的服务形态方面,它是提供按需服务的应用模式,用户可通过网络连接云端存储资源,实现用户数据在云端随时随地的存储。

(2)在云存储服务构建方面,它是通过分布式、虚拟化、智能配置等技术,实现海量、可弹性扩展、低成本、低能耗的共享存储资源。

在云存储的服务架构方面,近年来随着云存储技术及应用的快速发展,已经突破了原 IaaS 层的单点定义,形成了包含云计算三层服务架构(IaaS、PaaS、SaaS)的技术体系。目前,云存储提供的服务主要集中在 IaaS 和 SaaS 层。站在 IaaS 和 SaaS 的角度看,其内涵是不一样的。站在 IaaS 的角度,云存储的服务提供的是一种对数据存储、归档、备份的服务;而站在 SaaS 的角度,云存储服务就显得非常多姿多彩,有在线备份、文档笔记的保存、网盘业务、照片的保存和分享、家庭录像等。单纯作为 IaaS 业务来提供云存储服务的供应商有 Amazon 的 S3,而作为 SaaS 业务提供云存储的供应商较多,如 Evemote、Google Docs 等。

下面举一个用户使用云存储 IaaS 服务的例子帮助大家在使用场景中进一步理解云存储的概念。

某企业在搭建业务平台时,未采购大量物理存储设备,而通过远程在云存储 IaaS 服务提供商的网站上下单,购买一定可靠性、安全性级别的云存储空间服务。服务在下单完成后 10 分钟内迅速生效,企业即获得了可通过 Internet 远程访问使用的存储资源。

企业和企业的用户可以快速访问存储资源;企业还可享受所购买的存储服务,如数据多副本、热点数据加速访问、灵活的策略配置等。同时,存储资源可以依据企业使用情况弹性扩展。企业依据实际使用的存储空间情况支付相应的费用。

通过使用云存储,企业获得了以下好处:

(1)节约采购存储设备的成本。

(2)缩短系统建设周期。

(3)减少维护存储设备的人力和资源费用。

另一方面,云存储服务商通过云化的管理,也获得了不少益处:

(1)自身的存储资源整合后,将多余的存储空间租赁给企业,不仅有效利用了资源,也降低了运营成本。

(2)快速便捷地为用户部署了远程存储资源,颠覆了用户对存储设备部署的体验。

(3)云存储虚拟化和智能管理技术使服务商能够对云存储系统进行简便、高效的运营维护。

五、掌握云存储的特点

1. 云存储与传统存储的对比

云存储作为目前存储领域的一个新兴产物,难免会引起与传统存储之间的比较。云存储与传统存储对比,见表3-1-1。

表3-1-1 云存储与传统存储对比

比较项	云 存 储	传 统 存 储
架构	不仅是一种架构,更是一种服务。底层采用分布式架构和虚拟化技术,易于扩展,单点失效不影响整体服务	针对某种特殊应用而采用的专用、特定的硬件组件构成的架构
服务模式	按需使用,按使用计费,服务提供商可迅速交付和响应	用户通过整机购买或租赁获取存储容量
容量	支持PB级以上无限扩展	针对某个特定的应用存储,由应用需求决定容量,难于扩展
数据管理	不仅提供传统访问方式,而且提供海量数据的管理和对外的公众服务支撑,同时采用保护数据安全的策略,采取如分片存储、EC、ACL、证书等多重保护策略和技术,用户可灵活配置	用户数据管理员可见,信息不够安全。通常使用RAID提供数据保护,用户无法灵活配置个性化存储策略和保护策略

1)架构

云存储底层主要采用的是集群式的分布式架构,是通过软硬件虚拟化而提供的一种服务方式。

传统云存储的架构主要是针对某个特殊领域应用而采用专门、特定的硬件组件,包括服务器、磁盘阵列、控制器、系统接口等构成的架构,进行单一服务。

2)服务模式

按需使用、按需付费是云存储区别于传统存储的一大亮点。用户可以花更大的成本和更多的费用享受更多的资源和服务。

传统存储的商业模式是:用户需要根据服务提供商所制定的某种规则购买相关的套餐费用或者支付整套的硬件和软件费用,甚至还需要额外的软件版权费用和硬件维护等相关费用。

3)容量

云存储具备海量存储的特点,同时拥有很好的可扩展性能,因此支持并可根据需要提供线性扩展至PB级存储服务。

传统的存储通过专用阵列也能达到PB级容量,但其管理和维护上将会存在瓶颈,而且成本也相当昂贵。

4)数据管理

云存储在设计之初就考虑了如何对数据进行管理并且确保数据安全和可用,因此采用保护数据安全的策略,采取如可擦除代码(erasure code,EC)、安全套接层(secure sockets layer,SSL)、访问控制列表(access control list,ACL)等多重保护策略和技术。数据在云存储中是分布存放的,同时也采用相关的备份技术和算法,从而保证了数据可靠性、数据可恢复性和系统弹性可扩展性等特点,同时确保硬件损坏、数据丢失等不可预知的条件下的数据可用性和完整性,并且服务不中断。

传统的存储未采用更多的技术措施来确保数据可用性等,并且用户数据所归属的磁盘位置,也是服务提供商所知晓的,因此信息安全上存在风险。另外,一般的存储在系统升级时,往往用户都被告知其数据暂停使用。

2. 云存储的技术特点

1)低成本

传统的存储系统的架构主要是针对具体应用领域而采用专门、特定的硬件组件(服务器、磁盘阵列、控制器、系统接口)构成的架构,提供的服务类型比较单一,并且一般来讲是通过硬件来实现系统可靠性和性能的。

云存储通常是通过大量的普通廉价主机构建成集群,甚至是跨地域的多个数据中心,可靠性和性能多是采用软件架构的方式来获取的。容灾机制开始就包含在架构体系设计和每一个开发环节中。与传统存储系统中的故障恢复机制不同,云存储系统的快速更换单位通常是一个存储主机,而不是单个CPU、内存等内部硬件部件。当某个节点出现硬件故障时,管理人员只需将此节点替换为新的节点,数据就能自动得到恢复。所以,云存储可以大幅降低企业级存储的成本,包括硬件设备购置成本、运维存储服务的成本、修复存储的成本以及管理存储的成本。

2)服务模式

按需使用、按量付费是云存储的一大亮点。云存储实际上不仅仅是一个采用集群式的分布式架构,而且是通过硬件以及软件虚拟化而提供的一种存储服务。企业和个人不是通过购买和部署硬件设备来完成数据存储,而是通过购买服务把数据存储到云数据中心。

3)动态伸缩

存储系统的动态伸缩性主要包含读/写性能和存储容量的扩展和缩减。随着业务量的增加,存储系统需要提高其读/写性能和存储容量来满足新的需求。有时候因为季节因素或者市场变化,为了节约成本,存储系统可以根据实际情况缩减其性能和容量。

传统的存储系统一般按照其型号,有规定的硬件配置、性能和容量,以及确定的扩展功能,但是当业务需要超出系统的支持范围时,就需要更新整套硬件设备来满足需求。

动态伸缩性是云存储与传统存储系统相比的最大亮点之一。一个设计良好的云存储系统可以在系统运行过程中简单地通过添加或移除节点来自由扩展和缩减，并且这些操作对用户来说都是透明的。

4）大容量

云存储具备海量存储的特点，可以支持数十 PB 级的存储容量，高效地管理上百亿个文件，并且具有很好的线性可扩展性。

5）高可靠

传统的存储系统一般通过冗余磁盘阵列（RAID）提供数据冗余技术。这种方法是通过在一台高性能的主机上挂载多块磁盘形成一个阵列，然后通过数据镜像、数据分条和奇偶校验等技术，将一个文件或其数据切片存放到多块磁盘上形成冗余。

云存储系统通常是通过大量的普通廉价主机构建成集群，甚至是跨地域的多个数据中心，来提供并行读/写和冗余存储，从而达到高吞吐量和高可靠性。云存储系统从实际失效数据分析和建立统计模型着手，寻找软硬件失效规律，根据不间断的服务需求设计多种冗余编码模式，并据此在系统中构建具有不同容错能力、存取和重构性能等特性的功能区。通过负载、数据集和设备在功能区之间自动匹配和流动，实现系统内数据的最优化布局，并在站点之间提供全局精简配置和公用网络数据及带宽复用等高效容灾机制，从而提高系统的整体运行效率，满足高可靠性要求。

6）高可用

云存储服务可以为在不同时区的用户提供服务并保证 7 ×24 小时服务。云存储方案中包括多路径、控制器、不同光纤网、端到端的架构控制/监控和成熟的变更管理过程，从而大幅提高了云存储的可用性。另外，云存储服务按照 CAP 理论在不影响应用使用正确性的前提下，通过放松对数据一致性的要求来提高数据的可用性。

7）安全性

与传统的存储系统相比，云存储对于一个企业和个人来讲已经没有一个物理边界。所有云存储服务间传输以及保存的数据都有潜在被截取或篡改的隐患。云存储服务都需要在数据传输过程中，以及在云服务中心保存时采用加密技术来限制对数据的访问。另外，云存储系统还采用数据分片混淆存储作为实现用户数据私密性的一种方案。

8）规范化

2010 年 4 月 SNIA 公布了云存储标准——CDMI 规范，其提供了数据中心利用云存储的方式。尽管 SNIA 号称可以使大多数非云存储产品访问方式演进成云存储访问，但是 CDMI 并没有提供可靠性和质量来衡量云存储服务提供商质量的方式。并且，业界并没有大量采用 CDMI 规范。市场现有的云存储服务平台，包含 Amazon S3、Google Drive、Microsoft Azure 都采用了自己的私有接口规范。因此，云存储数据管理的规范化工作还需要进一步努力。

任务小结

通过本任务，学习了云存储的概念、定义和特点，云存储技术的起源和发展，分布式存储技术。从分布式存储开始，通过系统的学习，并对照云存储与传统存储的不同特点来加深对云存储的了解，为后续章节的学习奠定基础。

任务二　浅析云存储基础技术

任务描述

云存储是在云计算概念上延伸和衍生发展出来的一个新的概念。云计算是分布式处理、并行处理和网格计算的发展,是通过网络将庞大的计算处理程序自动分拆成无数个较小的子程序,再交由多部服务器所组成的庞大系统经计算分析之后将处理结果回传给用户的。通过云计算技术,网络服务提供者可以在数秒之内,处理数以千万计甚至亿计的信息,达到和“超级计算机”同样强大的网络服务。

本任务涉及存储空间管理、数据使用及存储、存储高可用技术、数据备份和数据一致性处理问题,同时,对云存储基础技术问题进行剖析。

任务目标

掌握云存储基础技术。

任务实施

一、掌握存储空间管理

存储空间管理

简单来讲,存储空间就是存储的物理空间,存储空间管理的方式有很多种。这里主要介绍卷、RAID 技术及 LUN(logical unit number,逻辑单元号)三种。

1. 卷

卷的本质就是硬盘上的存储区域。一个硬盘包括很多卷,一卷也可以跨越许多磁盘。在 Windows 系统中,可以使用一种文件系统(如 FAT 或 NTFS)对卷进行格式化并为其分配驱动器号。

为了能更好地理解卷,首先介绍一下基本磁盘和动态磁盘的概念。磁盘的使用方式可以分为两类:基本磁盘和动态磁盘。

基本磁盘非常常见,人们平常使用的磁盘基本上都是基本磁盘。基本磁盘受 26 个英文字母限制,也就是说,磁盘的盘符只能是 26 个英文字母中的一个。因为 A、B 以前已经被软驱占用,实际上磁盘可用的盘符只有 C ~ Z 共 24 个。另外,在“基本磁盘”上只能建立 4 个主分区(注意,不是扩展分区)。

另一种磁盘类型是动态磁盘。动态磁盘不受 26 个英文字母限制,它是用“卷”来命名的。“动态磁盘”的最大优点是可以将磁盘容量扩展到非邻近的磁盘空间。

那么,对应卷来说,也分为基本卷和动态卷。以 Windows 系统为例,基本卷就是驻留在基本磁盘上的主磁盘分区或逻辑驱动器,而驻留在动态磁盘上的卷就是动态卷。Windows 支持五种类型的动态卷,主要有简单卷、带区卷、跨区卷、镜像卷和 RAID-5 卷五种。为了便于读者理解,下面将以 Windows 系统为例,分别介绍这五种动态卷。

1)简单卷

简单卷是物理磁盘的一部分,它工作时就好像是物理上的一个独立单元,通过将卷扩展到相同或不同磁盘上的未分配空间上,以增加现有简单卷的大小。

要扩展简单卷,该卷必须尚未格式化,也可将简单卷扩展到同一计算机上其他动态磁盘的区域。当将简单卷扩展到一个或多个其他磁盘时,它将变为一个跨区卷。

2)跨区卷

跨区卷必须建立在动态磁盘上,是一种和简单卷结构相似的动态卷。其将来自多个磁盘的未分配空间合并到一个逻辑卷中,这样可以更有效地使用多个磁盘系统上的所有空间和所有驱动器号。

如果需要创建卷,但又没有足够的未分配空间分配给单个磁盘上的卷,则可以通过将来自多个磁盘的未分配空间的扇区合并到一个跨区卷来创建足够大的卷。用于创建跨区卷的未分配空间区域的大小可以不同。先将一个磁盘上为卷分配的空间充满,然后从下一个磁盘开始,再将该磁盘上为卷分配的空间充满。

跨区卷可以在不使用装入点的情况下获得更多磁盘上的数据。通过将多个磁盘使用的空间合并为一个跨区卷,从而可以释放驱动器号用于其他用途,并可创建一个较大的卷用于文件系统。

增加现有卷的容量称作“扩展”,只能使用 NTFS 文件系统格式化的现有跨区卷可由所有磁盘上未分配空间的总量进行扩展。但是,在扩展跨区卷之后,不删除整个跨区卷便无法删除它的任何部分。

3)带区卷

带区卷由两块或两块以上的硬盘组成,也是一种动态卷,必须创建在动态磁盘上。当文件存到带区卷时,系统会将数据分散存于各块硬盘的空间,若使用专业的硬件设备和磁盘(如阵列卡、SCSI 硬盘等),可提高文件的访问效率,并降低 CPU 的负荷。

利用带区卷,可以将数据分块,并按一定的顺序在阵列中的所有磁盘上分布数据,与跨区卷类似。带区可以同时对所有磁盘进行写数据操作,从而可以相同的速率向所有磁盘写数据。在理论上,带区卷的读/写速度是带区卷所跨越的所有 n 个硬盘中最慢的一个的 n 倍。

带区卷使用 RAID-0,从而可以在多个磁盘上分布数据。带区卷不能被扩展或镜像,并且不提供容错。如果包含带区卷的其中一个磁盘出现故障,则整个卷无法工作。

4)镜像卷

镜像卷是具有容错能力的动态卷,它通过使用卷的两个副本或镜像复制存储在卷上的数据,从而提供数据冗余性,写入到镜像卷上的所有数据都写入到位于独立的物理磁盘上的两个镜像中。

如果其中一个物理磁盘出现故障,则该故障磁盘上的数据将不可用,但是系统可以使用未受影响的磁盘继续操作。当镜像卷中的一个镜像出现故障时,则必须将该镜像卷中断,使得另一个镜像成为具有独立驱动器号的卷。然后,可以在其他磁盘中创建新镜像卷,该卷的可用空间应与之相同或更大。

当创建镜像卷时,最好使用大小、型号和制造商都相同的磁盘。

2. 逻辑单元号

一般来说,SCSI(small computer system interface,小型计算机系统接口)总线上可挂接的设备数量是有限的,一般为6个或15个,可以用对象设备ID即Target ID(也称为SCSI ID)来描述这些设备,设备只要一加入系统,就有一个代号,在区分设备时,使用代号即可。

实际上需要用来描述的对象是远远超过该数字的,于是引进了逻辑单元号(logical unit number,LUN)的概念。也就是说,LUN ID的作用就是扩充了Target ID。每个对象设备下都可以有多个LUN设备,通常简称LUN设备为LUN,这样就可以说每个设备的描述由原来的Target x变成Target x LUN y了。显而易见,描述设备的能力增强了。

LUN就是为了使用和描述更多设备及对象而引进的一个方法。LUN ID不等于某个设备,它只是个号码而已,不代表任何实体属性,在实际环境中遇到的LUN可能是磁盘空间,也可能是磁带机,或者其他存储设备、介质、空间等。

LUN在很多时候不是可见的实体,而是一些虚拟的对象。例如,一个阵列柜,主机那边看作是一个对象设备,为了某些特殊需要,要将磁盘阵列柜的磁盘空间划分成若干个小的单元给主机来用,于是就产生了一些逻辑驱动器的说法,也就是比对象设备级别更低的逻辑对象。通常习惯于把这些更小的磁盘资源称为LUN0、LUN1、LUN2……操作系统能识别的最小存储对象级别就是LUN Device,这是一个逻辑对象,很多时候被称为逻辑设备。

需要说明的是,在有些厂商和有些产品的概念中,LUN ID被绑定到了具体的设备上,例如IBM的一些带库,整个带库只有一个对象设备ID,然后带库设备被分配为LUN0、LUN1、LUN2……但是我们要注意到,这只是产品做了特别设计,是少数情况。

1)存储和主机的LUN

可能有些人会把阵列中的磁盘和主机的内部磁盘的一些概念弄混淆了。在磁盘阵列占据较大市场的时代,存储越来越智能化,越来越像一个独立的机器。实际上,存储和主机的独立本来就是一个必然趋势。在存储越来越重要的时代,存储要自立门户是必然的事。

服务器能够识别到的最小的存储资源,就是LUN级别的。主机的HBA卡(光纤存储卡)能够找到的存储资源主要通过两个标记来定位:一个是存储系统的控制器(Target);另一个是LUN ID。这个LUN是由存储的控制系统给定的,是存储系统的某部分存储资源。

2)LUN与卷

LUN是对存储设备而言的,卷是对主机而言的。

首先选择存储设备上的多个硬盘形成一个RAID组,然后在RAID组的基础上创建一个或多个LUN(一般创建一个LUN)。许多厂商的存储设备只支持一个RAID组上创建一个LUN,此时LUN相对于存储设备来说是一个逻辑设备。

当网络中的主机连接到存储设备时,就可以识别到存储设备上的逻辑设备LUN,此时LUN相对于主机来说就是一个"物理磁盘",与C盘、D盘所在磁盘的属性是相同的。在该"物理磁盘"上创建一个或多个分区,再创建文件系统,才可以得到一个卷。此时卷相对于主机而言是一个逻辑设备。

另外,从容量大小方面比较卷,分区、LUN、RAID的关系为:卷=分区≤主机设备管理器中的磁盘=LUN≤RAID≤存储设备中硬盘的总容量。

二、掌握数据使用及存储

数据从一端写入,从另一端读出,详细记录数据存储的位置,这些记录不仅保证了可靠性,也使整个系统维持在一个良好的运行状态。

传统上,文件系统与操作系统紧密相连,操作系统管理和调度系统资源,文件系统则为系统所产生和使用的数据管理存储空间。

在存储网络的环境中,操作系统和文件系统可以分开实现,或者把文件系统拆成更小的部分,分散到多个不同的处理器。但随着所需存储的数据量的暴涨,为了满足其对系统性能及存储管理的可扩展性要求,则有必要把文件系统的部分功能迁移到存储系统中。

而数据库则是通过向文件系统发出读/写请求(数据库可以访问和存储数据,也可以直接读/写)来对相关操作进行管理的。在 Windows 系统中有 FAT、FAT32 或 NTFS 几种文件系统,同样也存在注册表,在注册表中存储着大量的系统信息。注册表中所有的信息平时都是由 Windows 操作系统自主管理的,也可以通过软件或手工修改。注册表中有很多重要的系统信息,包括外设、驱动程序、软件、用户记录等,注册表在很大程度上"指挥"着计算机如何工作,而且它的功能非常强大,所以是 Windows 的核心。通过修改注册表,可以对系统进行限制、优化等。对于存储来说,数据库就是 Windows 的注册表,与文件系统共同分担、管理着整个存储系统或网络。

考虑读/写操作是数据库的主要任务,且每个读/写操作可能涉及大量处理器指令时,就不难看出为什么数据库的读/写性能是一个重要的主题。因为计算机中的文件系统必须为多种应用和数据类型提供服务,所以,文件系统对数据库的读/写操作很难达到最优的程度。

同时,随着数据管理的规模日趋增大,数据量急剧增加,文件系统已不能适应要求,而数据库的发展则提供了更广泛的数据共享和更高的数据独立性,进一步减少了数据的冗余度,并为用户提供了方便的操作使用接口。

三、掌握存储高可用技术

存储高可用技术

随着计算机和网络的飞速发展,计算机在各个行业的应用越来越广泛。绝大多数行业和企业都存在一些关键的应用,这些应用必须保证每时每刻不间断运行。这些应用的主机系统一旦出现问题,轻则降低业务响应速度,严重时会导致业务中断,造成严重的后果。如何保证业务的持续进行,已经成为影响一个公司成败的关键因素。在这种情况下,系统的高可用性就显得尤为重要。

内存 ECC(错误代码校正)及 Chipkill 技术(纠正及探测内存中的数据错误)、硬盘 RAID 技术、网络负载均衡及容错技术以及多种基于硬件的冗余设计(如硬盘子系统、风扇子系统、电源子系统等)提高了整个系统的可用性,较好地保证了业务系统的持续运行。虽然硬件技术的发展大幅提高了系统的可靠性,但是,由于系统内其他核心部件(如 CPU、主板和物理内存等)的故障,应用系统在一年内还是可能出现 44 ~ 87 小时的停机时间,这就要求从更高层次、更多方面综合考虑提高系统的高可用性。

在高可用技术中,根据不同的应用环境,从性能、经济等方面考虑,主要有双机热备份、双机互备份、集群并发存取等方式。

1. 双机热备份方式

所谓双机热备份,就是一台主机为主服务器,另一台主机为备份服务器,在系统正常情况下,主服务器为应用系统提供支持,备份服务器监视主服务器的运行情况。当主服务器出现异常,不能支持应用系统运行时,备份机主动接管工作机的工作,继续支持应用系统的运行,从而保证信息系统能够不间断地运行。此时,原来的备份服务器就成了主服务器。当原来的主服务器经过修复正常后,系统管理员通过管理命令或经由人工或自动的方式将备份服务器的工作切换回主服务器;也可以激活监视程序,监视备份服务器的运行情况。在正常情况下,主服务器也会监视备份机的状态,当备份服务器因某种原因出现异常时,工作服务器会发出告警,提醒系统管理员解决故障,以确保主/备服务器切换的可靠性。

在双机热备份方式中,主服务器运行应用,备份服务器处于空闲状态,但实时监测主服务器的运行状态。一旦主服务器出现异常或故障,备份服务器立刻接管主服务器的应用,也就是通常所说的 active/standby 方式,主要通过纯软件方式实现双机容错。图 3-2-1 所示为主服务器/备份服务器双机热备份方式。

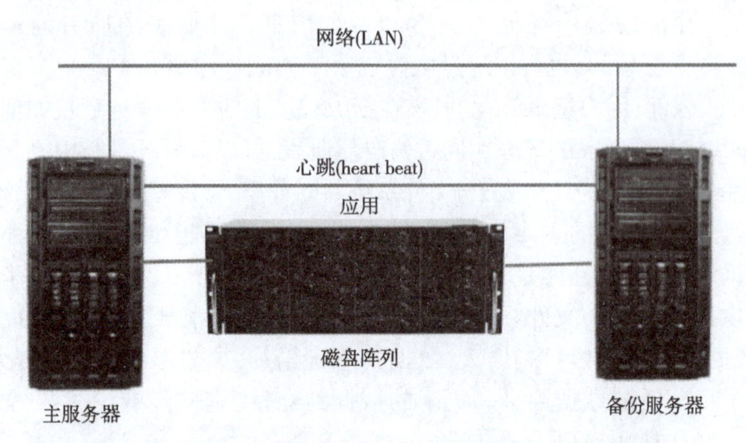

图 3-2-1　主服务器/备份服务器双机热备份方式示意图

双机热备份方式适用于硬件资源充足,对应用系统有严格高可靠性要求的企业、政府、军队、重要商业网站 ISP/ICP 或数据库应用等用户。这些用户不仅保证主机系统能够 24 小时提供不间断的服务,还要求发生故障切换时,应用系统的性能和响应速度不受影响,以确保网络系统、网络服务、共享磁盘空间、共享文件系统、进程以及数据库的高速持续运转。

2. *双机互备份方式*

所谓双机互备份,就是两台服务器均为工作机,在正常情况下,两台工作机均为应用系统提供支持,并互相监视对方的运行情况。当一台主机出现异常,不能支持应用系统正常运营时,另一台主机则主动接管异常机的应用,从而保证应用系统能够不间断地运行。但是,当一台主机出现异常并被接管后,正常运行的主机的负载会随之加大,严重情况下有可能影响到应用系统的响应速度。所以,此时必须尽快修复异常机,以缩短正常机单机运行的时间。

在这种方式中,没有主服务器和备份服务器之分,两台主机互为备份。主机各自运行不同的应用,同时还相互监测对方状况。当任一台主机宕机时,另一台主机立即接管它的应用,以保证业务的不间断运行,也就是目前通常所说的 active/active 方式,主要通过纯软件方式实现双机容错。通常情况下,支持双机热备份的软件都可以支持双机互备份方式,当前应用最广泛的双机互备份软件主要有中兴新支点 NewStart HA、Heartbeat 、LifeKeeper、Rose HA、Dataware、MSCS 等。Rose HA 双机热备结构。图 3-2-2 所示为 Rose HA 方式示意图。

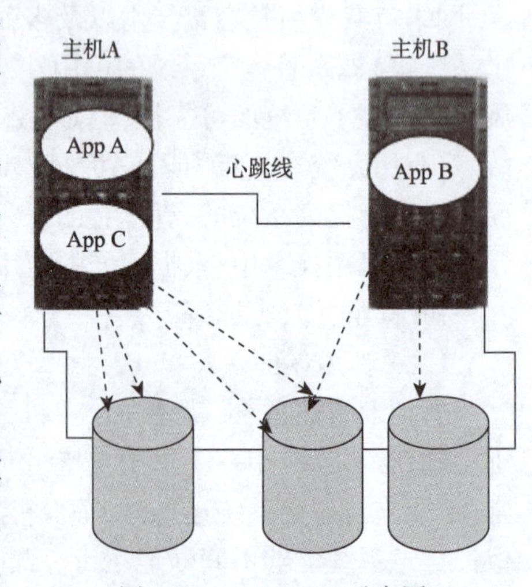

图 3-2-2　Rose HA 示意图

以 Rose 为例：

(1)双主机通过一条 TCP/IP 网线以及一条 RS-232 电缆线相连。

(2)双主机各自通过一条 SCSI 电缆线与 RAID 磁盘阵列相连。

(3)双主机各自运行不同的作业，彼此独立，并相互备援。

(4)主机 A 出现故障后，主机 B 自动接管主机 A 运行。

(5)主机 A 的作业将在主机 B 上自动运行。

(6)主机 A 的客户端(client)要在主机 B 上重新登录。

(7)主机 A 修复后，主机 B 将把 A 的作业自动交还主机 A。

(8)主机 B 出现故障时，主机 A 接管主机 B 的作业和数据。

(9)主机 B 修复时，主机 A 再将原来接管的作业和数据交还主机 B。

双机互备份方式适用于在确保应用不间断运行的前提下，从投资的角度考虑，能充分利用现有硬件资源的用户。这些用户的应用要求保证业务不间断运行，但在发生故障切换时，允许一定时间内的应用性能降低。

3. 集群并发存取方式

所谓集群(cluster)技术，就是一个域内包含多台拥有共享存储空间的服务器，各服务器通过内部局域网相互通信，集群内的任一服务器上运行的业务都可被所有客户所使用。当一台服务器发生故障时，它所运行的应用将由其他服务器自动接管，这就实现了负载均衡和互为备份。

在这种方式下，多台主机一起工作，各自运行一个或几个服务。当某台主机发生故障时，运行在其上的服务就被其他主机接管。集群并发存取方式在获得高可用性的同时，也显著提高了系统的整体性能。图 3-2-3 所示为集群并发存取示意图。

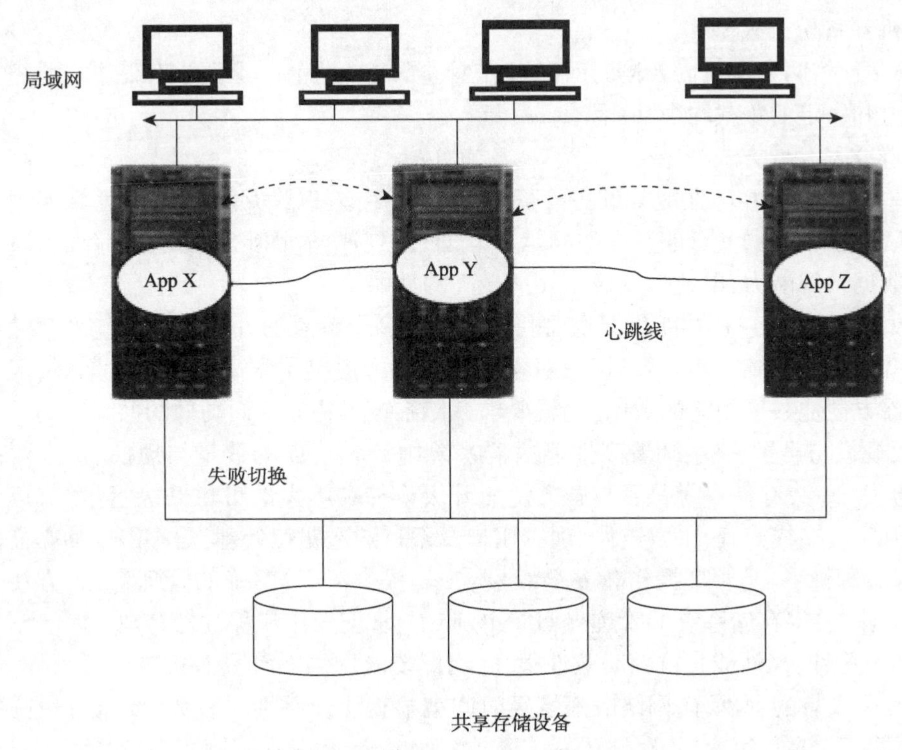

图 3-2-3　集群并发存取示意图

如果集群中的某一台服务器由于故障或维护需要而无法使用,资源和应用程序将转移到可用的群集节点上,能够为多数关键任务应用程序提供足够的可用性。集群服务可以对应用程序和资源进行监控。当集群应用程序的总体负荷超出了集群的能力范围时,可以添加附加的节点来满足需求的增长。

集群并发存取方式适用于对计算数据处理要求高的应用,其特点是实时性强、阶段性数据流量大、对应用系统有严格高可靠性要求。这种方式需要更多的硬件投资,为企业带来更大的可靠性和处理更多任务的能力。

目前面提到的两种高可用的计算机技术相比,集群技术并不要求所有服务器的性能相当,不同档次的服务器都可以作为集群的节点。在需要运行高负载的应用任务时,可以通过临时接入新的节点的方法,增加系统的运算和响应能力。集群技术系统可以在低成本的条件下完成大运算量的计算,具有较高的运算速度和响应能力,能够满足当今日益增长的信息服务的需求。集群技术适用于以下场合:

(1)大规模计算,如基因数据的分析、气象预报、石油勘探等需要极高的计算性能。

(2)应用规模的发展使单个服务器难以承担负载。

(3)不断增长的需求需要硬件有灵活的可扩展性。

(4)关键性的业务需要可靠的容错机制。

4. 对存储系统的要求

1)双机热备份方式

系统运行时,只有主服务器与存储系统进行数据交换。当发生主机故障切换时,要求存储系统能与备份服务器快速建立数据通道,以支持业务的快速切换。

2)双机互备份方式

系统运行时,两台主机需要同时对磁盘阵列进行读/写操作,这要求存储系统具备良好的并发读取能力和一定的负载均衡功能。

3)集群并发存取方式

(1)并发处理能力:高性能集群主要依赖高性能存储,以满足其强大的运算能力和数据的读/写运算,但多个集群节点的数据访问是并发的、无规律的,因此就要求存储设备具有很强的处理并发数据访问能力,以使集群应用发挥最高的性能。

(2)数据共享能力:高性能集群主要利用分布在多个节点的处理器共同计算存储系统中的数据。这就对存储系统的初始容量、后期容量扩充能力提出了很高的要求。同时,多个节点的处理器能够方便地共享相关的数据,这就要求存储系统具备安全而高效的共享能力。

(3)大规模与可扩展性:随着高性能集群系统内计算节点的数量与规模、每个网络的数据容量也在扩大,中央存储系统是否具备方便的升级途径和巨大的可供升级容量,就成为重要的因素。如何实现在线升级、平滑过渡、现有用户及素材的透明化处理,是存储产品必需的功能。

(4)可管理性:一是管理操作分安全级别;二是提供清晰、明确的管理界面,方便操作。避免人为误操作,要求存储系统的管理界面简单、明了,管理操作流程设计合理。

(5)高可用性:高性能集群的时效性很强,因此要求网络系统具有极高的可靠性。但是,绝对的安全性是没有的,必要的网络故障恢复时间就显得十分重要。首先,要求有较高的容错级别,如控制器要求高可用容错,存储子系统要求容错冗余等;其次,故障恢复时间要短,尽可能做到不宕机的在线恢复。

因此,对于云存储来说,无论是元数据的热备方面,还是数据文件本身在云存储系统中所采用的分片存储等容错冗余技术,从某个角度来说,都可以认为是“存储高可用技术”向云化方面的进一步发展。

四、数据备份

数据备份、数据一致性问题

数据备份系统是系统正常运行的基础。只有保证了数据安全可用,业务的恢复才有可能。

1. 数据备份

顾名思义,备份就是将数据以某种形式保存下来。备份的根本目的在于恢复,在这些数据丢失、毁坏和受到威胁时,使用数据的备份来恢复数据。虽然备份的定义很简单,不过具体实施存储系统的备份却可能是一份艰巨的任务,其中包含了许多可以预见的以及不易预见的需要考虑的因素。

数据备份一般是指利用备份软件(如 Veritas 的 NetBackup、CA 的 BrightStor 等)把数据从磁盘备份到备份系统进行离线保存(最新的备份技术也支持磁盘到磁盘的备份,也就是把磁盘作为备份数据的存放介质,以加快数据的备份和恢复速度)。备份数据的格式是磁带格式,不能被数据处理系统直接访问。在源数据被破坏或丢失时,备份数据必须由备份软件恢复成可用数据,才可让数据处理系统访问。

数据备份在一定程度上是可以保证数据安全的,但应用于容灾系统时却面临众多问题。

1)备份窗口

备份窗口是指应用所允许的完成数据备份作业时间。由于数据备份作业会导致应用主机的性能下降,甚至服务水平不可接受,备份作业必须在应用停机或业务量较小时进行。但随着备份数据量的不断增加和业务 7×24 小时连续运行需求的提出,备份窗口的问题越来越突出。问题的解决之道主要在于加快备份速度(如采用高速带库、磁盘备份)等和实现在线备份。

2)恢复时间

在容灾系统中,备份数据的恢复时间直接关系到容灾方案的 RTO(recoverg time objective,数据恢复时间)指标。当备份数据量较大或者备份策略比较复杂时,备份数据往往需要较长的恢复时间。

3)备份间隔

鉴于备份作业对主机系统的影响,两次备份作业之间的间隔不能太密集。以常用的备份策略(1 个全备 +6 个增量备份)为例,备份间隔为 1 天。也就是说,如果在两次备份之间发生灾难,RPO(recovery point objective,数据恢复点目标)(数据的丢失量)接近于 1 天,这对于一些重要的信息系统是完全不可接受的。

(1)数据的可恢复性:数据备份的目的就是为了数据恢复,但往往由于介质失效、人为错误、备份过程出错等原因,造成备份数据的不可恢复。

(2)介质的保管和运送:在完成数据备份后,为了保证备份数据的安全性,一般采用的方式是把备份介质运输到远程的数据中心进行保管。但是,在运输过程中,可能会造成备份数据的丢失。

4)备份的成本

从提高备份速度、恢复速度和数据可恢复性方面来看,D2D(设备到设备)是一个不错的选择,但是现有备份软件的 D2D 选件都非常昂贵,方案实施成本比较高。

综合以上分析可知，高等级的容灾方案不适合采用数据备份技术来保证数据安全，数据备份只适合一些低等级的容灾方案，对 RTO 和 RPO 要求相对比较低，但这并不意味着高等级容灾系统中不需要数据备份。作为一种廉价、成熟的技术，数据备份可以为容灾系统提供更多一层的保护。

备份不能仅通过复制完成，因为复制不能留下系统的注册表等信息；而且也不能留下历史记录保存下来，以进行追踪；当数据量很大时，手工的复制工作是很麻烦的。

存档的目的是将需要长期备查或转移到异地保存/恢复的数据存放到可移动存储介质上。严格意义上讲，存档的目的不是为了保障数据安全，而只是为了实现数据仓储。如果说备份相当于桌头的字典，工作时会经常翻用，存档则好像日常工作中生成的一些具有长期保存价值的文字资料，被转移到书架上或档案馆里备查。

备份 = 复制 + 管理，管理包括备份的可计划性、备份设备的自动化操作、历史记录的保存以及日志记录等。

正如生命周期理论将在线数据分级为在线和近线数据一样，离线数据亦可分为备份与存档数据，以降低投资和运维成本。

2. 常规备份实现方式

通常，一套完整的备份系统包含备份软件、磁盘备份服务器，具体备份策略的制定、备份介质的管理以及一些扩展功能的实现，都是由备份软件来完成的。在备份服务器端安装备份软件的服务器，在应用服务器端安装备份软件的客户端代理，如果是数据库应用，还需要相应的数据库接口程序，客户端代理软件和服务器端软件协调工作，按照预先基于一次完全备份后的增量或差量备份。

完全备份很好理解，即把所有数据进行一次完整的备份，当进行恢复时，只需要一块磁盘。

增量备份是指将那些上次完全制定的备份策略自动或手动将数据备份到磁盘上。然而，一个具有一定规模的数据中心的数据备份要涉及多种 UNIX 平台和不同的数据库类型，可想而知，每天的备份工作对管理员来说都是一个挑战。

备份策略制定是备份工作的重要部分。一般来说，需要备份的数据存在一个 2/8 原则，即 20% 的数据被更新的概率是 80% 。这个原则告诉我们，每次备份都完整地复制所有数据是一种非常不合理的做法。事实上，真实环境中的备份工作往往是备份或者增量备份后被修改了的文件才会被备份。增量备份的优点是备份数据量小，需要的时间短；缺点是恢复时，需要多块磁盘，出问题的风险较大。图 3-2-4 所示为增量备份示意图。图中的不同的曲线代表不同的数据量。

图 3-2-4　增量备份示意图

差量备份是备份那些上次完全备份后被修改过的文件，图 3-2-5 所示为差量备份示意图。因此，从差量备份中恢复速度是很快的，因为只需要两份磁盘——最后一次完全备份和最后一次差量备份，缺点是每次备份需要的时间较长。

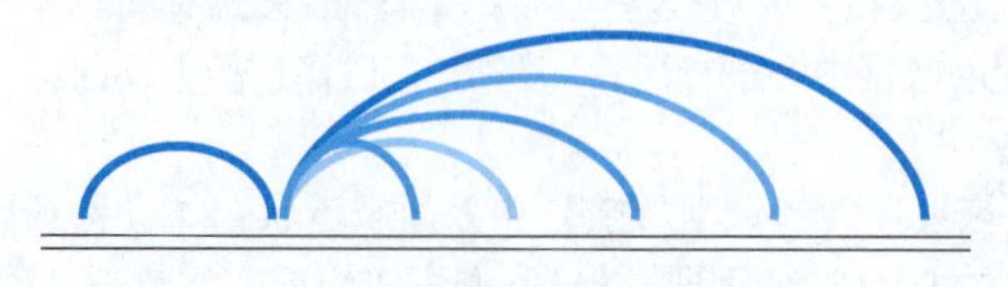

图 3-2-5　差量备份示意图

五、数据一致性处理

数据一致性是指关联数据之间的逻辑关系是否正确和完整,可以理解为应用程序自己认为的数据状态与最终写入磁盘中的数据状态是否一致。例如,一个事务操作,实际发出了五个写操作,当系统把前面三个写操作的数据成功写入磁盘后,系统突然出现故障,导致后面两个写操作没有写入磁盘中。此时,应用程序和磁盘对数据状态的理解就不一致。当系统恢复后,数据库程序重新从磁盘中读出数据时,就会发现数据在逻辑上存在问题,数据不可用。在进行数据备份和数据复制时,保证数据的一致性是非常重要的。

1. 数据一致性问题

引起数据一致性问题的一个主要原因是位于数据 I/O 路径上的各种 cache 或 buffer(包括数据库 cache、文件系统 cache、存储控制器 cache 和磁盘 cache 等)。由于不同系统模块处理数据 I/O 的速度存在差异,所以需要添加 cache 来缓存 I/O 操作,适配不同模块的处理速度。这些 cache 在提高系统处理性能的同时,也可能会"滞留"I/O 操作,导致数据不一致。

如果在系统发生故障时,仍有部分 I/O"滞留"在 I/O 操作中,真正写到磁盘中的数据就会少于应用程序实际写出的数据,造成数据不一致。当系统恢复时,直接从硬盘中读出的数据可能存在逻辑错误,导致应用无法启动。尽管一些数据库系统(如 Oracle、DB2 等)可以根据 redo 日志重新生成数据,修复逻辑错误,但这个过程是非常耗时的,而且也不一定每次都能成功。对于一些功能相对较弱的数据库,这个问题就更加严重。解决此类文件的方法有两个:关闭 cache 或创建快照(snapshot)。尽管关闭 cache 会导致系统处理性能下降,但在有些应用中,这却是唯一的选择。例如,一些高等级的容灾方案中(RPO 为 0),都是利用同步镜像技术在生产中心和灾备中心之间实时同步复制数据。由于数据是实时复制的,所以就必须关闭 cache。

快照的目的是为数据卷创建一个在特定时间点的状态视图,通过这个视图,只可以看到数据卷在创建时刻的数据,在此时间点之后,源数据卷的更新(有新的数据写入)不会反映在快照视图中。利用这个快照视图,就可以做数据的备份或复制。那么,快照视图的数据一致性是如何保证的?这涉及多个实体(存储控制器和安装在主机上的快照代理)和一系列动作。

典型的操作流程是:存储控制器要为某个数据卷创建快照时,通知快照代理;快照代理收到通知后,通知应用程序暂停 I/O 操作(进入 backup 模式),并刷新(flush)数据库和文件系统中的 cache,之后给存储控制器返回消息,指示已可以创建快照;存储控制器收到快照代理返回的指示消息后,立即创建快照视图,并通知快照代理快照创建完毕;快照代理通知应用程序正常运行。由于应用程序暂停了 I/O 操作,并且刷新了主机中的 cache,所以保证了数据的一致性。如图 3-2-6 所示为快照的创建过程。

创建快照对应用性能是有一定影响的(以 Oracle 数据库为例,进入 backup 模式大约需要 2 min,退出 backup 模式需要 1 min,再加上通信所需的时间,一次快照需要约 4 min 的时间)。所以,快照的创建不能太频繁。

2. 时间不同步引起的数据一致性问题

引起数据不一致性的另外一个主要原因是对相关联的多个数据卷进行操作(如备份、复制等)时,在时间上不同步。例如,一个 Oracle 数据库的数据库文件、redo 日志文件、归档日志文件分别存储在不同的卷上,如果在备份或复制时未考虑几个卷之间的关联,分别对每个卷进行操作,那么备份或复制生成的卷就一定存在数据不一致问题。

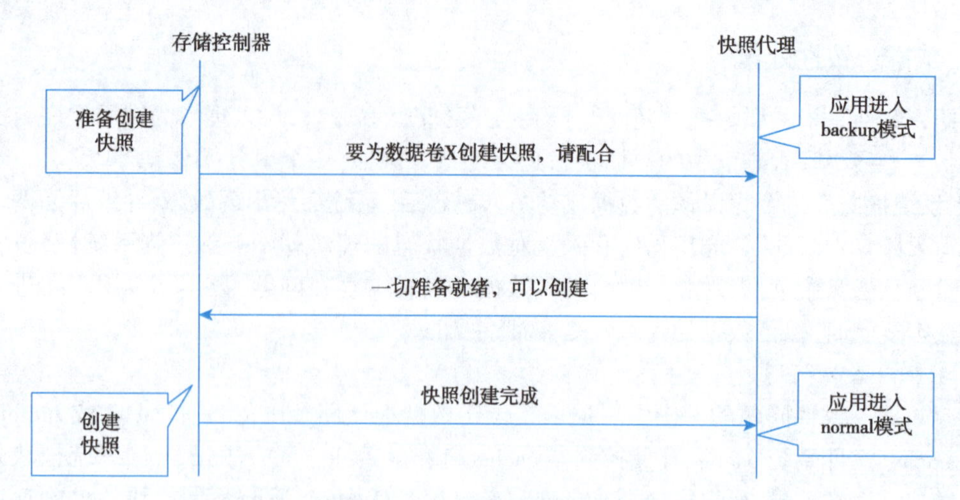

图 3-2-6　快照的创建过程

此类问题的解决方法就是建立卷组(volume group),把多个关联数据卷组成一个组,在创建快照时同时为组内的多个卷建立快照,保证这些快照在时间上同步。之后,再利用卷的快照视图进行复制或备份等操作,由此产生的数据副本就严格保证了数据的一致性。

3. 文件共享中的数据一致性问题

通常采用的双机或集群方式实现同构和异构服务器、工作站与存储设备间的数据共享,主要应用在非线性编辑等需要多台主机同时对一个磁盘分区进行读/写。

在 NAS 环境中,可以通过网络共享协议 NFS 或 CIFS 做到数据的共享。但是,如果不在 NAS 环境中,多台主机同时对一个磁盘分区进行读/写会带来写入数据一致性的问题,造成文件系统被破坏或者当前主机写入后其他主机不能读取当前写入数据的问题。

这时,需要通过使用数据共享软件装在多台主机上来实现磁盘分区的共享。由数据共享软件来调配多台主机数据的写入,可保证数据的一致性。

任务小结

本任务学习了云存储的基础技术,包括:

(1)存储空间管理(卷、RAID 技术、LUN 技术)。

(2)数据存储技术。

(3)存储高可用技术。

(4)数据备份。

(5)数据一致性处理。

任务三　浅析云存储关键技术

任务描述

云存储技术是指运用存储虚拟化、分布式文件系统、集群、网格等技术,将网络中各种不同类型的存储设备通过应用软件集合起来协同工作，共同对外提供数据存储和业务访问功能的一系列技术。

本任务对云存储的关键技术——存储虚拟化、分布式扩展模式进行剖析。

任务目标

掌握云存储关键技术。

任务实施

存储虚拟化

一、掌握存储虚拟化

存储虚拟化是将存储资源集中到一个大容量的资源池并实行单点统一管理，无须中断应用即可改变存储系统和数据迁移，可提高整个系统的动态适应能力。虚拟化存储环境下，无论后端物理存储是什么设备，服务器及其应用系统看到的都是其物理设备的逻辑映像。即使物理存储发生变化，这种逻辑映像也不会改变，系统管理员不必再关心后端存储，只需要专注于管理存储空间，所有的存储管理操作，如系统升级、建立和分配虚拟磁盘、改变 RAID 级别、扩充存储空间等都比以前容易得多。存储虚拟化使存储管理变得轻松、简单。

实际上，存储的虚拟化并不是一个在云存储中的新名词，磁盘阵列中的 RAID 控制器就是存储虚拟化的一个简单示例。RAID 控制器位于主机和存储数据所在的物理磁盘驱动器之间，将数个物理磁盘驱动器统一管理，向主机展示为单个存储资源。主机系统不会意识到 RAID 控制器背后磁盘的物理配置、单个磁盘的属性，甚至在 RAID 设备中到底安装了多少磁盘。

当然，在云存储中，存储的虚拟化就不仅仅是 RAID 方式的存储设备虚拟化这么简单。云存储的虚拟化可以将存储资源虚拟化为全局访问空间，通过多租户的模型提供给存储资源的用户，存储系统具备虚拟化感知能力，使数据可以在整个存储资源池中跨节点、跨数据中心流动。

1. 全局访问空间

全局访问空间是指将磁盘和内存资源聚集成一个单一的虚拟存储池进行管理，计算节点可以随意地访问到云存储设备空间的任意地方，这种访问采用同样的访问路径或者方式。例如，展览馆大厅通常就是一个广阔的空间，在举行展览会时，厂商会根据需求动态地划分出他们需要的展台空间，而下一个展会期间，这些展位的布局可能又会发生变化。如果是在一个居民楼里，因为存在物理的隔离，动态地划分展区几乎是不现实的事情。同样，一个云存储系统将物理设备虚拟成逻辑访问空间，也就是全局访问空间，不管物理设备的空间划分如何变化，计算节点的访问路径或者方式都不会发生变化。而且，如果其全局访问空间越大，其动态分配资源的能力就越强。

从以上的例子可以看出，全局访问空间和存储设备支持的容量空间是有区别的。例如，有的网络附加存储 NAS 的单一目录下属访问空间只有 16 TB，那么在保存超出这一限制的文件时就会面临挑战。而如果采用集群 NAS，其单一目录下属的空间高达 PB 以上，其服务限制就会小很多。

全局访问空间针对不同类型的云存储设备，其内涵也是不一样的。例如，数据块访问方式的云存储设备，全局访问空间指的是空间的容量大小(如一个数据卷空间)；文件访问方式的云存储设备，指的是单一目录下属的访问路径和空间大小(如 Linux 中的/root 目录等)；对象访问方式的云存储设备指的则是对象存储空间的大小和空间域名等。

在文件访问方式和对象访问方式中，全局访问空间也称为全局命名空间(global name space，GNS)。实施全局命名空间是有效和高效管理分布式文件存储的关键，它对于文件存储的作用就好像是域名系统(domain name system，DNS)对于网络的作用一样。全局命名空间使客户端在无须知道分散文件位置的情况下，直观地访问这些文件(就像访问 Web 站点而并不知道 IP 地址一样)。它还让管理员能够在一个控制台上管理分散在不同位置的异构设备上的数据。

2. 多租户模型

对于大多数的人来说，多租户(multi-tenancy)可以算是一个非常新颖的概念，但其实这个概念已经由来已久。最早出现时，多租户的概念往往指的就是一个单独的软件实例可以为多个组织服务，而这里多个组织服务就称为多租户。一个支持多租户的软件需要在设计上能对它的数据和配置信息进行虚拟分区，从而使得每个使用这个软件的组织能使用到一个单独的虚拟实例，并且可以对这个虚拟实例进行定制化。

近几年，国内 SaaS 服务发展迅速，ERP、HRM、WPS Office、钉钉、云之家百花齐放。

对于云存储系统来说，伴随着云存储多分布的特点，分布式的海量资源如何分配给不同的用户，而且在不同的用户之间资源的分配、隔离以及共享等如何实现，是云存储系统建设时必须考虑的问题。

在云存储中，通常采用租户、子租户和用户的三层资源分配体系实现多租户的资源分配，如图 3-3-1 所示。

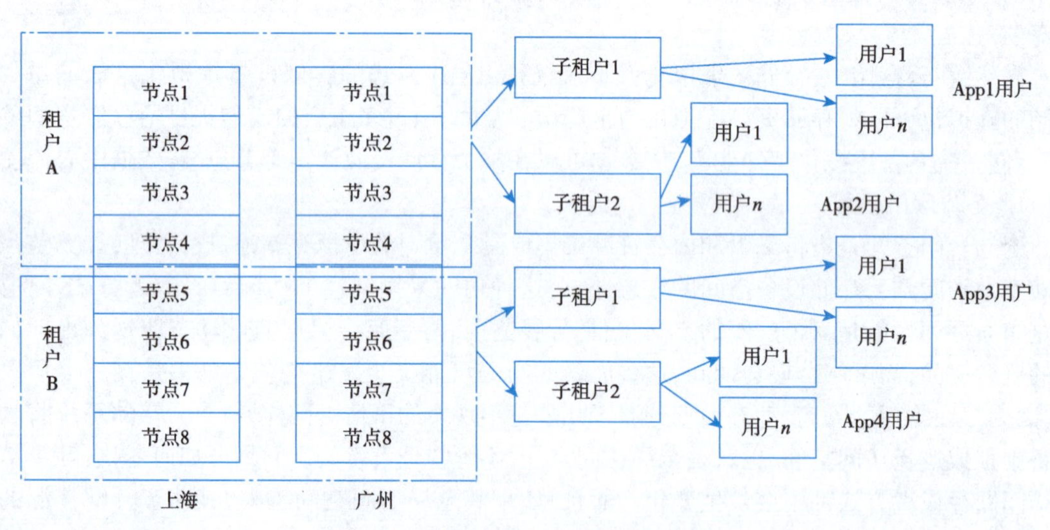

图 3-3-1　利用多租户实现的资源分配

在大多数云存储系统的多租户体系中，租户之间采用物理隔离的方法，即租户独占租用的物理设备，包括磁盘组、服务器、网络资源等，其他租户不能使用。子租户必须从属于某一租户，子租户之间采用逻辑隔离的方法，即子租户与同一租户下的其他子租户共用物理设备。云存储系统使用自动精简配置等技术为子租户分配逻辑存储空间，标识以全局访问空间。子租户携带指定的全局访问空间标识访问虚拟化的存储设备,其存储的文件或对象可以通过存储系统的虚拟化感知能力在租户物理存储设备间移动。用户则从属于子租户,用户之间同样采用逻辑隔离的方法,通过访问权限控制等技术使用户间可以共享及分享存储资源。

在多租户架构中,每个租户、子租户和用户都可以施加独立的策略,不同层级的策略略有不同,针对不同用途的租户、子租户和用户,可以分别采用最优的策略,以提升服务质量和运营效率。

3. 虚拟化感知能力

云存储的虚拟化感知能力是一项非常重要的特性。在服务于前端的计算和应用时,计算和应用存在移动的可能。因此,只有具备虚拟化感知的能力,才能保证前端的计算和应用得以持续运行。

云存储系统的规模不同,虚拟化感知能力的范围也有可能不同。对于单数据中心的系统,计算和应用有可能在一个数据中心的不同计算和存储节点间移动;对于多数据中心系统,计算和应用则有可能在多个数据中心间移动。

1)单数据中心

在单数据中心的范围内,不同类型的云存储对于虚拟化感知的能力也是不一样的。

面向数据块的云存储主要服务于虚拟机的环境,运行于计算节点之上的虚拟机会根据负载、故障和节能等各种情况在不同的物理机之间进行移动。支持这种移动的实现需要共享的存储来得到相应的效率。设想如果一台虚拟机从一台物理机移到另外一台物理机上,这时带来了链路上的切换,但是如果存储设备无法意识到这种切换,那么正在进行的计算和应用就有可能会发生中断。这样的虚拟化感知能力反向也是存在的。例如,数据在云存储内部甚至跨云存储设备之间发生了移动,这时能否对上层的计算透明也是直接影响应用可用性的关键。

面向文件的云存储相对来说虚拟化感知能力会好很多,借助于标准化的网络协议 TCP/IP 以及网络文件协议 NFS/CIFS,其本身具备相当高的虚拟化感知能力。而面向对象的云存储设备由于采用了互联网访问的标准化协议,因此是虚拟化感知能力最强大的。

2)多数据中心

在多数据中心的范围内,虚拟化感知能力发生在跨数据中心或跨独立的两个或多个云存储设备之间。这种数据流动的能力是通过数据中心间的联邦(指数据中心通过自治和合作,以耦合的方式集成在一起,共同向外提供统一服务的实现)机制来实现的。例如,跨两个数据中心之间的云存储设备通过存储虚拟化技术会联邦到一起,组成一个统一的存储云资源,数据可以自由地在两个云存储设备之间进行流动。这样,当需要跨多个数据中心实现负载均衡或者发生灾难时,可以迅速地把虚拟机转移到另外的数据中心,以保证计算和应用的可用性。

4. 存储虚拟化实施

依据虚拟化实现的位置不同,存储的虚拟化还可以分为基于主机的、基于存储设备的,以及基于存储网络的虚拟化。存储的虚拟化可以在三个不同的层面上实施,包括基于专用卷管理软件或文件系统软件在主机服务器上实施,或者利用阵列控制器的固件(firmware)在磁盘阵列上实施,再或者是利用专用的虚拟化引擎在存储网络上实施。图 3-3-2 所示为云存储虚拟化实施图。

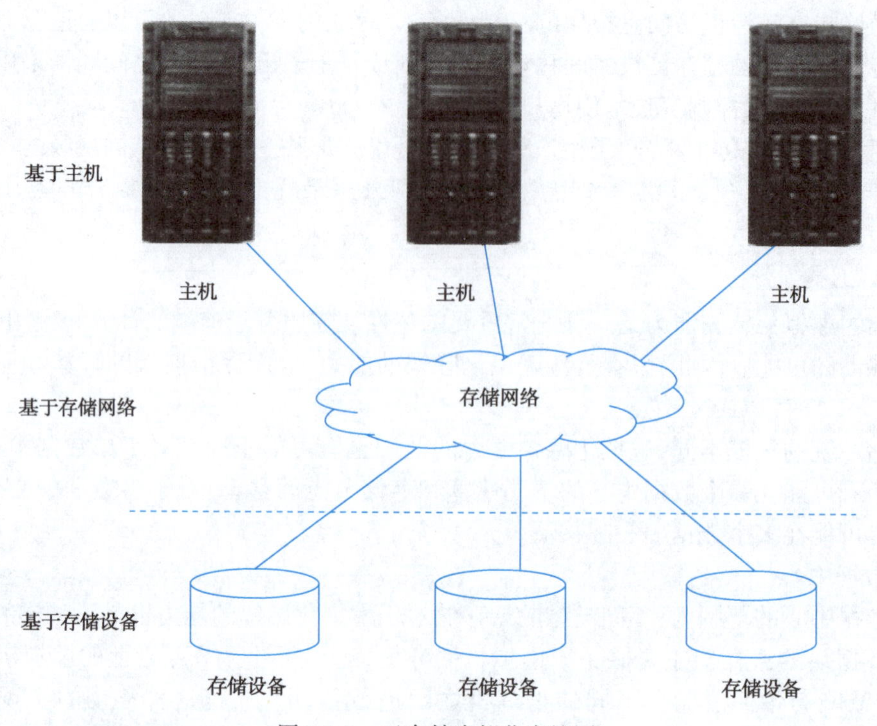

图 3-3-2　云存储虚拟化实施图

1)基于主机的存储虚拟化技术

基于主机的存储虚拟化技术是由特定的软件在主机服务器上完成存储虚拟化,经过虚拟化的存储空间可以跨越多个同构或异构的磁盘阵列。

此时的服务器其实由四个层次组成,最上面的一个层次为应用软件层次,如视频监控系统;第二个层次为操作系统层次,如 Linux 操作系统或者 Windows 操作系统;第三个层次为虚拟化管理软件层次,如 Windows 操作系统的自带卷管理器;第四个层次为物理存储产品层,如硬盘或者磁带等。

因为不需要任何附加硬件,基于主机的存储虚拟化方法最容易实现,其设备成本最低。企业既可以享受存储虚拟化技术所带来的收益,如提高灵活性、扩大存储空间等,同时又不需要大的投入,故这种基于主机的存储虚拟化应用很受大众的欢迎。

但是,由于虚拟化软件运行在主机上,这就会占用主机的处理时间。因此,这种方法的可扩充性较差,实际运行的性能不是很好。基于主机的方法也有可能影响到系统的稳定性和安全性,因为有可能导致不经意间越权访问到受保护的数据。

2)基于存储设备的存储虚拟化技术

当有多个主机服务器需要访问同一个磁盘阵列时,可以采用基于存储设备的存储虚拟化技术。此时,虚拟化的工作在存储设备的控制器上完成,通过在存储设备控制器中添加虚拟化功能,将一个存储设备(如磁盘阵列)上的存储容量划分为多个存储空间(LUN),供不同的主机系统访问。RAID 就是一种典型的基于存储设备的虚拟化技术。

智能的存储设备控制器提供数据块级别的整合,同时还提供一些附加的功能,如缓存、即时快照和数据复制等。

但是,基于存储设备的存储虚拟化方法依赖于提供相关功能的存储模块,如果没有第三方的虚拟软件，基于存储的虚拟化经常只能提供一种不完全的存储虚拟化解决方案。对于包含多厂商存储设备的 SAN(storage area network，存储区域网络)存储系统，这种方法的运行效果并不是很好。许多软件都依赖于存储设备中提供的这些存储虚拟化能力，如果将存储设备替换成 JBOD(just a bunch of disks，磁盘连续捆束阵列)和其他没有提供存储虚拟化功能的简单存储设备，整个系统将无法工作。所以，使用带有存储虚拟化能力的存储设备，目前通常意味着最终将锁定某一家单独的存储供应商。

基于存储设备的存储虚拟化方法也有一些优势：它可以在实施简易性、容量、速度和功能上取得出色的平衡，容易和某个特定存储供应商的设备相协调，所以更容易管理，同时它对用户或管理人员都是透明的。但是，必须注意到，因为缺乏足够的软件进行支持，这就使得解决方案更难以客户化和监控。

3)基于存储网络的存储虚拟化技术

基于存储网络的存储虚拟化技术通过在存储网络中添加虚拟化引擎(虚拟化引擎是一个或多个独立的设备，对多个存储设备和数据进行管理)实现，或者用一个增强模块插入到交换机或路由器中。

基于存储网络的虚拟化是近年存储行业的一个发展方向。与基于主机和存储设备的虚拟化不同，基于存储网络的虚拟化功能是在存储网络内部完成的。基于存储和基于主机的两种虚拟化方法的优点都可以在存储网络虚拟化上同时体现，它支持数据中心级的存储管理以及异构的主机系统和存储系统。

二、掌握分布式扩展模式

传统的存储设备为解决存储扩展性，更多的是采用纵向扩展 Scale-Up 的架构，这种架构在云存储的海量数据处理环境中会存在扩展成本高、时间长、难度大的问题。于是，云存储设备采用了横向扩展 Scale-Out 的架构。

图 3-3-3 所示为 Scale-Up 和 Scale-Out 两种架构的扩展示意图。

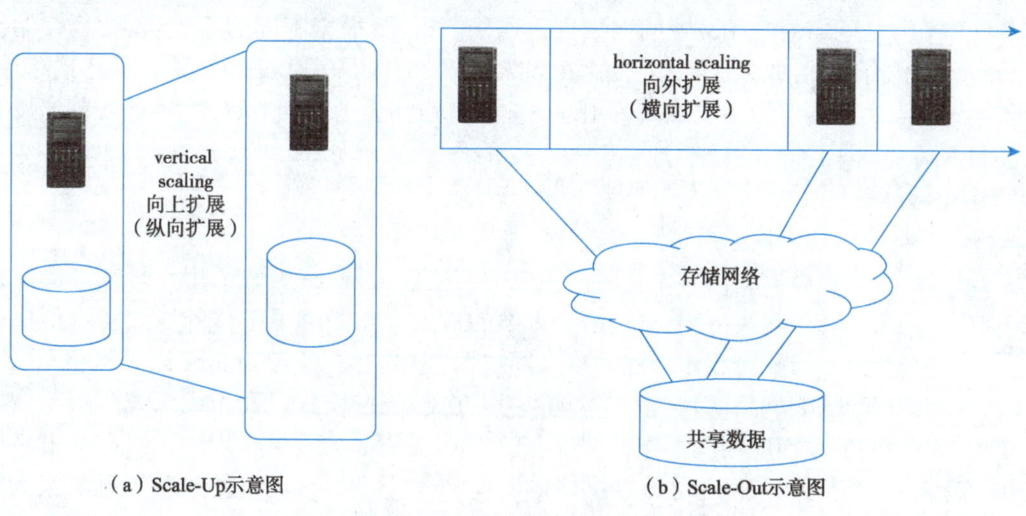

图 3-3-3 Scale-Up 和 Scale-Out 扩展示意图

从图 3-3-3 中可以看出，Scale-Up 是指存储系统以升级 CPU、内存、通道及存储设备来进行系统处理和存储能力的扩展，以获得对应用性能的要求。

在传统的网络存储时代,Scale-Up 架构是构建一个不断增长的大型数据中心的最好和唯一的选择。但是,这也意味着当加入昂贵的存储设备时,业务需要中断且更难以管理。当然,Scale-Up 存储系统前端处理能力和后端的磁盘数量还可以不断扩展,但总体来说,这都是在一个固定的存储系统架构上去升级扩展,当扩展到一定程度,就很难继续扩展下去,尤其是前端控制器的数量。因此,导致了当后端磁盘不断增多,而前端控制器无法扩展的情况下产生的性能瓶颈。

Scale-Out 是指通过一定的分布式接入技术将一个个独立的低成本存储节点组成一个大而强的存储系统。系统可通过添加存储节点,而不是升级存储节点的方式进行处理和存储能力的扩展。

有了 Scale-Out 架构,存储系统的部署工作大幅简化,存储容量可以轻松达到 PB 级,符合云存储中海量存储的特点。Scale-Out 架构中,每加一个存储节点,性能和容量同时增长,而且不会影响原有系统的使用,不需要业务中断。用户更可以按需采购存储,一旦容量不够了,再购置一个存储节点接到原有存储上即可,符合云存储高可扩展性的特点。同时,由于采用了分布式技术,Scale-Out 架构系统可以通过廉价服务器和存储设备的堆叠实现系统的高性能。这样就大幅降低了存储系统采购、部署和升级的成本,符合云存储低成本的特点。

可以看出,Scale-Out 比 Scale-Up 更加适合云存储,而且,在 Scale-Out 架构中有一个关键词——“分布式”。

在云存储系统中,为了获得最佳的性能,通常采用多节点分布式并行处理存储访问业务的模式。前端的计算节点和存储之间是分布式接入的,节点与节点之间通过高速网络通路进行连接。分布式接入除了指计算节点和云存储设备之间的关系,还包括云存储设备本身的结构。当云存储设备需要进行扩展时,云存储设备会以增加节点的方式进行扩展。

保证一个大型分布式系统稳定正常运行的关键是高效、快速和准确的信息传输交换机制。为了提供海量的数据存储服务,在云存储的分布式并行结构中通常需要部署大量的存储节点和控制节点。这些节点之间存在难以想象的庞大的数据传输和交换。因此,在大型的云存储设备内部节点和节点之间需要采用高速的网络进行连接。目前,根据不同的业务需求,云存储设备内部的网络架构有多种,如吉比特/十吉比特以太网、Infmiband 和 RapidIO 等。而且,节点内部或者节点与节点之间需要能够实现高可用性。实现高可用性的方法有许多,根据云存储设备应用场景的不同,可采用不同的技术。

1. 高速网络连接技术

高速网络连接技术

1)以太网

吉比特以太网技术是目前主流的高速以太网技术,它给用户带来了提高核心网络的有效解决方案,这种解决方案的最大优点是继承了传统以太技术价格便宜的优点。吉比特技术仍然是以太网技术,它采用了与 10 Mbit/s 以太网相同的帧格式、帧结构、网络协议、全/半双工工作方式、流控模式以及布线系统。由于该技术不改变传统以太网的桌面应用和操作系统,因此可与 10 Mbit/s 或 100 Mbit/s 以太网很好地配合工作。升级到吉比特以太网不必改变网络应用程序、网管部件和网络操作系统,能够最大限度地保护投资。此外,IEEE 标准支持最大距离为 550 m 的多模光纤、最大距离为 70 km 的单模光纤和最大距离为 100 m 的铜轴电缆。吉比特以太网填补了 802.3 以太网/快速以太网标准的不足。

十吉比特以太网规范包含在 IEEE 802.3 标准的补充标准 IEEE 802.3ae 中,它扩展了 IEEE

802.3 协议和 MAC 规范，使其支持 10 Gbit/s 的传输速率。除此之外，通过 WAN 界面子层（WAN interface sublayer，WIS），十吉比特以太网也能被调整为较低的传输速率，如 9.584 640 Gbit/s（OC-192），这就允许十吉比特以太网设备与同步光纤网络（SONET）STS-192C 传输格式相兼容。

十吉比特以太网目前已经应用于存储网络，把存储节点和其他存储节点及控制服务器相连。在 PB 级的对象存储系统中，使用吉比特以太网实现存储节点间的核心交换。使用十吉比特以太网时，小文件（32 MB）的 TPS（每秒事务数）要高出 2 ~ 3 倍，能够显著地提高存储系统的吞吐性能。

2）InfiniBand

InfiniBand 是一种新型的总线结构，它可以消除目前阻碍服务器和存储系统发展的瓶颈问题，是一种将服务器、网络设备和存储设备连接在一起的交换结构的 I/O 技术。它是一种致力于服务器端而不是 PC 端的高性能 I/O 技术。

InfiniBand 最初是为了弥补系统 I/O 所采用 PCI 总线架构的缺陷而诞生的。虽然 PCI 总线结构把数据的传输从 8 位/16 位一举提升到 32 位，甚至当前的 64 位，但是它的共享传输模式、信号线间干扰以及不具备纠错功能等缺陷限制了其继续发展的势头。

而 InfiniBand 技术通过一种交换式通信组织（switched communications fabric）提供了较局部总线技术更高的性能，它通过硬件提供了可靠的传输层级的点到点连接，并在线路上支持消息传递和内存映像技术。不同于 PCI，InfiniBand 允许多个 I/O 外设无延迟、无拥塞地同时向处理器发出数据请求。

而 InfiniBand 弥补了 PCI 总线的共享传输模式缺陷，以一种全新的方式把网络中常见的交换和路由概念引入了 I/O 子系统当中、图 3-3-4 所示为 InfiniBand 架构。

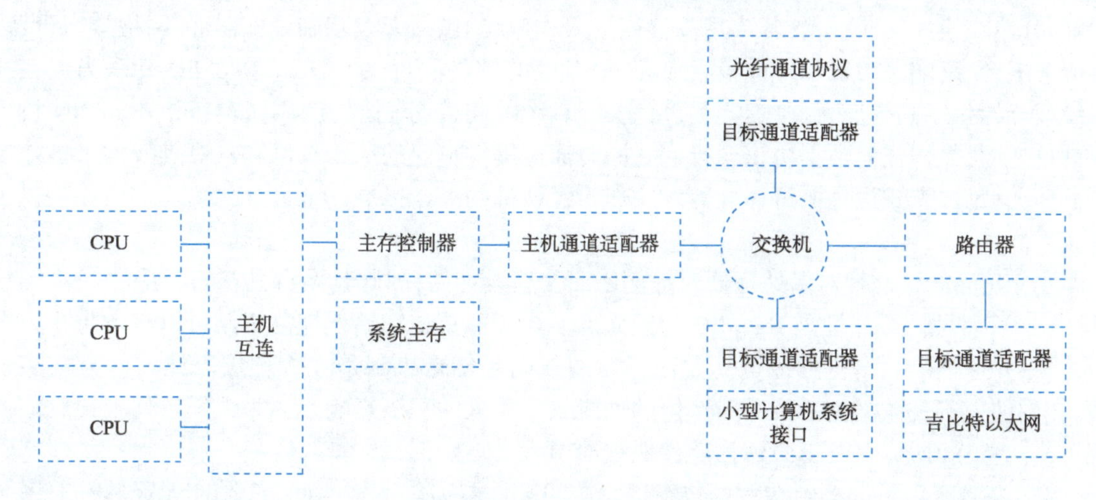

图 3-3-4 InfiniBand 架构

在 InfiniBand 架构中，最主要的硬件部分是 HCA、TCA 和 Link。

HCA（host channel adapter，主机通道适配器）是连接内存控制器和 TCA 的桥梁；TCA（target channel adapter，目标信道适配器）将 I/O 设备（如网卡、SCSI 控制器）的数字信号打包发送给 HCA；IB Link 包含了连接 HCA 和 TCA 的光纤以及光纤交换机、路由器等整套设备。现阶段，一根光纤的传输速率是 2.5 Gbit/s，支持全双工模式，并且可以把多条光纤捆绑到一起工作，目前

的模式有 x4、xl2 两种。InfiniBand 架构的核心就是把 I/O 子系统从服务器主机中剥离出去，通过光纤介质，采用基于交换的端到端的传输模式连接它们。

使用 InfiniBand 这一点对点以及交换结构的 I/O 技术，可使简单廉价的 I/O 设备及复条的主机设备都能被堆叠的交换设备连接起来。如果带宽、距离等条件适宜，InfiniBand 主要支持两种环境：模块对模块的计算机系统（支持 I/O 模块附加插槽）；数据中心环境中的机箱对机箱的互联系统、外部存储系统和外部 LAN/WAN 访问设备。

在数据中心环境下，中心 InfiniBand 交换机在远程存储器、网络以及服务器等设备之间建立单一的连接链路，并由中心 InfiniBand 交换机来指挥流量。它的结构设计得非常紧密，大幅提高了系统的性能、可靠性和有效性，能缓解各硬件设备之间的数据流量拥塞。

目前，InfiniBand 支持的带宽比现在主流的 I/O 载体（如 SCSI、FibreChannel、Ethernet）还要高，2011 年，Mellanox 公司推出的 SwitchX 新技术中的 InfiniBand 就达到了 56 Gbit/s。InfiniBand 之所以能在网络数据和存储通信中占得一席之地，其原因就是 InfiniBand 相比以太网具有更低的时延。相比十吉比特以太网，通常 InfiniBand 的时延要低 20% 左右。更低的时延和更高的带宽对于高性能网络和高性能存储系统是非常关键的考量因素。

集群计算（cluster）、存储区域网（SAN）、网格、内部处理器通信（IPC）等高端领域对高带宽、高扩展性、高 QoS 以及高 RAS（reliability、availability、serviceability）等有迫切需求。InfiniBand 技术多被应用于高性能网络中的服务器与服务器（比如复制、分布式工作等）、服务器和存储设备（如 SAN 和直接存储附件）以及服务器和网络之间的通信。

3）RapidIO

RapidIO 互联架构是业界领先的半导体和系统制造商联合开发的。它为系统内的微处理器、DSP、通信和网络处理器、系统存储器以及外设器件之间的数据及控制信息传递定义一种高性能、分组交换的互联技术，解决了高性能嵌入式系统，包括无线基础设施器件、网络接入设备、多服务平台、高端路由器和存储设备等在可靠性和互联性方面的挑战。RapidIO 互联为嵌入式系统设计提供了高带宽、低延迟。另外，它的引脚少，可充分利用板卡上的空间。RapidIO 技术对软件透明，允许任何数据协议运行。它同时通过提供自建的纠错机制和点对点架构来排除单点故障，满足嵌入式设计的可靠性需求。作为经认证的 ISO 标准，RapidIO 为广泛的应用提供了系统互联。

由于 RapidIO 是针对多处理器对等网络而全新设计的，因此其本身具有如下特性：

（1）可靠性。可靠性是 RapidIO 的闪光点。内置的重传和错误恢复机制可以有效防止数据包丢失，并保证了数据包的传送。保证可靠的数据包传送机制是在物理层以纯硬件方式实现的，在硬件中实现数据包的传送对系统的性能具有重大的积极影响。因为无须软件干预就能实现可靠的传送，所以事务不会因为软件例程而引入延迟。

（2）微秒级以下的端到端数据包发送。访问软件层需要花费时间，消耗处理资源且对系统性能不利。不同于十吉比特以太网的软件干预，在 RapidIO 中，数据包重传是透明的，完全由硬件来处理。所以，端到端的数据包传输只需要不到 1 μs 即可完成。

（3）100 ns 交换机直通式延迟。为了尽量缩短延迟，RapidIO 的设计采用了较短的数据包报头以及基于目标 ID（DestID）的简单路由选择架构。

（4）面向大量数据传输的高性能信息传递。RapidIO 提供了对传输中的数据包进行 stomp 的功能，从而使得交换机设备无须接收到整个数据包，就能够将其转发（stomp 是一种控制符号,在 RapidIO 协议中用于在遇到错误时取消已部分传输的数据包)。这种功能在不影响可靠性的前提下,提高了系统的整体性能。如果在转发的数据包中检测到错误,RapidIO 端口在无须软件干预的情况下,就能够对传输中的数据包进行 stomp 处理。

(5)每个处理器都有自己的内存子系统选择的推送架构。RapidIO 系统使用相同的寄存器组,能够轻松地从最低速率扩展到最高速率。可用的端口速率是 1 Gbit/s、2 Gbit/s、2.5 Gbit/s、4 Gbit/s、5 Gbit/s、8 Gbit/s、10 Gbit/s、16 Gbit/s 和 20 Gbit/s。

(6)支持"任意拓扑类型"。RapidIO 系统支持直接互联、网格、星形、双星形等拓扑类型,给系统的部署带来了极大的灵活性。

事实上,RapidIO 互联是以太网技术的补充。RapidIO 的网络层与以太网的网络层相似,但是它的存储映射硬件支持开销和器件间信息交换开销很低。而且,像以太网一样,RapidIO 提供公共媒质接入控制和物理层支持的上层协议层。可以对这些层进行优化,以满足到达率、带宽、延迟和功耗等系统需要的性能。RapidIO 其有可靠的特性,并且在满足性能的同时其价格具有吸引力。

相比 InfiniBand,RapidIO 的主要特性是具有更低的延迟和更高的带宽,并且很容易实现和 PCI、PCI-X、PCIE、FPDP、以太网等的桥接,更加适合用于芯片与芯片、板与板、系统与系统之间的高速数据传输。

2. 分布式文件系统

根据计算环境和所提供功能的不同,文件系统可划分为四个层次,从低到高依次是:

(1)单处理器单用户的本地文件系统,如 DOS 的文件系统。

(2)多处理器单用户的本地文件系统,如 OS/2 的文件系统。

(3)多处理器多用户的本地文件系统,如 UNIX 的本地文件系统。

(4)多处理器多用户的分布式文件系统,如 NFS、Lustre 等文件系统。

分布式文件系统

分布式文件系统(distributed file system,DFS)是指文件系统管理的物理存储资源不一定直接连接在本地节点上,而是通过计算机网络与节点相连。由于互联网应用的不断发展,本地文件系统由于单个节点本身的局限性,已经很难满足海量数据存取的需要,因而不得不借助分布式文件系统,把系统负载转移到多个节点上。

传统的分布式文件系统(如 NFS 等)中,所有数据和元数据存放在一起,通过单一的存储服务器提供。这种模式一般称为带内模式(in-band mode)。随着客户端数目的增加,服务器就成了整个系统的瓶颈。因为系统所有的数据传输和元数据处理都要通过服务器,不仅单个服务器的处理能力有限,存储能力受到磁盘容量的限制,吞吐能力也受到磁盘 I/O 和网络 I/O 的限制。在当今对数据吞吐量要求越来越高的互联网应用中,传统的分布式文件系统已经很难满足应用的需要。图 3-3-5 所示为带内模式示意图。

于是,出现了一种新的分布式文件系统的结构,即利用存储区域网络(SAN)技术,将应用服务器直接和存储设备相连接,大幅提高了数据的传输能力,减少了数据传输的延时。在这样的结构中,所有的应用服务器都可以直接访问存储在 SAN 中的数据,而只有关于文件信息的元数据,才经过元数据服务器处理、提供,减少了数据传输的中间环节,提高了传输效率,减轻了元数据服务器的负载。每个元数据服务器可以向更多的应用服务器提供文件系统元数据服务,这种模式一般称为带外模式(out-of-band mode),因此可以取得更好的性能和扩展性。图 3-3-6 所示为带外模式示意图。

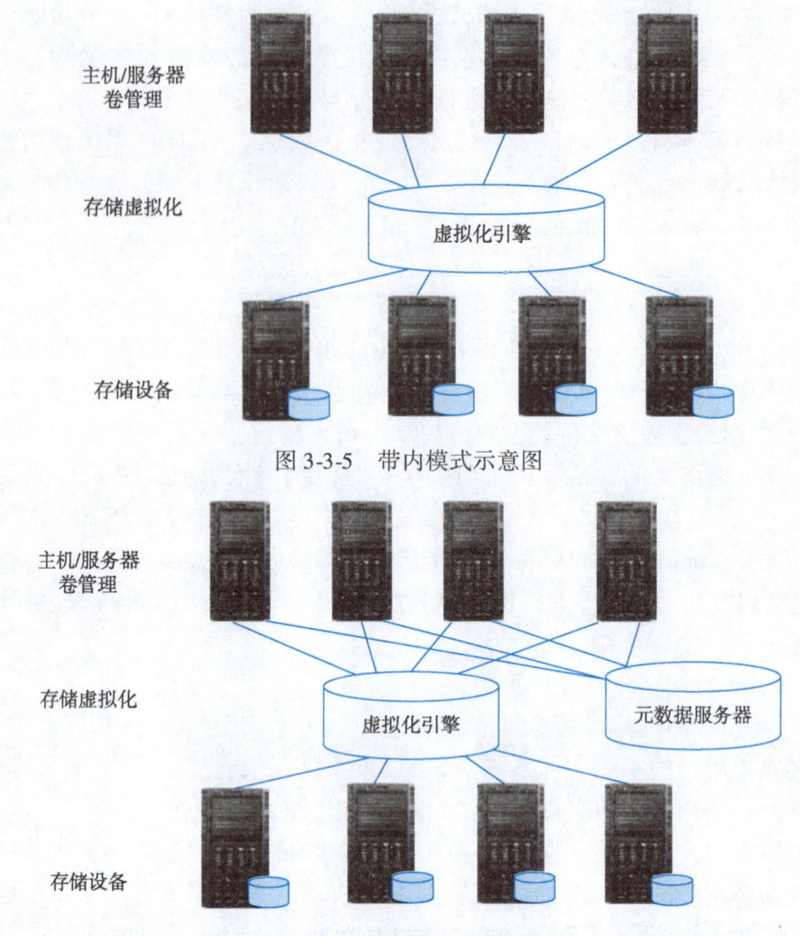

图 3-3-5　带内模式示意图

图 3-3-6　带外模式示意图

区分带内模式和带外模式的主要依据是，关于文件系统元数据操作的控制信息是否和文件数据一起都通过服务器转发传送。前者需要服务器转发，后者是直接访问。

1）分布式文件系统的发展

随着计算机应用范围的扩展，通过文件访问接口在不同主机之间共享文件的需求日益增强。下面分几个阶段介绍分布式文件系统的发展过程。

最初的分布式文件系统应用出现在 20 世纪 70 年代，之后逐渐扩展到各个领域。从早期的 NFS 到现在的 StorageTank，分布式文件系统在体系结构、系统规模、性能、可扩展性和可用性等方面经历了巨大的变化。

（1）第一代分布式文件系统（20 世纪 80 年代）：

早期的分布式文件系统一般以提供标准接口的远程文件访问为目的，更多地关注访问的性能和数据的可靠性，以 NFS 和 AFS（andrew file system）最具代表性，它们对以后的文件系统设计也具有十分重要的影响。

早期的分布式文件系统一般以提供标准接口的远程文件访问为目的，在受网络环境、本地磁盘和处理器速度等方面限制的情况下，更多地关注访问的性能和数据的可靠性。AFS 在系统结构方面进行了有意义的探索。它们采用的协议和相关技术，为后来的分布式文件系统设计提供了很多借鉴。

(2)第二代分布式文件系统(1990—1995 年):

20 世纪 90 年代初,面对广域网和大容量存储应用的需求,借鉴当时先进的高性能对称多处理器的设计思想,加利福尼亚大学设计开发的 XFS(新一代文件系统),克服了以前的分布式文件系统一般都运行在局域网(LAN)上的弱点,很好地解决了在广域网上进行缓存,以减少网络流量的难题。它所采用的多层次结构很好地利用了文件系统的局部访问特性,无效写回缓存一致性协议,减少了网络负载。对本地主机和本地存储空间的有效利用,使其具有较好的性能。

(3)第三代分布式文件系统(1995—2000 年):

网络技术的发展和普及应用极大地推动了网络存储技术的发展,基于光纤通道的 SAN、NAS 得到了广泛应用,推动了分布式文件系统的研究。在这个阶段,计算机技术和网络技术有了突飞猛进的发展,单位存储的成本大幅降低。而数据总线带宽、磁盘速度的增长无法满足应用对数据带宽的需求,存储子系统成为计算机系统发展的瓶颈。这个阶段出现了多种体系结构,充分利用了网络技术。

随着 SAN(storage area network,存储区域网)和 NAS(network attached storage,网络附属存储)两种结构的逐渐成熟,研究人员开始考虑如何将两种结构结合起来。网格的研究成果等也推动了分布式文件系统体系结构的发展。

随着 SAN 和 NAS 两种体系结构逐渐成熟,人们开始考虑如何将两种体系结构结合起来,以充分利用两者的优势。另一方面,基于多种分布式文件系统的研究成果,人们对体系结构的认识不断深入,网格的研究成果等也推动了分布式文件系统体系结构的发展。这一时期,各种应用对存储系统提出了更多的需求。

①大容量:现在的数据量比以前任何时期更多,生成的速度更快。

②高性能:数据访问需要更高的带宽。

③高可用性:不仅要保证数据的高可用性,还要保证服务的高可用性。

④可扩展性:应用在不断变化,系统规模也在不断变化,这就要求系统提供很好的扩展性,并在容量、性能和管理等方面都能适应应用的变化。

⑤可管理性:随着数据量的飞速增长,存储的规模越来越庞大,存储系统本身也越来越复杂,这给系统的管理、运行带来了很高的维护成本。

⑥按需服务:能够按照应用需求的不同提供不同的服务,如不同的应用、不同的客户端环境和不同的性能等。

2)经典分布式文件系统介绍

从以上介绍可以看出一些发展趋势:体系结构的研究逐渐成熟,表现在不同文件系统的体系结构趋于一致;系统设计的策略基本一致,如采用专用服务器方式等;每个系统在设计的细节上各自采用了很多特有的先进技术,取得了很好的性能和扩展性。

下面对几个经典的分布式文件系统进行介绍。

(1)NFS:

NFS 从 1985 年出现至今,已经经历了四个版本的更新,几乎被移植到所有主流的操作系统中,成为分布式文件系统事实上的标准。NFS 利用 UNIX 系统中的虚拟文件系统(virtual file system,VFS)机制,将客户机对文件系统的请求,通过规范的文件访问协议和远程过程调用,转发到服务器端进行处理;服务器端在 VFS 之上,通过本地文件系统完成文件的处理,实现了全局的分布式文件系统。Sun 公司公开了 NFS 的实施规范,因特网工程任务组(Internet

Engineering Task Force,IETF)将其列为征求意见稿,在很大程度上促使 NFS 的很多设计实现方法成为标准,也促进了 NFS 的流行。

NFS 是一个分布式的 C/S 文件系统,其实质在于用户间计算机的共享。用户可以连接到共享计算机,并像访问本地硬盘一样访问共享计算机上的文件。管理员可以建立远程系统上文件的访问,以至于用户感觉不到是在访问远程文件。

拥有实际的物理磁盘并且通过 NFS 将这个磁盘共享的主机称为 NFS 文件服务器。通过 NFS 访问远程文件系统的主机称为 NFS 客户机。一个 NFS 客户机可以利用许多 NFS 服务器提供的服务。相反,一个 NFS 服务器可以与多个 NFS 客户机共享它的磁盘。一个共享了部分磁盘的 NFS 服务器可以是另一个 NFS 服务器的客户机。

NFS 的优点:

①已发展多年,简单但是成熟。

②Linux 直接在内核予以支持,使用方便。

NFS 的缺点:

①可扩展性差,难以应用于大量存储节点和客户端的集群式(cluster)系统。

②文件服务器的定位(location)对客户端非透明,维护困难。

③缓存管理机制采用定期刷新机制,可能会发生文件不一致性问题。

④不支持数据复制、负载均衡等分布式文件系统的高级特性,很容易出现系统的性能瓶颈。

⑤NFS 服务器的更换会迫使系统暂停服务。

⑥对异地服务的支持能力不强。

(2)AFS:

AFS(Andrew file system)是卡内基·梅隆大学开发的一种分布式文件系统,主要用于管理分布在网络不同节点上的文件。与普通文件系统相比,AFS 的主要特点在于三方面:分布式、跨平台、高安全性。

AFS 提供给用户的只是一个完全透明的、永远唯一的逻辑路径,这种功能往往被用于用户的 home 目录,以使得用户的 home 目录唯一,而且避免了数据的不一致性。

在 AFS 中有如下几个重要的概念:

①单元(cell):AFS 一个独立的维护站点,通常代表一个组织的计算资源。一个存储节点在同一时间内只能属于一个站点;而一个单元可以管理数个存储节点。

②卷(volumes):一个 AFS 目录的逻辑存储单元,可以把它理解为 AFS 的 cell 之下的一个文件目录。AFS 系统负责维护一个单元中存储的各个节点上的卷内容保持一致。

③挂载点(mount points):关联目录和卷的机制,挂载点和卷。

④复制(replication):隐藏在一个单元之后的卷可能在多个存储节点上维护着备份,但是它们对用户是不可见的。当一个存储节点出现故障时,另一个备份卷会接替工作。

⑤缓存和回调(caching and callbacks):AFS 依靠客户端的大量缓存来提高访问速度。当被多个客户端缓存的文件被修改时,必须通过回调来通知其他客户端更新。

⑥令牌(tokens)和访问控制列表(access control list):用于访问权限管理。

AFS 具有以下优势:

①历史悠久,技术成熟。

②有较强的安全性。

③支持单一、共享的名字空间。

④良好的客户端缓存管理极大地提高了文件操作的速度。

但是,AFS 也存在如下几方面的问题:

①消息模型:同 NFS 一样,AFS 作为早期的分布式文件系统,是基于消息传递(message-based)模型的,为典型的 C/S 模式,客户端需要经过文件服务器才能访问存储设备,维护文件共享语义的开销往往很大。

②性能方面:使用本地文件系统来缓存最近被访问的文件块,但却需要一些附加的极为耗时的操作。结果,访问一个 AFS 文件要比访问一个本地文件多花一倍的时间。

③吞吐能力不足:AFS 设计时考虑更多的是数据的可靠性和文件系统的安全性,并没有为提高数据吞吐能力进行优化,也没有良好地实现负载均衡;而当今互联网应用则经常面对海量数据的冲击,必须提高文件系统的 I/O 并行度,最大化数据吞吐率。

④容错性较差:由于它采用有状态模型,在服务器崩溃、网络失效或者出现其他一些错误(如磁盘满等)时,都可能产生意料不到的后果。

⑤写操作慢:AFS 为读操作做优化,写操作却很复杂,读快写慢的文件系统不能提供好的读、写并发能力。

⑥不能提供良好的异地服务能力,不能良好地控制热点信息的分布。

(3)Tiger Shark/GPFS:

Tiger Shark 是由 IBM 公司的 Almaden 研究中心为 AIX 操作系统设计的并行文件系统,于 1993 年完成。它用于支持大规模实时交互式多媒体应用,如交互电视(interactive television, ITV)。基于 Tiger Shark 文件系统,可以构建大规模的视频服务器,并能以 6 Mbit/s 的速度传递几百个并行的 MPEG 流。Almaden 研究中心不断对 Tiger Shark 文件系统进行完善和发展,并最终诞生了目前应用广泛的通用并行文件系统(general parallel file system, GPFS)。

GPFS 通过它的共享磁盘结构来实现其强大的扩展性。一个 GPFS 系统由许多集群节点组成,GPFS 文件系统和应用程序在上面运行。这些节点通过交互开关网络连接磁盘和子磁盘。所有的节点对所有的磁盘有相同的访问权。文件被分割存储在文件系统中所有的磁盘上。

为了支持高数据容量和多媒体文件的高并发访问,GPFS 文件系统提供了如下设计:

①支持长时间的文件实时访问:GPFS 通过两种方法来实现文件的长时间访问,即资源预留策略和实时磁盘调度算法。资源预留策略为已有的客户端连接确保足够的磁盘带宽;实时磁盘调度算法则满足客户端的实时传输需求。

②大磁盘块:一般的文件系统使用 4 KB 作为磁盘块的大小,而 GPFS 为了支持多媒体文件的大数据流,使用 256 KB(也可以在 16 KB ~ 1 MB 之间调节)的大型数据块作为磁盘块大小,最大限度地发挥磁盘的传输效率。

③写分块:为了提高并行性,GPFS 把文件分块存储到多个存储节点上,以并行访问的方式大幅提高文件的数据吞吐量,并通过整个系统的负载均衡避免了某个磁盘过大的读/写。

④数据复制:通过复制文件系统元数据和文件数据,GPFS 实现了一个较简单的软件 RAID (redundant arrays of independent disks, RAID, 磁盘阵列)模式,支持数据块级别的文件复制,以克服单点故障,提高系统的可用性。

⑤数据一致性:GPFS 通过一套复杂的信令管理机制提供数据一致性;通过这套机制,允许任意节点通过各自独立的路径到达同一个文件。即使节点无法正常工作,GPFS 也可以找到其他的路径。

⑥数据安全性:GPFS 是一种日志文件系统,为不同节点建立各自独立的日志。日志中记录 MetaData 的分布,一旦节点发生故障后,可以保证快速恢复数据。

⑦系统可扩展性:GPFS 可以动态调整系统资源;可以在文件系统挂载情况下添加或者删除硬盘。GPFS 自动在各个节点间同步配置文件和文件系统信息。

GPFS 作为较成功的一个商业分布式文件系统,其显著特点是性能高、扩展性好,具备高可用性。但 GPFS 目前主要应用于 IBM 公司自身的 AIX 操作系统,其他平台则很难应用,且 GPFS 价格昂贵;同时,GPFS 需要特殊的存储设备的支持,如典型的 GPFS 需要用双重附带的 RAID 控制器,这给普通用户构建集群服务器带来困难,并提高了成本。

虽然 GPFS 的性能优越,但 GPFS 的问题在于非常复杂的数据一致性处理和高延迟的数据传输。同时,由于设计的年代较早,并没有应用分布式文件系统领域的最新研究成果。随着 SAN(存储区域网络)和 NAS(网络连接存储)两种结构逐渐成熟,研究人员开始考虑如何将两种结构结合起来。网格的研究成果等也推动了分布式文件系统体系结构的发展。

为此,IBM 公司在 GPFS 的基础上发展进化来的 Storage Tank,以及基于 Storage Tank 的 TotalStorage SAN File System,又将分布式文件系统的设计理念和系统架构向前推进了一步。

(4)HDFS:

Hadoop 是一个基于 Java 的支持数据密集型分布式应用的分布式文件系统。它不仅是一个用于存储的分布式文件系统,也是用来在由通用计算设备组成的大型集群上执行分布式应用的框架。图 3-3-7 所示为 Hadoop 架构图。

Hadoop 能够保证应用可以在上千个低成本商用硬件存储节点上处理 PB 级的数据。它是 Apache 开源项目,Yahoo 支持这个项目并应用于自己的 Web 搜索和商业广告业务上。

①主服务器:即命名节点,用于管理文件系统命名空间和客户端访问。具体的文件系统命名空间操作包括打开、关闭和重命名等,并负责数据块到数据节点之间的映射;此外,存在一组数据节点,它除了负责管理挂载在节点上的存储设备,还负责响应客户端的读/写请求。HDFS (Hadoop distributed file system,Hadoop 分布式文件系统)将文件系统命名空间呈现给客户端,并运行用户数据存放到数据节点上。从内部构造看,每个文件被分成一个或多个数据块,这些数据块被存放到一组数据节点上;数据节点会根据命名节点的指示执行数据块创建、删除和复制操作。

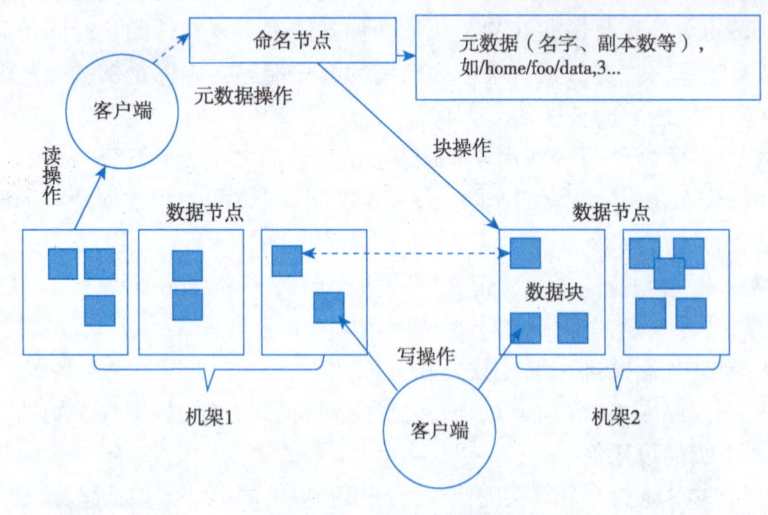

图 3-3-7　Hadoop 架构图

②数据节点(datanode):负责管理存储节点上的存储空间和来自客户的读/写请求,也执行块创建、删除和来自 NameNode 的复制命令。

Hadoop 的主要特点如下:

①HDFS 提出了“移动计算能力比移动数据更廉价”的设计理念,它将计算迁移到距离数据更近的位置,而不是将数据移动到应用程序运行的位置。HDFS 提供了这种迁移应用程序的 API。

②HDFS 为文件采用一种“一次写多次读”的访问模型,从而简化了数据一致性问题,使高吞吐率数据访问成为可能。一些 Map/Reduce 应用和网页抓取程序在这种访问模型下表现得很完美。

③高度容错,可运行在廉价硬件上;大量的低成本商用计算机具有较高的失效率,因此需要进行失效检测。快速高效的恢复是 Hadoop 文件系统的主要设计目标。

④HDFS 能为应用程序提供高吞吐率的数据访问,适用于大数据集的应用。

⑤HDFS 在 POSIX 规范进行了修改,使其能对文件系统数据进行流式访问,从而适用于批量数据的处理。使用简单的一致性协议,主要针对面向写一次、读很多次的应用。

⑥Hadoop 更适用于批量流水数据存取应用,更加关注提高系统的整体吞吐率,而不是响应时间。

⑦Hadoop 很容易移植到另一个平台。所有 HDFS 的通信协议是建立在 TCP/IP 之上的。在客户和 NameNode 之间建立协议,文件系统客户端通过一个端口连接到命名节点上,通过客户端协议与命名节点交换;而在 DataNode 和 NameNode 之间建立 DataNode 协议。上面两种协议都封装在远程过程调用协议中。

(5)Lustre:

Lustre 文件系统是一个基于对象存储的平行分布式文件系统,也是一个开源项目。该项目于 1999 年在卡内基·梅隆大学启动,现在已经发展成为应用最广泛的分布式文件系统。Lustre 已经运行在当今世界上最快的集群系统中,如 Buie Gene 和 Red Storm 等计算机系统,用来进行核武器相关的模拟,以及分子动力学模拟等非常关键的领域。

Lustre 文件系统是一个高度模块化的系统,主要由三部分组成:客户端(Client)、OST(object storage target,对象存储服务器)和 MDS(meta data server,元数据服务器)。三个组成部分除了各自的独特功能外,相互之间共享诸如锁、请求处理和消息传递等模块。为了提高 Lustre 文件系统的性能,通常 Client、OST 和 MDS 是分离的。当然,这些子系统也可以运行在同一个系统中。

Lustre 是一个透明的全局文件系统,客户端可以透明地访问集群文件系统中的数据,而无须知道这些数据的实际存储位置。Lustre 由客户端、两个 MDS(meta data server,元数据服务器,一个运行、一个备份)和 OST 设备池,通过高速的以太网或 QWS(qualcomm wireless systems)网所构成。Lustre 最多可以支持 10 000 个客户端;两个 MDS 采用共享存储设备的 Active Standby(主备)方式的容错机制;存储设备跟普通的、基于块的 IDE 存储设备不同,是基于对象的智能存储设备。

客户端在需要访问文件系统的文件数据时,先访问 MDS,获取文件相关的元数据信息,然后直接和相关的 OST 通信,取得文件的实际数据。

客户端通过网络读取服务器上的数据,存储服务器负责实际文件系统的读/写操作以及存储设备的连接,元数据服务器负责文件系统目录结构、文件权限和文件的扩展属性以及维护整个文件系统的数据一致性和响应客户端的请求。由于 Lustre 采用元数据和存储数据相分离的技术,可以充分分离计算和存储资源,使客户端计算机可以专注于用户和应用程序的请求;存储服务器和元数据服务器专注于读、传输和写数据。存储服务器端的数据备份和存储配置以及存储服务器扩充等操作不会影响到客户端。存储服务器和元数据服务器均不会成为性能瓶颈。

①客户端:通过标准的 POSIX 接口向用户提供对文件系统的访问。对于客户端而言,Client 同 OST 进行文件数据的交互,包括文件数据的读/写、对象属性的改变等;同 MDS 进行元数据的交互,包括目录管理和命名空间管理等。

②OST:在 Lustre 中,OST 负责实际数据的存储,处理所有客户端和物理存储之间的交互。这种存储是基于对象的,OST 将所有的对象数据放到物理存储设备上,并完成对每个对象的管理。OST 和实际的物理存储设备之间通过设备驱动程序来实现交互。通过驱动程序的作用,Lustre 可以继承新的物理存储技术及文件系统,实现对物理存储设备的扩展。为了满足高性能计算系统的需要,Lustre 针对大文件的读/写进行了优化,为集群系统提供了较高的 I/O 吞吐率。存储在 OST 上的文件可以是普通文件,也可以是复制文件。Lustre 同时还将数据条块化,再把数据分配到各个存储服务器上,提供了比传统 SAN 的"块共享"更灵活和可靠的共享访问方式。当某个存储节点出现故障时,客户端仍然能够访问到数据。

③MDS:在 Lustre 中,元数据的管理由 MDS 负责。MDS 负责向客户端提供整个文件系统的元数据,管理整个文件系统的命名空间,维护整个文件系统的目录结构、用户权限,并负责维护文件系统的数据一致性。通过 MDS 的文件和目录访问管理,Lustre 可以控制客户端对文件系统中文件的创建、删除、修改以及对目录的创建、删除、修改等访问控制。通过 MDS,客户端得到数据所在的 OST,并与其建立连接,此后的读/写操作就在客户端同 OST 之间进行,除非有对命名空间的修改,将不再同 MDS 有关系,这样就降低了 MDS 的负载。在多个客户端的情况下,由于有多个 OST 存在,上述工作模式就把对文件系统的访问转换为并行操作,从而可以较好地提高性能。在 Lustre 中,客户端使用写回式 Cache 来保证元数据的一致性。Lustre 系统可以配置两个 MDS 服务器,其中一个作为备份。两个服务器采用共享存储的方式来存放元数据。当某个 MDS 出现故障后,备份服务器可以接管其服务,保证系统的正常运行。

可以说,在文件系统的主要性能指标方面,Lustre 得到了大幅提高,实现了可靠性的、可用性的、可扩展性的、可管理性的、高性能的、海量的、分布式的数据存储,并且能够按照应用需求的不同提供不同的服务,如不同的应用、不同的客户端环境和不同的性能等,真正实现了按需服务。

(6)GoogleFS:

GoogleFS 是一个可扩展的分布式文件系统,用于大型的、分布式的、对海量数据进行访问的应用。它运行于廉价的普通硬件上,但提供了容错复制功能,可以给大量的用户提供总体性能较高的可靠服务。

GoogleFS 与传统的分布式文件系统有很多相同的目标,但 GoogleFS 的设计受到了当前及预期应用方面的工作量以及技术环境的驱动,因而形成了它与传统的分布式文件系统明显不同的设想。这就需要对传统的选择进行重新检验,并进行完全不同的设计观点的探索。

GoogleFS 的特点如下:

①硬件错误(包括存储设备或存储节点的故障)不再被认为是异常的情况,而是将其作为常见的情况加以处理。因为文件系统由成千上万个用于存储的机器节点构成,而这些机器是由

廉价的普通硬件组成并被大量的客户机访问。硬件的数量和质量使得一些机器随时都有可能无法工作,并且有一部分还可能无法恢复。所以,实时地监控、错误检测、容错、自动恢复对系统来说必不可少。

②按照传统的标准,文件都非常大,达到几 GB 的文件是很平常的。每个文件通常包含很多应用对象。因为经常要处理快速增长的、包含数以万计的对象、长度达 TB 的数据集,很难管理成千上万的 KB 规模的文件块,即使底层文件系统提供支持。因此,设计中操作的参数、块的大小必须重新考虑。对大型文件的管理一定要能做到高效,对小型的文件也必须支持,但不必优化。

③大部分文件的更新是通过添加新数据完成的,而不是改变已存在的数据。在一个文件中,随机的操作在实践中几乎不存在。一旦写完,文件就只可读,很多数据都有这些特性。一些数据可能组成一个大仓库,以供数据分析程序扫描。有些是运行中的程序连续产生的数据流,有些是档案性质的数据,有些是在某个机器上产生、在另外一个机器上处理的中间数据。

④工作量主要由两种读操作构成:对大量数据的流方式的读操作和对少量数据的随机方式的读操作。在前一种读操作中,可能要读几百 KB,可达 1 MB 或更多。来自同一个客户的连续操作通常会读文件的一个连续的区域。随机的读操作通常在一个随机的偏移处读几 KB。性能敏感的应用程序通常将对少量数据的读操作进行分类并进行批处理,以使得读操作稳定地向前推进。

⑤工作量还包含许多对大量数据进行的、连续的、向文件添加数据的写操作。所写数据的规模和读相似。一旦写完,文件很少改动。在随机位置对少量数据的写操作也支持,但不必非常高效。

⑥系统必须高效地实现大量客户同时对同一个文件的添加操作。

一个 GoogleFS 集群由一台主机(master)和大量的文件块存储服务器(ChunkServer)构成,并被许多客户机(client)访问。只要资源和可靠性允许,文件块存储服务器和客户机可以运行在同一台机器上。

文件被分成固定大小的块(block)。每个块由一个不变的、全局唯一的 64 位的 chunk-handle 标识。chunk-handle 是在创建块时由 master 分配的。ChunkServer 将块当作 Linux 文件存储在本地磁盘并可以读和写由 chunk-handle 和位区间指定的数据。出于可靠性考虑,每一个块被复制到多个 ChunkServer 上。默认情况下,保存三个副本,但这可由用户指定。

master 维护文件系统所有的元数据,包括名字空间、访问控制信息、从文件到块的映射以及块的当前位置。它也控制系统范围的活动,如块租约(lease)管理、孤儿块的垃圾收集和 ChunkServer 的块迁移。master 定期通过心跳(heartbeat)消息与每一个 ChunkServer 通信,给 ChunkServer 传递指令并收集它的状态。

与每个应用程序相连的 GoogleFS 客户端实现了文件系统的 API,并与 master 和 ChunkServer 通信,以访问文件系统的数据。客户端与 master 的交换只限于对元数据的操作。所有数据方面的通信都直接和 ChunkServer 联系。

客户端和 ChunkServer 都不缓存文件数据。这是因为用户缓存的益处微乎其微,且由于数据太多或工作集太大而无法缓存。不缓存数据策略简化了客户端程序和整个系统,因为不必考虑缓存的一致性问题,但客户端缓存元数据。ChunkServer 也不必缓存文件数据,因为块是作为本地文件存储的。

master 存储了三种类型的元数据：文件的名字空间和块的名字空间、从文件到块的映射、块的副本的位置。所有的元数据都放在内存中。前两种类型的元数据将修改记录在操作日志中，自身保持不变，操作日志存储在 master 的本地磁盘并在几个远程机器上留有副本。使用日志可以很简单、可靠地更新 master 的状态，即使在 master 崩溃的情况下，也不会有不一致的问题。相反，master 在每次启动以及当有 ChunkServer 加入时询问每个 ChunkServer 所拥有的块的情况。

①元数据存储在内存中，所以 master 的操作很快。master 可以轻易且高效地定期在后台扫描它的整个状态。这种定期的扫描被用于实现块垃圾收集、ChunkServer 出现故障时的副本复制、为平衡负载和磁盘空间而进行的块迁移。

②master 并不为 ChunkServer 所拥有的块的副本保存一个不变的记录。它在启动时通过简单的查询来获得这些信息。master 可以保持这些信息的更新，因为它控制所有块的放置，并通过心跳机制消息来监控 ChunkServer 的状态。

③操作日志包含了对元数据所做的修改的历史记录。它作为逻辑时间线，定义了并发操作的执行顺序。文件、块以及它们的版本号都由它们被创建时的逻辑时间唯一地、永久地标识。

GoogleFS 只能有一个 master，代码不允许存在多个主服务器中。这看起来是限制系统可扩展性和可靠性的一个缺陷，因为系统的最大存储容量和正常工作时间受制于主服务器的容量和正常工作时间。

但是，元数据是非常紧凑的，仅仅只有数千字节到数兆字节的大小，并且主服务器通常是网络上性能最好的节点之一；至于可靠性，通常有一个“影子”主服务器作为主服务器的镜像，一旦主服务器失败，它将接替工作。另外，主服务器极少成为瓶颈，因为客户端仅仅取得元数据，然后会将它们缓存起来；随后的交互工作是直接与 ChunkServer 进行。同样，使用单个主服务器可以大幅降低软件的复杂性。如果有多台主服务器，软件将变得复杂，以能够保证数据完整性、自动操作、负载均衡和安全性。

(7) OpenStack Swift：

OpenStack 是一个项目和一个开源软件。它提供了一个部署云的操作平台或工具集。其宗旨在于，帮助组织运行为虚拟计算或存储服务的云，为公有云、私有云，也为大云、小云提供可扩展的、灵活的云计算。

OpenStack Object Storage 是一个可扩展的对象存储系统。对象存储支持多种应用，如复制和存档数据、图像或视频服务、存储次级静态数据、开发数据存储整合的新应用，存储容量难以估计的数据，为 Web 应用创建基于云的弹性存储。

OpenStack Image Service 是一个虚拟机(VM)镜像的存储、查询和检索系统，服务包括的 RestfUl API 允许用户通过 HTTP 请求查询 VM 镜像元数据，以及检索实际的镜像。VM 镜像有四种配置方式：简单的文件系统、类似 OpenStack Object Storage 的对象存储系统、直接用亚马逊 S3(Amazon's simple storage solution)存储、用带有 Object Store 的 S3 间接访问 S3。

OpenStack Object Storage 最开始由 Rackspace 开发，并于 2010 年 7 月贡献给 OpenStack，作为其开源子项目。OpenStack Object Storage 最初作为 Rackspace Cloud Files Service 的主体实现，工程代号为 Swift，因此 Swift 沿用至今。

Swift 是开源的，用来创建可扩展的、冗余的对象存储(引擎)。Swift 使用标准化的服务器存储 PB 级可用数据。为了获得、调用、更新一些静态的、永久性的数据，它并不是文件系统，或实时的数据存储系统(real-time data storage system)，看起来更像是一个长期的存储系统。例如，适合存储一些类型的数据:虚拟机镜像、图片存储、邮件存储和文档的备份。Swift 没有"单点"或者主控节点,看起来具有更强的扩展性、冗余和持久性。

Swift 提供的服务有以下用途:

①作为 IaaS 的存储服务。

②与 OpenStack Compute 对接,为其存储镜像。

③文档存储。

④存储需要长期保存的数据,如 log 等。

⑤存储网站的图片,如缩略图等。

Swift 使用 RESTful API 对外服务所提供的如下功能:

①Account(存储账户)的 GET、HEAD。

②Container(存储容器)的 GET、PUT、HEAD、DELETE。

③Object(存储对象)的 GET、PUT、HEAD、DELETE。

④Account、Container、Object 的元数据支持。

⑤大文件(无上限,单个文件最大 5 GB,大于 5 GB 的文件在客户端被切分上传,并上传清单文件)。

⑥访问控制、权限控制。

⑦临时对象存储(过期对象自动删除)。

⑧存储请求速率限制。

⑨临时链接(让任何用户访问对象,不需要使用 Token)。

⑩表单提交(直接从 HTML 表单上传文件到 Swift 存储,依赖于临时链接)。

⑪静态 Web 站点(用 Swift 作为静态站点的 Web 服务器)。

任务小结

通过本任务学习了云存储的关键技术,在云存储关键技术中,主要包括存储虚拟化和分布式扩展方式。其中,存储虚拟化技术主要包括全局访问空间、多租户模型、虚拟化感知能力、存储虚拟化实施技术;分布式扩展模式包括高速网络连接技术和分布式文件系统。

任务四 浅析存储架构

任务描述

分布式存储架构由三部分组成:客户端、元数据服务器和数据服务器。客户端负责发送读/写请求,缓存文件元数据和文件数据。元数据服务器负责管理元数据和处理客户端的请求,是整个系统的核心组件。数据服务器负责存放文件数据,保证数据的可用性和完整性。该架构的优点是性能和容量能够同时拓展,系统规模具有很强的伸缩性。

本任务对典型的 DAS、NAS、SAN 存储架构进行剖析,并对几种存储架构进行比较。

任务目标

- 了解:DAS 架构。
- 了解:NAS 架构。
- 了解:SAN 架构。

存储架构

任务实施

存储架构是基于数据存储的一种通用网络术语,大致分为四种:直连式存储(direct attached storage,DAS)、网络附加存储(network attached storage,NAS)、存储区域网络(storage area network,SAN)和内容寻址存储(content address storage,CAS)。下面对这四种架构分别进行介绍。

一、了解 DAS 架构

图 3-4-1 所示 DAS 示意图。

直连式存储是一种直接与主机系统相连接的存储设备,如作为服务器的计算机内部硬件驱动。到目前为止,DAS 仍是计算机系统中最常用的数据存储方法。在这种方式中,存储设备是通过电缆(通常是 SCSI 电缆)直接到服务器的。I/O(输入/输出)请求直接发送到存储设备。DAS 也可称为服务器附加存储(server-attached storage,SAS)。它依赖于服务器,本身是硬件的堆叠,不带有任何存储操作系统。

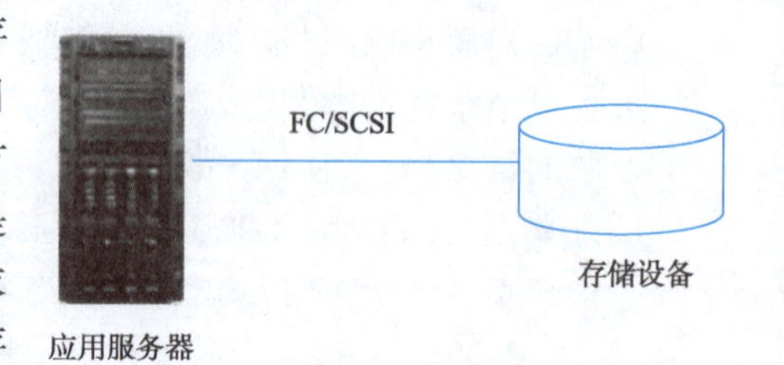

图 3-4-1　DAS 示意图

对于多台服务器或多台 PC 的环境,使用 DAS 方式设备的初始费用可能比较低,可是这种连接方式下,每台 PC 或服务器单独拥有自己的存储磁盘,容量的再分配困难;对于整个环境下的存储系统管理,工作烦琐而重复,没有集中管理解决方案。所以,整体拥有成本较高。

直连式存储依赖服务器主机操作系统进行数据的 I/O 读/写和存储维护管理,数据备份和恢复要求占用服务器主机资源(包括 CPU 和系统 I/O 等),数据流需要回流主机到服务器连接着的磁带机(库),数据备份通常占用服务器主机资源的 20% ~30% ,因此,许多企业用户的日常数据备份常常在深夜或业务系统不繁忙时进行,以免影响正常业务系统的运行。直连式存储的数据量越大,备份和恢复的时间就越长,对服务器硬件的依赖性和影响就越大。

直连式存储与服务器主机之间的连接通道通常采用 SCSI(小型计算机系统接口)连接,带宽为 10 MB/s、20 MB/s、40 MB/s 和 80 MB/s 等。随着服务器 CPU 的处理能力越来越强,存储硬盘空间越来越大,阵列的硬盘数量越来越多,SCSI 通道将会成为 I/O 瓶颈,由于服务器主机 SCSI ID 资源有限,所以能够建立的 SCSI 通道连接有限。

无论是直连式存储,还是服务器主机的扩展,从一台服务器扩展为多台服务器组成的集群(cluster)或存储阵列容量的扩展,都会造成业务系统的停机,从而给企业带来经济损失。对于银行、电信、传媒等行业 7×24 小时服务的关键业务系统,这是不可接受的,并且直连式存储或服务器主机的升级扩展只能由原设备厂商提供,因此很受限制。

DAS 的适用环境如下:

(1)服务器在地理分布上很分散,通过 SAN 或 NAS 在它们之间进行互联非常困难。

(2)存储系统必须被直接连接到应用服务器上。

(3)包括许多数据库应用和应用服务器在内的应用,它们需要直接连接到存储器上,群件应用和一些邮件服务也包括在内。

一个 SCSI 环路或称为 SCSI 通道最多可以挂载 16 台设备;FC(fiber channel,光纤总线)可以在仲裁环的方式下支持 126 台设备。

DAS 方式实现了机内存储到存储子系统的跨越,但是缺点依然有很多:

(1)扩展性差。服务器与存储设备直接连接的方式导致出现新的应用需求时,只能为新增的服务器单独配置存储设备,造成重复投资。

(2)资源利用率低。DAS 方式的存储长期来看,存储空间无法充分利用,存在浪费。不同的应用服务器面对的存储数据量是不一致的,同时业务发展的状况也决定着存储数据量的变化。因此,出现了部分应用对应的存储空间不够用,另一些却有大量的存储空间闲置。

(3)可管理性差。DAS 方式数据依然是分散的,不同的应用各有一套存储设备。管理分散,无法集中。

(4)异构化严重。DAS 方式使得企业在不同阶段采购了不同型号、不同厂商的存储设备,设备之间异构化现象严重,导致维护成本居高不下。

二、了解 NAS 架构

图 3-4-2 所示为 NAS 示意图。

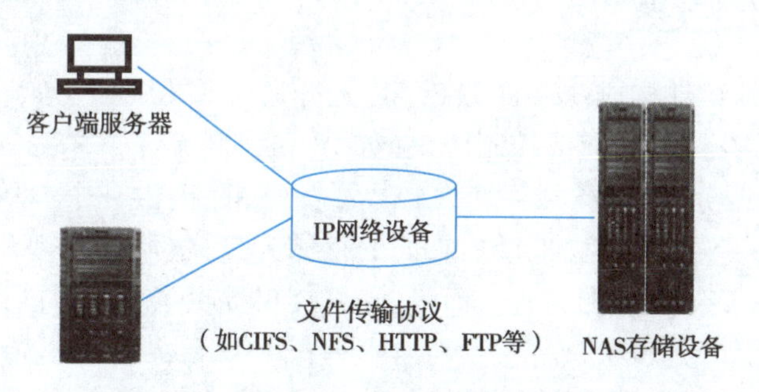

图 3-4-2　NAS 示意图

NAS 是一种采用直接与网络介质相连的特殊设备实现数据存储的机制。由于这些设备都分配有 IP 地址,所以客户机通过充当数据网关的服务器可以对其进行存取访问,甚至在某些情况下,不需要任何中间介质,客户机也可以直接访问这些设备。

NAS 包括存储器件(如硬盘驱动器阵列、CD 或 DVD 驱动器、磁带驱动器或可移动的存储介质等)和专用服务器。专用服务器上装有专门的操作系统,通常是简化的 UNIX/Linux 操作系统,或者是一个特殊的 Windows 内核。它为文件系统管理和访问做了专门的优化。专用服务器利用 NFS 协议或 CIFS 协议,充当远程文件服务器,对外提供文件级的访问。

1. NAS 的优点

(1)NAS 可以即插即用。

(2)NAS 通过 TCP/IP 网络连接到应用服务器,因此可以基于已有的企业网络方便连接。

（3）专用的操作系统支持不同的文件系统，提供不同操作系统的文件共享。

（4）经过优化的文件系统提高了文件的访问效率，也支持相应的网络协议。即使应用服务器不再工作了，仍然可以读出数据。

2. NAS 的缺点

（1）NAS 设备与客户机通过企业网进行连接，因此数据备份或存储过程中会占用网络的带宽。这必然会影响企业内部网络上的其他网络应用。共用网络带宽成为限制 NAS 性能的主要问题。

（2）NAS 的可扩展性受到设备大小的限制。增加另一台 NAS 设备非常容易，但是要想将两个 NAS 设备的存储空间无缝合并并不容易，因为 NAS 设备通常具有独特的网络标识符，存储空间的扩大有上限。

（3）NAS 访问需要经过文件系统格式转换，所以是以文件级别来访问的，不适合 Block（数据块）级别的应用，尤其是要求使用裸设备的数据库系统。

三、了解 SAN 架构

存储区域网络（SAN）是指存储设备相互连接且与一台服务器或一个服务器群相连的网络。SAN 由服务器、后端存储系统和 SAN 连接设备组成；后端存储系统由 SAN 控制器和磁盘系统构成，控制器是后端存储系统的关键，它提供存储接入、数据操作及备份、数据共享、数据快照等数据安全管理，以及系统管理等一系列功能。后端存储系统为 SAN 解决方案提供了存储空间。使用磁盘阵列（RAID）和 RAID 策略可为数据提供存储空间和安全保护措施。

在有些配置中，SAN 也与网络相连。SAN 中将特殊交换机当作连接设备。它们看起来很像常规的以太网络交换机，是 SAN 中的连通点。SAN 使得在各自网络上实现相互通信成为可能。

SAN 由三个基本的组件构成：接口（如 SCSI、光纤通道和 ESCON 等）、连接设备（如交换设备、网关、路由器和集线器等）和通信控制协议（如 IP 和 SCSI 等）。这三个组件再加上附加的存储设备和独立的 SAN 服务器，就构成一个 SAN 系统。SAN 提供一个专用的、高可靠性的基于光通道的存储网络。SAN 允许独立地增加它们的存储容量，也使得管理及集中控制（特别是全部存储设备都集群在一起时）更加简化。而且，光纤接口提供了 10 km 的连接长度，这使得物理上分离的远距离存储变得更容易。

通常，SAN 与其他计算资源紧密集群来实现远程备份和档案存储过程。SAN 支持磁盘镜像技术、备份与恢复、档案数据的存档和检索、存储设备间的数据迁移，以及网络中不同服务器间的数据共享等功能。

早期的 SAN 采用的是光纤通道（fiber channel，FC）技术，所以以前的 SAN 多指采用光纤通道的存储局域网络。iSCSI 协议出现后，业界把 SAN 分为 FC SAN 和 IP SAN。

1. FCSAN

图 3-4-3 所示为 FC SAN 示意图。

FC 开发于 1988 年，最早用来提高硬盘协议的传输带宽，侧重于数据的快速、高效、可靠传输。20 世纪 90 年代末，FC SAN 开始得到广泛应用。

FC 拥有自己的协议层：

（1）FC-0：连接物理介质的界面和电缆等；定义编码和解码的标准。

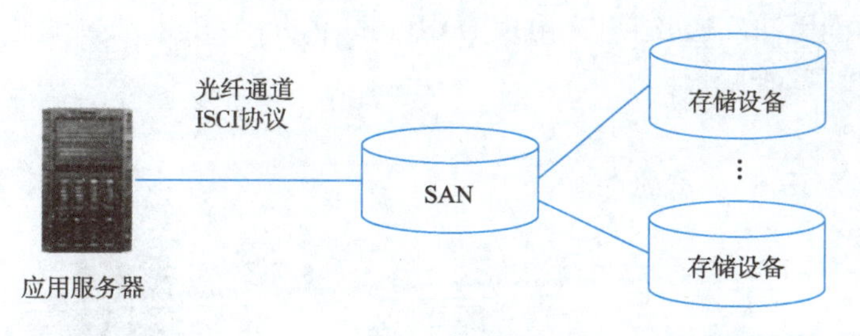

图 3-4-3　FC SAN 示意图

（2）FC-1：传输协议层或数据链接层，编码或解码信号。

（3）FC-2：网络层，光纤通道的核心，定义帧、流控制和服务质量等。

（4）FC-3：定义常用服务，如数据加密和压缩。

（5）FC-4：协议映射层，定义了光纤通道和上层应用之间的接口，上层应用如串行 SCSI 协议，HBA（host bus adapter，主机总结适配器）的驱动提供了 FC-4 的接口函数。FC-4 支持多协议，如 FCP-SCSI、FC-IP 和 FC-VI 等。

光纤通道的主要部分实际上是 FC-2。其中，FC-0 ~ FC-2 称为 FC-PH，也就是“物理层”。光纤通道主要通过 FC-2 进行传输，因此，光纤通道也常称为“二层协议”或者“类以太网协议”。

按照连接和寻址方式的不同，光纤通道支持三种拓扑方式：

（1）PTP（点对点）：一般用于 DAS（直连式存储）设置。

（2）FC-AL（光纤通道仲裁环路）：采用 FC-AL 仲裁环机制，使用 Token（令牌）的方式进行仲裁。光纤环路端口或交换机上的 FL 端口和 HBA 上的 NL 端口（节点环）连接，支持环路运行。采用 FC-AL 架构，当一个设备加入 FC-AL 时，或出现任何错误，或需要重新设置时，环路就必须重新初始化。在这个过程中，所有的通信都必须暂时中止。由于其寻址机制，FC-AL 理论上被限制在 127 个节点。

（3）FC-SW（FC switched 交换式光纤通道）：在交换式 SAN 上运行的方式。FC-SW 可以按照任意方式进行连接，规避了仲裁环的诸多弊端，但需要购买支持交换架构的交换模块或 FC 交换机。

FCSAN 的问题如下：

（1）兼容性差。FC 协议发展时间短，开发和产品化的大厂商较少，而且厂商之间各自遵循内部标准，导致不同厂商的 FC 产品之间兼容性和互操作性差，即使同一厂商的不同版本、不同型号的 FC 产品，也存在类似的问题。

（2）成本高昂。FC SAN 的成本包括先期设备成本和长期维护成本。由于 FC 协议在成熟度和互联性上无法与以太网相比，导致 FC 协议只能局限于存储系统应用，无法实现大规模推广，这直接导致 FC 产品价格昂贵；同样，与 FC SAN 相关的所有产品都身价高昂，无论是备份软件的 FC SAN 模块，甚至 SCSI 硬盘简单更换连接口成为 FC 硬盘，价格都要翻几倍；另外，兼容性差也导致用户无法自己维护 FC 设备，必须购买昂贵的服务。

（3）扩展能力差。FC SAN 高昂的成本和协议封闭，使得产品的开发、升级和扩容代价高昂。从 2000 年以来，存储市场中最大的中端部分就一直五年不变地维持着前端两个存储控制器，后端两个（最多四个）光纤环路的结构。不仅产品本身无法进行性能和处理能力扩展，产品型号向上的升级付出的代价几乎相当于购买一套新的设备。

（4）异构化严重。各厂商按照自有标准开发各种功能，如快照、复制和镜像等，导致不同厂商存储设备之间功能无法互通，结果又出现 DAS(direct attached storage，直连方式存储)方式的各种问题，如重复投资、难以管理。

2. IP SAN

图 3-4-4 所示为 IP SAN 示意图。

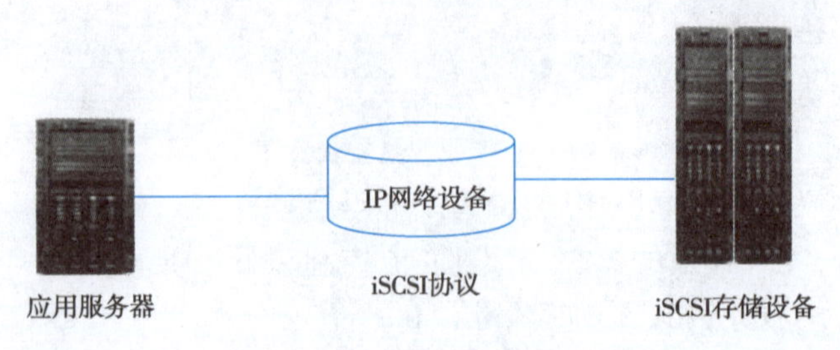

图 3-4-4　IP SAN 示意图

IP 网络是一个开放、高性能、高可扩展、可靠性高的网络平台。其基本想法是通过高速以太网络连接服务器和后端存储系统，将以太网的经济性引入存储，降低用户总体拥有成本。将数据块和 SCSI 指令通过 TCP/IP 承载，通过吉比特/十吉比特专用的以太网络连接应用服务器和存储设备，经过高速以太网传输，继承以太网的优点，实现建立一个开放、高性能、高可靠性、高可扩展的存储资源平台。

IP SAN 遵循 IETF 的 iSCSI 标准，通过以太网实现对存储空间的块级访问。由于早先以太网速度、数据安全性以及系统级高容错等问题，在众多家厂商的努力和吉比特/十吉比特以太网的支撑下，IP SAN/iSCSI 已解决了网络瓶颈，数据安全和容错等问题进入了实用阶段。

IP SAN 继承了 IP 网络的优点。

(1)实现弹性扩展的存储网络，能自适应应用的改变。

(2)已经验证的传输设备保证运行的可靠性。

(3)以太网从 1 Gbit/s 向 10 Gbit/s 及更高速过渡，只需要通过简单的升级，便得到极大的性能提升，并保护投资。

(4)IP 跨长距离扩展能力，轻松实现远程数据复制和灾难恢复。

(5)大量熟悉的网络技术和管理人才减少培训和人力成本。

IP SAN 用的是 iSCSI 协议。iSCSI(因特网小型计算机系统接口)是一种在 TCP/IP 上进行数据块传输的标准。它是由 Cisco 和 IBM 两家公司发起的，并且得到各大存储厂商的大力支持。iSCSI 可以实现在 IP 网络上运行 SCSI 协议，使其能够在高速吉比特以太网上进行快速数据存取备份操作。

iSCSI 标准在 2003 年 2 月 11 日由 IETF(因特网工程任务组)认证通过。iSCSI 继承了两大传统技术：SCSI 和 TCP/IP 协议，这为 iSCSI 的发展奠定了坚实的基础。

基于 iSCSI 的存储系统只需要不多的投资便可实现 SAN 存储功能，甚至直接利用现有的 TCP/IP 网络。相对于以往的网络存储技术，它解决了开放性、容量、传输速度、兼容性和安全性等问题，其优越的性能使其备受关注与青睐。

实际工作时，是将 SCSI 命令和数据封装到 TCP/IP 包中，然后通过 IP 网络进行传输。具体的工作流程如下：

(1)iSCSI 系统由 SCSI 适配器发送一个 SCSI 命令。

(2)命令封装到 TCP/IP 包中，并送入以太网络。

(3)接收方从 TCP/IP 包中抽取 SCSI 命令,并执行相关操作。

(4)把返回的 SCSI 命令和数据封装到 TCP/IP 包中,将它们发回到发送方。

(5)系统提取出数据或命令,并把它们传回 SCSI 子系统。

借助 IP SAN 存储区域网,基于 iSCSI 流高速交换平台,运行带内虚拟化存储管理软件,将各种存储设备(包括磁盘、磁带及其他存储设施)连接起来。

IP SAN 存储区域网的优点:首先是共享了昂贵的存储资源,提高了存储设备的利用率(达到 80% ~85%)。这种节省对用户接入是十分重要的。其次,这种集中化的虚拟存储池方式所提供的存储资源分配与管理,节省了传统的直连式存储设备多路并行管理费用。

3. SAN 的误区

SAN 的发展历程较短,从 20 世纪 90 年代后期兴起,由于当时以太网的带宽有限,而 FC 协议在当时就可以支持 1 Gbit 的带宽,因此,早期的 SAN 存储系统多数由 FC 存储设备构成,导致很多用户误以为 SAN 就是光纤通道设备。其实,SAN 代表的是一种专用于存储的网络架构,与协议和设备类型无关,随着吉比特以太网的普及和十吉比特以太网的实现,人们对 SAN 的理解将更为全面。

4. SAN 的优点

(1)设备整合,多台服务器可以通过存储网络同时访问后端存储系统,不必为每台服务器单独购买存储设备,降低存储设备异构化程度,减轻维护工作量,降低维护费用。

(2)数据集中,不同应用和服务器的数据实现了物理上的集中,空间调整和数据复制等工作可以在一台设备上完成,大幅提高了存储资源利用率。

(3)高扩展性,存储网络架构使服务器可以方便地接入现有 SAN 环境,较好地适应应用变化的需求。

(4)总体拥有成本低,存储设备的整合和数据集中管理大幅降低了重复投资率和长期的管理和维护成本。

SAN 的出现,从根本上是要建立一个开放、高性能、高可靠、高可扩展性的存储资源平台,从而能够应对快速的业务变化和数据增长。然而,以上问题使得用户使用网络存储的目标产生了严重的偏离,很多用户甚至开始质疑为什么要放弃 DAS 而使用昂贵复杂的 FC-SAN。

四、DAS、NAS 和 SAN 的比较

在传统的 DAS 模块中,SCSI 最多允许连接 15 台设备。这些设备串行地连接在 SCSI 总线上,设备越多,性能就越低。一台主机上的存储设备往往不能与其他主机共享。如果一台主机的存储设备已用完,即使其他主机有空闲存储空间,也难以使用,必须增加新的存储设备。

NAS 在一定程度上解决了直接附接的存储问题,NAS 和 SAN 之间有一些相同的地方,如在存储设备和操作系统的主机之间都是通过网络连接的,都有较好的可扩展性,但 NAS 和 SAN 之间还是有很大差别的。

NAS 和 SAN 之间的一个本质区别在于:对用户而言,NAS 提供的是文件级服务,而 SAN 提供的是块存储服务。NAS 在存储服务设施中实现文件系统。存储设备一般是通过 SCSI 并行电缆直接连接到 NAS 文件服务器。NAS 文件服务器负责管理这些存储设备,给应用服务器提供一个或几个文件系统。应用程序对文件系统进行文件级操作,如打开、读、写、关闭一个文件。NAS 文件服务器把对文件的操作映射成对磁盘块的操作,但应用程序不知道文件位于哪个磁盘

块。应用服务器和NAS文件服务器之间的数据交换可以通过传统的计算机网络,如以太网进行。而在SAN中,文件系统位于应用服务器上。应用程序可以对文件进行操作,也可以直接操作存储块。对文件进行操作时,应用服务器把对文件的操作映射成对磁盘块的操作,再把对磁盘块的操作通过SAN执行,最终附接到SAN的存储设备,完成对存储块的操作。因此,对于存储网络的用户而言,NAS提供的是面向文件的存储服务,而SAN提供的是面向存储块的存储服务。

NAS存储设备中的数据通常是通过常规的局域网传输的,与其他类型的计算机通信共享网络带宽。大量存储数据的传输将占用较大比例的局域网带宽,特别是在执行数据备份时,上千兆的数据传输会长时间地占用局域网,这会严重影响其他应用程序对局域网的使用。另一方面,如果局域网上有许多应用程序在使用局域网通信,也会使存储数据的传输得不到足够的带宽保证。SAN专用于存储服务的属性,可以有效地避免这样的问题。

SAN通常使用适合存储数据传输的光迁通道协议。首先,光迁通道协议的效率比NAS所用的局域网中的TCP/IP高。TCP/IP中每个协议数据单元的头比光迁通道协议数据帧的头大两倍。其次,光迁通道协议中数据帧的最大长度也比以太网大。因此,鉴于存储网络中经常传输大量数据的特点,光迁通道协议更适合在存储网络中使用。

NAS的优点则在于NAS文件服务器的管理简单,基本上是即插即用,而SAN需要购买光迁通道网络设备和主机适配卡。因此,NAS的成本一般低于有同样存储容量的SAN。

1. CAS

据加州大学伯克利分校及EMC公司所做的调查显示,在全社会每年产生的所有信息中,超过75%的信息是属于固定内容的数据。也就是说,这些信息一旦生成,就不再变更,这类固定内容的信息存储主要包括法律条文、标准和规范的电子文档以及数字化医学信息、电子邮件及附件、支票图像、卫星图像和音频/视频信息等。

固定内容信息数量的急剧增长与磁存储技术的不断发展是联系在一起的,这意味着新的网络存储技术空间出现,尤其是当传统网络存储技术无法适应大量的固定内容存储时。虽然采用块或文件访问方式的传统网络存储系统在一定程度上可以满足几十、几百太字节(TB)的网络存储应用需求,但这类存储系统的可扩展性、管理效率以及扩展整个存储系统后的性价比远远不能满足动辄几百太字节乃至度字节(PB)的大规模面向固定内容的网络存储需求。不仅如此,对数据的安全访问和长久保存,要求苛刻的新存储系统亦对传统网络存储系统解决方案提出了严峻的挑战。

如何对如此庞大的固定内容信息进行高效的存储、管理、检索,无疑对网络存储方案服务商提出了全新的、更高的要求,主要包括:

1)存取性

要保证在任何时间、任何地点都能对这些固定内容信息快速、便捷地访问。

2)可靠性和完整性

要确保对信息内容不得有任何修改,且所存取的任何固定内容信息都必须符合一定的规范或标准。

3)持久性和可扩展性

能够持续地对整个固定内容存储系统数据进行访问和可用,整个存储系统具有较强的可扩展能力,可以非常容易地升级至PB级,必须保证避免因可能的设备更新而产生的数据遗失问题。

4)可管理性和可维护性

必须满足商业应用的连续性和灾难恢复需求,需要最小化的存储管理,自动化程度尽可能高。

5)位置无关性

对任何固定内容信息的访问,必须与存储数据的物理地址/逻辑地址无关,而仅与数据内容有关。

6)RAS 特性

RAS(reliability-availability-serviceability)特性即整个固定内容存储系统的设计和使用自始至终都必须保证可靠性、可用性和可服务性。

内容寻址存储(content addressed storage,CAS)是由 EMC 公司 2002 年 4 月率先提出的针对固定内容存储需求的、先进的网络存储技术。CAS 具有面向对象存储特征,基于磁记录技术,它按照所存储数据内容的数字指纹寻址,具有良好的可搜索性、安全性、可靠性和扩展性。EMC 同时推出了其 CAS 产品 Centera,并成为 CAS 存储技术的代表性产品。之后,一些存储公司相继推出了相关的产品,使 CAS 技术备受关注。

针对固定内容的内容寻址存储,CAS 系统采用了一种创造性的内容寻址系统来简化存储管理,确保存储内容的唯一性,提供了固定内容存储需求从 TB 级至 PB 级的可扩展性。

与位置寻址方式不同,按照特定算法计算出一个如 128 比特的奇偶校验,接着,内容寻址方式通常采用键值的方式来进行寻址。当存储一个数据对象时,内容寻址系统首先根据所存储数据的二进制内容寻址存储把这一比特序列转换成一个独特的标识符,称为内容地址。这个内容地址源自所存储数据片段的内容本身。同样,对于数据片段而言,也是唯一的标志或称作数字标签、数字指纹。内容寻址技术可以有效地隔离对存储数据的非法访问。所存储数据的内容地址并不是对该数据的目录、文件名或数据类型的简单映像。

内容寻址技术的优点主要包括确保内容的可靠性,提供了全局唯一、位置独立的标识符,单一实例存储。

7)确保内容的可靠性

一个内容对象有且仅有一个内容地址,对所存储内容的任何修改都会被系统检测到,因为这个修改会产生一个不同的内容地址。

8)提供了全局唯一、位置独立的标识符

通过内容地址对所存储的内容进行寻址,导致一个与存储内容相独立的内容索引,并且这个内容地址也与操作系统、文件系统和应用软件相独立。

9)单一实例存储

内容寻址存储只维护所存储内容的一个副本和一个映像。假设一个存取操作试图为 30 个不同的客户端用户存储同样内容的数据,那么对于所有这 30 个客户端用户而言,每一个用户的内容描述符文件(CDF)中的元数据是不同的,但数据对象本身只在存储系统上保存一份。由于采用特定的算法,每一个所存储内容的片段只有唯一内容地址与之对应。这种情形为整个网络存储系统带来了前所未有的容量节省和简单管理。

任务小结

本任务学习了存储架构，对经典的存储架构进行了讲解，包括：

（1）直连式存储（DAS）：这是一种直接与主机系统相连接的存储设备，如作为服务器的计算机内部硬件驱动。

（2）网络附加存储（NAS）：这是一种采用直接与网络介质相连的特殊设备，实现数据存储的机制。

（3）存储区域网络（SAN）：指存储设备相互连接且与一台服务器或一个服务器群相连的网络。

（4）存储区域网络（SAN）：由接口、连接设备和通信控制协议三个基本的组件构成。

任务五　浅析对象存储系统

任务描述

对象存储系统（object-based storage system）是综合NAS和SAN的优点，同时具有SAN的高速直接访问和NAS的数据共享等优势，提供高可靠性、跨平台性以及安全的数据共享的存储体系结构。

本任务将阐述对象存储系统，剖析对象存储与传统存储的差异，最后学习软件定义存储（SDS）。

任务目标

- 了解结构化数据与非结构化数据。
- 了解对象存储、传统存储及软件定义存储。

对象存储系统

任务实施

一、了解结构化数据与非结构化数据

1. 结构化数据

结构化数据是指数据经过分析后可分解成多个互相关联的组成部分，各组成部分间有明确的层次结构，其使用和维护通过数据库进行管理，并有一定的操作规范。我们通常接触的数据库所管理的数据，包括生产、业务、交易、客户数据等方面的记录都属于结构化数据。

结构化数据可以使用关系型数据库表示和存储，表现为二维形式的数据。一般特点是：数据以行为单位，一行数据表示一个实体的信息，每一行数据的属性是相同的。例如：

id	name	age	gender
1	lyh	12	male
2	liangyh	13	female
3	liang	18	male

所以,结构化数据的存储和排列是很有规律的,这对查询和修改等操作很有帮助。但是,它的扩展性不好。

2. 半结构化数据

半结构化数据是结构化数据的一种形式,它并不符合以关系型数据库或其他数据表的形式关联起来的数据模型结构,但包含相关标记,用来分隔语义元素以及对记录和字段进行分层。因此,它也被称为自描述的结构。

半结构化数据属于同一类实体,可以有不同的属性,即使它们被组合在一起,这些属性的顺序也并不重要。

常见的半结构数据有 XML 和 JSON,对于两个 XML 文件,第一个可能为:

```
<person>
    <name>A</name>
    <age>13</age>
    <gender>female</gender>
</person>
```

第二个可能为:

```
<person>
    <name>B</name>
    <gender>male</gender>
</person>
```

在上面的例子中,属性的顺序是不重要的,不同的半结构化数据的属性的个数是不一定是一样的。其中,<person>标签是树的根节点,<name>和<gender>标签是子节点。通过这样的数据格式,可以自由地表达很多有用的信息,包括自我描述信息(元数据)。所以,半结构化数据的扩展性是很好的。

3. 非结构化数据

相对于结构化数据(即行数据,存储在数据库中可以用二维表结构来逻辑表达实现的数据)而言,不方便用数据库二维逻辑表来表现的数据称为非结构化数据,包括所有格式的办公文档、文本、图片、XML、HTML、各类报表、图像和音频/视频信息等。

非结构化数据库是指其字段长度可变,并且每个字段的记录又可以由可重复或不可重复的子字段构成的数据库,用它不仅可以处理结构化数据(如数字、符号等信息),而且更适合处理非结构化数据(全文文本、图像、声音、影视、超媒体等信息)。

非结构化 Web 数据库主要是针对非结构化数据而产生的,与以往流行的关系数据库相比,其最大区别在于它突破了关系数据库结构定义不易改变和数据定长的限制,支持重复字段、子字段以及变长字段,并实现了对变长数据和重复字段进行处理和数据项的变长存储管理,在处理连续信息(包括全文信息)和非结构化信息(包括各种多媒体信息)中有着传统关系型数据库所无法比拟的优势。

4. 非结构化数据的存储要求

随着网络技术的发展,特别是 Internet 和 Intranet 技术的飞速发展,非结构化数据的数量日趋增大。这些非结构化数据的绝大部分是来自不断扩散的照片、录像、电子信、文档等,用户产生和使用的数据也比任何时候都多。IDC 的一项调查报告指出:企业中 80% 的数据都是非结构化数据,这些数据每年都按指数增长 60%,平均只有 1% ~5% 的数据是结构化的数据。如今,这种迅猛增长的从不使用的数据在企业里消耗着复杂而昂贵的一级存储的存储容量。因此,需要更好地保留那些在全球范围内具有潜在价值的不同类型的文件,而不是因为处理它们却干扰日常的工作。这时,主要用于管理结构化数据的关系数据库的局限性暴露得越来越明显。

非结构化数据存储需要保证持续性、可访问性、低成本及可管理性。

(1)持续性:用户期望或者法律规则使得大多数非结构化数据需要永久性存储。

(2)可访问性:非结构化数据还需要能够通过各种设备(主要是移动手机和浏览器)实现即时访问。尽管有些数据可以存档,但是用户还是期待大部分数据能够立即使用。

(3)低成本:非结构化数据需要低成本的存储。如果有足够的资金预算,任何存储问题都可以解决,但现实生活并非如此,有限的预算需要低成本的存储。

(4)可管理性:超大型在线数据存储系统的可管理性是非常关键的。为了使得数据中心的数据管理变得简单,需要将数据控制和数据存储分离,从而大量减少系统管理工作。

二、了解对象存储系统定义

对象存储对于不同的人意味着不同的事情,要分析什么样的存储系统属于对象存储,就涉及以下属性。

1. 对象

纯粹的对象存储系统管理的是对象,而不是要管理块和文件。更精确地讲,所有现在的对象存储系统把文件作为对象来管理。对象通过唯一的 ID 进行标识,就像在基于文件的存储系统中,文件通过路径来标识一样。对象存放在扁平的地址空间,这样可消除基于文件的存储系统中,分层的文件系统的复杂性和扩展性的挑战。

2. 元数据

对象由元数据(可提供对象中数据的上下文关系信息)、有效负载和实际数据组成。在基于文件的存储系统中,元数据仅仅是指文件的属性;对象存储系统中的元数据可以添加任何客户化的属性。基于文件的存储系统要做到这一点,需要应用程序(数据库)处理文件相关的其他额外信息。利用客户化的元数据,可以把和一个文件(对象)相关的所有信息都保存在对象自身内部。

3. 固定对象

纯对象存储代表一个固定内容的仓库,这意味着对象可以被创建、删除和读取,但不能被修改。相反,对象的修改是通过创建一个新版本的对象来实现的。因此,锁定和多用户访问这些对于基于文件的存储系统所棘手的问题,在对象存储系统中是不存在的。

4. 冗余性

对象存储通过在多个节点上存储相同对象的多个副本实现冗余性和高可靠性。在创建对象时,它首先由一个节点创建,随后根据适当的策略复制到一个或多个其他节点。节点可以部署在同一个数据中心,也可以是地理上分开的。由于不支持就地更新,使得多节点副本对象冗余的复杂度很小。对于传统的存储系统,保留拷贝(复制)的文件和块的同步访问的多个实例是一个巨大的挑战;这是非常复杂的,只能够通过设置严格的限制条件实现,例如在定义好的延迟约束之内。

5. 协议支持

传统的基于块和基于文件的协议在数据中心工作得很好,性能优良,延时也不是问题。但它们并不适合地理上分开的访问方式,且由于延时不可预知,所以也不适合构建云。此外,传统的文件系统协议(CIFS 和 NFS)利用 TCP 端口进行通信,这些只在内部网络可用,很少出现在互联网上。相反,对象存储通常通过基于 HTTP 协议的 REST API 访问。命令通过 HTTP 发送到对象存储的方式非常简便:put 用来建立一个对象,get 用来读取一个对象,delete 用来清除对象,list 用来列出对象列表。

6. 应用软件支持与集成

由于缺乏传统的数据存储协议的支持,访问对象存储依赖于 REST API,这需要访问端继续对于协议支持的一体化而努力。除了客户化应用程序集成,一些商业应用,特别是备份和归档应用,已经增加了对于对象存储集成的支持,主要连接到 Amazon S3 云存储。由于业界仍然在争论标准,对象存储的集成仍然没有得到广泛的推广。对象存储网关,通常称为云存储网关,提供了另外一种访问对象存储的方式。其定位于传统存储和对象存储之间,通常通过预定义的策略构建在两者之间。

7. 云功能

因为云存储和 Web 2.0 应用是对象存储的核心目标,因此通过互联网共享访问的相关功能是非常重要的。多租户和不同用户数据的安全隔离,对于用于企业应用的对象存储产品是必需的功能。安全性不仅是指加密,还包括对于租户、命名空间以及对象访问的控制。服务水平协议(SLA)管理和支持多种服务级别,对于云的使用也非常重要。策略引擎可以帮助 SLA 的执行,例如对象实例的数量和每个实例应该存储到哪里,这是一个任何对象存储都应该提供的设备。此外,使用云的计量和收费的自动跟踪是必不可少的。

8. 用例

纯粹的对象存储并不适合用于交易数据频繁变化的情况,例如数据库。它也没有设计成用来替代 NAS 的文件共享;它只是简单地做到了没有锁机制,而且通过提供文件的多个不同的版本实现单个“真实”文件的共享。对象存储在经常变化得非常大的非结构化数据存储中工作得非常好,也可作为不活跃数据的交易存储层之外的存储层,或者是归档存储。在云空间中,它适合用于文件内容,特别是图像和视频。

三、了解对象存储与传统存储

基于对象的存储系统正在引起关注,并且开始向替代扩展网络(NAS)附加存储(NAS)领域进军。对象系统拥有很多吸引人的特点,包括几乎无限的可扩展性、对处理能力和高速网络的依赖性小、基于 Web 协议的访问而不是通过传统的存储命令、客户化的元数据,以及低成本使用和可利用现成的组件。

对象存储产品的某些关键属性,使其在市场上一夜成名,而传统的基于文件和数据块的存储系统就显得有些不足。

对象存储是建立公共云和私有云存储的基础。Web 2.0 的企业和一些社交网站,已经选择用对象存储用户文件、图片和视频。但对象存储并不局限于在新的云架构和 Web 3.0 中使用。事实上,对于某些内容,其可以作为 Tier1(分层层储架构的第 1 层)的存储系统使用。

1. 对象存储对比传统存储

有大量的基于块和基于文件的存储系统可供选择,一个明显的问题是,为什么需要另外一种存储技术呢?块和文件都是成熟且经过验证的,所以也许看起来好像可以增强以满足日益增长的分布式云计算生态系统的需求。

基于块的存储系统,磁盘块通过底层存储协议访问,像 SCSI 命令,开销很小而且没有其他额外的抽象层。这是访问磁盘数据最快的方式,所有高级级别的任务,如多用户访问、共享、锁定和安全通常由操作系统负责。换句话讲,基于块的存储关心所有底层的问题,但其他事情都要依靠高层的应用程序实现。所有的对象存储拥有基于块存储的节点,利用对象存储软件集合提供所有其他的功能。

基于块的存储系统是对象存储系统的补充,而基于文件的存储系统一般被认为是直接的竞争者。横向扩展的 NAS 系统的关键属性就是扩展性,对象存储也是这样,通过增加节点实现水平扩展。但由于 NAS 系统是基于分层文件结构的有限的命名空间,它们对于有着接近无限扩展能力的、具有扁平结构的纯对象存储来讲,所受的约束更多,对象存储仅受到对象 ID 的位数限制。

尽管限制很多,但横向扩展的 NAS 系统仍然具备对象存储的诸多特性,而其欠缺的功能,相对于表征状态转移(REST)协议的支持,厂商正在快速地完善,这样就可以把横向扩展的 NAS 系统划归到对象存储的类别中。

2. 实现对象存储的多种方式

基于对象的存储系统可以归为三类:

(1)CAS:在底层,内容寻址存储以带客户化元数据的对象方式进行文件的存储,文件的访问通过数字对象标识。通过具备强大法规遵从功能的磁盘归档空间构架,CAS 通常部署在数据中心内部,所以它不需要云的功能。EMC 公司利用其 Centera 在 CAS 领域占据了领导地位,其他还有像 Caringo 公司在企业级市场的竞争。为将其转变为云存储系统,CAS 厂商在其产品中增加了云相关的功能,或者创建一个新的对象存储平台。EMC 公司沿袭了 Atmos 公司云存储平台的老路;Caringo 公司在其现有系统上进行了改进,现在称为 Caringo Object Storage Platform。Caringo 公司已经在其对象存储平台的 Version 5 中支持了多租户并支持到达 1 TB 大小的对象。

(2)第二代对象存储系统:大多数其他的对象存储厂商都从头开发了其对象存储软件。通过廉价的 x86 架构节点,每个存储节点可提供计算和存储资源,可以通过简单地增加节点实现线性的容量和性能扩展。对象存储软件通常不关心硬件,而且由松散亲和的服务组成:展示层通过 HTTP 协议(REST 或者 SOAP)处理与客户端的接口,而且可选择传统的文件系统协议。

(3)具备云功能的水平扩展 NAS:NAS 可以通过增加节点的方式进行水平扩展,因此允许水平扩展的 NAS 厂商在对象存储领域分得一杯羹。由于水平扩展 NAS 系统具有网络附加存储,在进行内部部署时,比纯粹的对象存储具备一定的优势。

3. 对象的课题

对象存储的主要优点之一是它能够分发面向大规模存储集群服务器的对象请求。这为海量数据提供了一种低成本、可靠、可扩展的存储系统。

随着系统规模的扩大,对象存储仍然能够提供单一的命名空间。这意味着应用程序或者用户不需要关心也不应该关心现在正在使用哪个存储系统。不像文件系统需要管理多个存储卷,对象存储极大地减轻了运维人员的负担。正因为对象存储提供了单一的命名空间,所以没有必要将数据分块并存储到不同的位置,因为这样做将会导致更大的复杂度,也更容易使存储系统变得混乱。

四、了解软件定义存储(SDS)

数据存储与主机上的硬盘一起诞生。此后,存储从主机中迁移到拥有在线存储控制器的专用存储系统。然而,世界在不断改变,应用程序也变得更加庞大。这意味着应用程序的存储需求已经超出了在线存储控制器这种架构所能处理的范围。

以往的存储通常使用定制硬件和闭源软件。通常情况下,过去的存储都会附带价格不菲的维护合同,并且很难迁移数据,而且还有被严格控制的生态系统。这些系统需要严格控制,以预测和预防故障。

非结构化数据大规模的增长迫使存储架构发生了翻天覆地的变化,这也是 SDS 走入人们视线的原因。它代表了数据存储领域的巨大转变。使用 SDS,整个存储领域被重新塑造,以更好地满足耐用性、可用性、成本低和可管理的新标准。

SDS 仅在系统软件层面负责,而不作用于特定的硬件组件。与传统存储系统不同的是,SDS 不仅不会阻止硬件故障发生,反而认为系统发生故障是一种正常的现象,这是一个巨大的转变。这意味着 SDS 工作方式不是去预测故障,而是简单地围绕这个故障去工作。

非结构化数据已经在总存储量和总营收两方面超过了结构化数据,并且差距也在逐渐加大。SDS 方案是存储非结构化数据的最佳选择。SDS 把发生和处理故障视为常态,这样就可以将存储系统部署在标准服务器硬件之上,而这种标准服务器硬件发生故障是常有的事。如果愿意接受这样的现实,就可以采用 SDS 的架构部署存储系统。它允许根据特定的需求,比较方便地添加组件以扩展规模。

这意味着存储系统不仅可以跨越一个机架、一个网络交换机、一个数据中心去部署,而且已经成了构筑在一个大型专用的公司网络甚至互联网之上的单一系统。这已经成为应对海量数据存储的一个行之有效的解决方案。

1. 软件定义存储组件

SDS 系统一共分为四个层次:

1)存储路由

存储路由层充当着存储系统的网关。路由器和 SDS 系统的服务可以跨多个数据中心多个地理位置分布。路由层每增加一个节点,相应地就会增加数据访问的总容量。

SDS 系统中的路由器可以围绕硬件和网络故障来工作。当出现硬件故障时,系统将会使用一些简单的规则,包括组装所需的数据块或者从非故障位置检索数据副本等来服务请求。

SDS 系统中的进程负责访问控制,启动支持的协议并且响应 API 请求。

2)存储韧性

在 SDS 系统中,从故障中恢复是软件的责任。通常会使用各种各样的数据保护方案以确保数据不会损坏或者丢失。

系统中运行着几个独立的进程,它们不断审核现存的数据并测量跨节点的数据保护状态。

如果发现数据损坏或者没有很好地被保护，系统就会采用一些积极措施以应对这种情况。

3）物理硬件

在SDS系统中，数据被存储在物理机的磁盘上。然而，存储节点不会单独负责确保数据的持久性，这通常是存储韧性系统的职责范畴。同样，当一个节点宕机时，存储路由系统会绕过该节点。

4）带外控制器

SDS系统应该可以高效地管理和扩展规模。这些分布式存储系统需要另一种管理模式而不是传统的存储控制器——拦截每个存储请求。因此，运维人员通常使用带外控制器来协调分布式SDS系统的各个成员。

控制器可以动态地调整系统以优化性能、执行升级和管理容量。当发生故障时，控制器还可以允许运维人员响应一些运行事件，以更快地进行恢复。SDS控制器以这种方式为整个集群协调可用的资源，如存储、网络、路由和服务。

2. 软件定义存储的优点

SDS系统可以高效地管理存储规模，提高基础设施的运营效率。SDS系统拥有更加简单的容量管理，因为每一个组件都是分布式系统的一个成员。基于这种架构，升级、扩充、解除都可以无宕机地实现，并且不需要叉车式的数据迁移。

软硬件的解耦合允许在标准服务器硬件之上构筑一个统一的存储系统。不同容量和性能的驱动器可以用于同一系统，用户可以即买即用相关硬件，从而更好地享受技术创新带来的便利，避免部署过多的存储空间。

SDS解决方案通常是开源的，这意味着更好的标准、更多的工具，以及避免锁定到单一供应商那里。开源鼓舞了一个生机勃勃繁荣发展的生态系统，相关社区成员推动了标准和工具的多样性。如今，人们正在创建一个能够兼容越来越多设备的应用程序，所以说创建和完善相关标准变得愈发重要。

任务小结

通过学习本任务，对对象存储系统进行了解析，了解了对象存储系统的定义、对象存储与传统存储的差异，以及软件定义存储（SDS）。

任务六　走进 Swift

任务描述

Swift最初是由Rackspace公司开发的高可用分布式对象存储服务，并于2010年贡献给OpenStack开源社区作为其最初的核心子项目之一，为其Nova子项目提供虚机镜像存储服务。Swift构筑在比较便宜的标准硬件存储基础设施之上，无须采用RAID（磁盘冗余阵列），通过在软件层面引入一致性散列技术和数据冗余性，牺牲一定程度的数据一致性来达到高可用性和可伸缩性，支持多租户模式、容器和对象读/写操作，适合解决互联网应用场景下非结构化数据存储问题。

本任务将对 Swift 对象存储组件进行系统学习，剖析 Swift 的特性、典型应用场景和 Swift 组件的支撑技术 CAP 理论。

任务目标

- 了解 Swift 的概念和特性。
- 了解 Swift 应用场景。
- 了解 CAP 理论。

任务实施

走进Swift

一、了解 Swift 的概念

OpenStack Object Storage(Swift)是 OpenStack 开源云计算项目的子项目之一，其目的是使用普通硬件来构建冗余的、可扩展的分布式对象存储集群，存储容量可达 PB 级。

Swift 并不是文件系统或者实时的数据存储系统，而是对象存储，用于永久类型的静态数据的长期存储，这些数据可以检索、调整，必要时进行更新。最适合存储的数据类型的例子是虚拟机镜像、图片存储、邮件存储和存档备份。

Swift 无须采用 RAID，也没有中心单元或主控结点。Swift 通过在软件层面引入一致性哈希技术和数据冗余性，牺牲一定程度的数据一致性来达到高可用性和可伸缩性，支持多租户模式、容器和对象读/写操作，适合解决互联网应用场景下非结构化数据存储问题。

二、了解 Swift 的特性

Swift 不是一个传统的文件系统，也不是一个块存储系统，而是一个可以存放大量非结构化数据的、支持多租户的、可以高扩展的持久性对象存储系统。Swift 通过 REST API 来存放、检索和删除容器中的对象。开发者可以直接通过 Swift API 使用 Swift 服务，也可以通过多种语言的客户库程序中的任何一个进行使用，如 Java、Python、Ruby、PHP 和 C#。

与传统的存储系统不同，Swift 采用的是“数据最终一致”的设计思想。这种设计使得 Swift 可以支持极大数量的并发连接和超量的数据集合。Swift 使用普通的服务器来构建强大的具有扩展性、冗余性和持久性的分布式对象存储集群，存储容量可达 PB 级。高扩展指的是它可以从少数几个存储节磁盘驱动器扩展到可以存放 PB 级数据的几千个存储节点。Swift 可以进行横向扩展，没有单点故障。下面将介绍 Swift 最关键的几个特点和功能。

1. 极高的数据持久性

数据持久性(durability)也可以理解为数据的可靠性，是指数据存储到系统中后数据丢失的可能性。从理论上测算，Swift 在数据复制三份的情况下，数据持久性的 SLA(service-level agreement，服务级别协议)能达到 99.999 999 99%。

Swift 独特的、分布式的架构设计，使其具有极高的数据持久性。为了达到这个级别的数据持久性，每个对象都会在集群存放三个副本。当进行写操作时，只有当其中至少两个副本完成，一个写操作才算成功。运行在后台的审计进程用来保证存储的数据不会出故障,而复制进程则保证每个对象在集群中有足够的副本。当一个设备出现故障时,数据将会复制到集群的其他地方,以确保集群仍然有三个好的副本。

另外,Swift 所具有的可以定义故障区域的能力也可以大幅提高数据持久性。故障区域使得一个集群可以跨物理边界进行部署,每个故障区域之间是不关联的,不会因为一个故障区域而影响到另外一个。也就是说,如果把一个集群部署到多个相邻的数据中心,即使其中的几个数据中心出现故障,也不会影响 Swift 集群的正常工作。

2. 可扩展性

Swift 可以根据数据存储量和用户量进行线性扩展。它可以从几个节点和存储驱动器扩展到 PB 级数据容量的上千个节点,并且系统的性能不会随着访问量的增加以及存储量的扩大而下降。当存储需求增加时可以通过添加存储节点来扩展存储容量;当用户请求量增加时可以在造成网络瓶颈处通过添加代理节点来扩展网络容量。

Swift 的可扩展性有两方面:一是数据存储容量无限可扩展;二是 Swift 性能(如 QPS、吞吐量等)可线性提升。另外,由于 Swift 架构采用完全对称设计,扩容只需简单地添加机器,系统会自动完成数据迁移等工作,促使各存储节点重新达到平衡状态。

3. 高并发

对于一个存储系统来讲,为了能够满足 Web 应用的需要,只有大量的存储空间是不够的,更重要的是存储系统可以支持高度的并发性。Swift 通过采用无共享方法以及其他经过实际验证的高可用技术来提高处理高并发的能力。

4. 完全对称的系统架构

对称是指 Swift 中各节点完全对等,从而极大地降低系统维护成本。在互联网业务大规模应用的场景中,存储的单点故障一直是个难题。例如,数据库,一般的高可用性方法只能做主从,并且"主"一般只有一个。还有一些其他开源存储系统的实现,元数据信息的存储一般只能单点存储,而这个单点很容易成为瓶颈,这个点一旦出现差异,往往影响到整个集群,典型的如 HDFS。而 Swift 的元数据存储是完全均匀随机分布的,并且与对象文件存储一样,元数据会存储多份。另外,整个 Swift 集群中没有一个角色是单点的,并且在架构和设计上保证无单点业务。

5. 硬件设备要求低

Swift 的设计包含了对故障的处理,集群中单个设备的可靠性就变得不那么重要,它可以运行在普通的硬件设备上。Swift 集群可以使用普通桌面机的磁盘驱动器,而不需要使用高端的"企业级"磁盘驱动器,可以根据应用程序对错误的容忍度以及更换故障设备的能力选用不同质量和配置的硬件。

6. 开发的友好性

Swift 可以通过互联网直接使用,可以同时为多个应用提供数据存储服务,从而使开发者专注于应用的开发,而不需要关心数据的存储问题。同时,开发者可以使用越来越多的开源数据和库程序。除了核心功能,Swift 还具有许多灵活方便的其他功能。

1)静态网站托管

用户可以直接使用 Swift 托管静态网站,包含 JavaScript 和 CSS。另外,Swift 还可以提供错误信息页面和自动生成的对象列表。

2)自动作废对象

Swift可以设置对象有效期限,超过期限后它们将不能继续使用,并被删除。该功能的主要目的在于防止过期数据被错误使用以及遵守相关数据保存政策。

3)有时间期限的URL

Swift可以生成具有时间期限的URL。这些URL可以给没有权限的用户提供临时写操作,而不需要把密码告诉对方。

4)资源限量

Swift可以针对容器和账号设置存储空间的上限。

5)直接通过HTML表格上传

用户可以通过HTML表格直接向Swift上传数据,而不需要通过代理节点。

6)版本控制

当用户上传一个新版本对象时,所有旧版本均可保留。

7)多区域读

用户可以通过一个读请求读取对象的一个或多个区域。

8)访问控制列表

用户可通过设置数据的访问权限来控制其他用户对数据的读/写。

7. 管理友好性

Swift之所以能引起IT管理者的关注,在于它可以利用低价的、标准的服务器和磁盘满足高性能高容量的存储要求。使用Swift可以便捷管理更多的数据,使用场景部署新的应用也变得更加简单快捷。最后,Swift高持久性架构能有效避免蝴蝶效应,简单体现在架构优美、代码整洁、实现易懂,没有用到一些高深的分布式存储理论。Swift经测试、分析之后,人们可以放心地将其用于最核心的存储业务上,而不用担心Swift会出现任何安全漏洞,因为所有问题都能通过日志、代码阅读迅速解决。

三、了解Swift应用场景

Swift提供的服务与Amazon S3相同,适用于许多应用场景,特别适合于存放各种非结构化数据,如文档、Web页面、备份、图片、GIS数据和虚拟机快照。因此,Swift可以供各类企业、服务提供商及研究机构使用。

Swift最典型的应用是作为存储引擎,例如,DropBox背后就是使用Amazon S3作为支撑的。在OpenStack中还可以与镜像服务Glance结合,为其存储镜像文件。另外,由于Swift的无限扩展能力,也非常适合用于存储日志文件和数据备份仓库。

1. 常见案例介绍

Swift能用于支持多种用例,如内容存储和分发。它提供了一个高持久性、高可用性的存储服务,不论是Web应用,还是媒体文件。它可以帮助用户将整个存储基础设施迁移到云上,之后,便可以利用Swift的高扩展性以及按时付费的特点来掌控不断增长的存储需求。用户可以直接从Swift分发内容,也可以将Swift作为存储源将内容推送到其他云应用节点。

在传统的存储系统下,如果需要和企业外部的客户共享数据,要么需要给用户复制一份,而这只有在数据量不大比较容易复制时才可以;要么在其他地方有数据的存储副本,但这会带来存储容易而浪费存储空间的问题。Swift提供了一个实用的解决方案可以允许客户在给定时间内共享数据。例如,若媒体内容存放在内部,但需要向客户、渠道合作伙伴或员工提供一些辅助功能,Swift 就是一种很合适的、低成本的提供存储和共享的解决方案。

2. 存储用于数据分析

无论存储的数据是为了医药数据的分析、财务数据的计算和定价,还是照片的大小调整,Swift 都是存储的理想选择。当把数据存储到 Swift 中后,就可以将这些数据发送到 OpenStack 云平台进行计算、调整或者更大规模地分析,而不用承担任何数据传输费用。并且,当分析或处理结束后,可以利用 Swift 选择存储产生的内容。

3. 备份、归档和灾难恢复

Swift 对于关键数据的备份和归档提供了一个高持续性、高扩展性和高安全性的解决方案。可以利用 Swift 的版本控制功能进一步保护存储数据。如果存储的是大型数据集,可以利用 Swift 的导入/导出服务极大地提高传输速率,这无疑是大规模数据进行定期备份、快速检索以及灾难恢复的一种理想方案。此外,还可以定义规则用于归档存储服务对象。通过这些规则可确保数据会自动存储到相应的存储选项,以保证成本、效益的最大化。

4. 静态网站托管

Swift 可以承载静态网站,并具有规模弹性伸缩的功能,是一种廉价的、高度可用的托管解决方案。Swift 能够提供不依赖于硬件的可靠的峰值流量处理能力,其可用性达到 99.99%,持久性达到 99.999999999%。Swift 的网站托管能力对静态内容(如 HTML 文件、虚拟机镜像、视频、JavaScript 等)提供了理想的解决方案。

四、了解 CAP 理论

了解CAP

一个存储系统并不能满足所有的需求,因此需要在各种需求和适用场景中做各种平衡。

1. CAP 理论

2000 年,Eric Brewer 教授指出了著名的 CAP 理论,如图 3-6-1 所示。后来 Seth Gilbert 和 Nancy Lynch 两人证明了 CAP 理论的正确性。CAP 理论指出,一个分布式系统不可能同时满足一致性(consistency)、可用性(availability)和分区容错性(partition tolerance)这三个需求,最多只能同时满足两个。

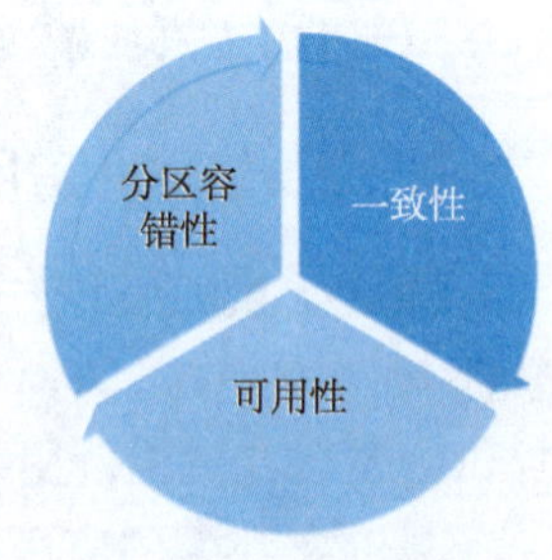

图 3-6-1 CAP 理论

(1)一致性(consistency):系统在执行过某项操作后仍然处于一致的状态。在分布式系统 . 中,更新操作执行成功后所有的用户都应该读取到最新的值,这样的系统被认为具有一致性。

(2)可用性(availability):每一个操作总是能够在一定的时间内返回结果,“一定时间内”是指系统的结果必须在给定时间内返回,如果超时则被认为不可用。

(3)分区容错性(partition tolerance):除了整个网络的故障外,其他的故障(集)都不能导致整个系统无法正确响应。分区容错性可以理解为系统存在网络分区的情况下仍然可以接受请求(满足一致性和可用性)。这里网络分区是指由于某种原因网络被分成若干个孤立的区域,而区域之间互不相通。

2. 一致性种类

由于异常会发生,分布式存储系统设计时往往会将数据冗余存储多份,每一份称为一个副本。这样，如果某一个节点出现故障，就可以从其他副本上读到数据。实际上可以说，副本是分布式存储系统容错技术的唯一手段。但是，由于多个副本的存在，如何保证副本之间的一致性就成了整个分布式系统的核心问题。

一致性可以从两种视角去看待。第一种是客户或者开发者的视角，即客户端读/写操作是否符合某种特性。此种情况下，客户或者开发者更加关注的是如何观察到系统的更新。另外一种视角是服务器端视角，即存储系统的多个副本之间是否一致，更新的顺序是否相同，等等。此种情况下，主要关注的是更新操作如何在系统中得到执行，以及系统对更新操作提供什么样的一致性保证。

通过以下场景描述一致性种类，这个场景中包括一个存储系统和三个进程 A、B、C。存储系统可以理解为一个黑盒子，提供了可用性和持久性的保证。A、B 以及 C 主要实现对存储系统的 Write 和 Read 操作，并且它们之间是相互独立的。

1）客户端一致性

从客户端的角度来看，一致性包含如下三种情况。

（1）强一致性：假如 A 先写入了一个值到存储系统，存储系统保证后续 A、B、C 的读取操作都将返回最新值。

（2）弱一致性：假如 A 先写入了一个值到存储系统，存储系统不能保证后续 A、B、C 的读取操作能读取到最新值。

（3）最终一致性：最终一致性是弱一致性的一种特例。假如 A 首先写了一个值到存储系统，存储系统保证如果在 A、B、C 后续读取之前没有其他写操作更新同样的值，最终所有的读取操作都会读取到 A 写入的最新值。此种情况下有一个“不一致性窗口”的概念，它特指从 A 写入值，到后续操作 A、B、C 读取到最新值这一段时间。

2）服务器端一致性

从服务器端的角度看，一致性主要包含如下几方面：

（1）副本一致性：存储系统的多个副本之间的数据是否一致，不一致的时间窗口等。

（2）更新顺序一致性：存储系统的多个副本之间是否按照相同的顺序执行更新操作。

一般来说，存储系统可以支持强一致性，也可以为了性能考虑只支持最终一致性。为了说明服务器端一致性要求，首先要明确几个概念。

N：同一数据副本的总个数。

W：更新数据时需要确认更新成功的数据副本的个数。

R：读取数据时读取的数据副本的个数。

如果 $W+R>N$，那么分布式系统就会提供强一致性的保证，因为读取数据的副本和被同步写入的副本是有重叠的。假如 $N=2$，那么 $W=2$，$R=1$ 此时是一种强一致性，但是这样造成的问题就是可用性降低，因为要想写操作成功，必须要等两个数据副本都完成以后才可以。

在分布式系统中，一般都要有容错性，因此一般 N 都是大于或等于 3 的。此时根据 CAP 理论，一致性、可用性和分区容错性最多只能满足两个，需要在一致性和可用性之间做一个平衡。如果要高的一致性，就配置 $W=N$，$R=1$，这时可用性就会大幅降低。如果想要高的可用性，就需要放松一致性的要求，此时可以配置 $W=1$，这样使得写操作延迟最低，同时通过异步的机制更新剩余的 $N-W$ 个节点。

当分布式系统保证的是最终一致性时，存储系统的配置一般是 $W+R<=N$，此时读取和写

入操作是不重叠的，不一致性的窗口就取决于存储系统的异步实现方式，不一致性的窗口大小也就等于从更新开始到所有的节点都异步更新完成之间的时间。

3. CAP 理论的应用

CAP 是在分布式环境中设计和部署系统时所要考虑的三个重要的系统需求。根据 CAP 理论，数据共享系统只能满足这三个特性中的两个，而不能同时满足全部三个条件。因此系统设计者必须在这三个特性之间做出权衡。

在 CAP 理论的指导下，架构师或者开发者应该清楚，当前架构和设计的系统真正的需求是什么，系统到底关注的是可用性，还是一致性的需求。如果系统关注的是一致性（如银行记账系统），那么对可访问性和分区容错性的要求必须有一个需要降低。而如果关注的是可用性，就需要接受偶然的不一致性，应该知道系统的 Read 操作可能不能精确地读取到 Write 操作写入的最新值。因此，系统的关注点不同，相应的策略也是不一样的。只有真正地理解了系统的需求，才有可能利用好 CAP 理论。

而对于分布式数据系统，一般来讲分区容错性是基本要求，否则就失去了价值。因此，设计分布式数据系统，就是在一致性和可用性之间取一个平衡。对于大多数 Web 应用，其实并不像银行系统那样需要很强的一致性，因此牺牲一致性而换取高可用性，是目前多数分布式数据系统的方向。

但是，牺牲一致性并不是完全放弃数据的一致性，否则系统中的数据将是混乱的，系统可用性再高，分布式再好也没有价值。牺牲一致性，只是不再要求数据的强一致性，而是只要系统能达到最终一致性即可，考虑到客户体验，这个最终一致的时间窗口要尽可能地对用户透明，也就是需要保障“用户感知到的一致性”。通常是通过数据的多份异步复制来实现系统的高可用和数据的最终一致性，“用户感知到的一致性”的时间窗口则取决于数据复制到一致状态的时间。

在系统开发过程中，根据 CAP 理论，可用性和一致性在一个大型分区容错的系统中只能满足一个，因此为了高可用性，必须降低一致性的要求，但是不同的系统保证的一致性还是有差别的，这就要求开发者要清楚自己用的系统提供什么样的最终一致性的保证。一个非常流行的例子就是 Web 应用系统，在大多数的 Web 应用系统中都有“用户可感知一致性”的概念，也就是说，最终一致性中的“一致性窗口”大小要小于用户下一次的请求，在下次读取操作之前，数据可以在存储的各个节点之间复制。

CAP 理论的表述很好地服务了它的目的，即开阔设计师的思路，在多样化的取舍方案下设计出多样化的系统。在过去的十几年里确实涌现了不计其数的新系统。Swift 存储系统的目的是为处理大量非结构化数据的应用服务。根据应用的需求，Swift 只提供“最终一致性”，而不是“强一致性”。按照 CAP 理论，Swift 牺牲了一致性，从而提高了可用性和分区容错性。

任务小结

本任务对开源对象存储系统 Swift 进行了介绍，包括：

(1) Swift 的应用场景：引擎、普通存储、数据分析、备份和托管等。

(2) Swift 的特性：主要包括数据持久性、对称架构等七个。

(3) CAP 分布式存储架构的基础经典理论。

任务七 浅析 Swift 工作原理

任务描述

Swift 牺牲一定程度的数据一致性，来达到高可用性和可伸缩性，支持多租户模式、容器和对象读/写操作，适合解决互联网应用场景下非结构化数据存储问题。因为其完全的开放性、广泛的用户群和社区贡献者，Swift 可能会成为云存储的开放标准，从而打破 Amazon S3 在市场上的垄断地位，推动云计算朝着更加开放和可互操作的方向前进。

通过本任务将对 Swift 的概念、工作原理进行系统学习，剖析 Swift 的总体架构以及虚节点和环的工作原理。

任务目标

- 了解 Swift 的核心概念及架构。
- 理解 Swift 的工作原理。

任务实施

一、了解核心概念

1. Swift URL

对 Swift 的服务请求都是通过 REST API 用 URL 的方式进行的。一个 Swift URL 包含三部分：账号、容器名、对象名，如 http://swift. ××××. com/v1/account/container/object。

2. 账号

账号代表一个使用存储系统的用户。Swift 通过创建账号使多个用户和应用可以同时并发地使用存储系统。

3. 容器

Swift 账号创建和存储数据到各个容器里。容器用来把一个账号所属的对象进行分组。容器类似于文件系统中的目录，对象类似于文件系统中的文件。但是，在 Swift 存储系统中，容器只有一级。

Swift 存储系统的每一个账号都有一个数据库用来记录该账号所包含的所有容器的信息。同样，每一个容器都有一个数据用来记录该容器所包含的所有对象的信息。需要指出的是，账号数据库只记录有关容器的信息，如容器的名称、容器的创建日期等元数据，而不包含容器。与此相同，容器数据库内只记录有关对象的元数据，而不包含对象的数据。

账号数据库可以用来列出该账号包含哪些容器，而容器数据库可以用来列出该容器包含那些对象。但是，当用户访问容器或对象时，并不需要使用这些数据库，而是直接对容器或对象进行访问。

一个 Swift 账号可以创建的容器的个数是没有限制的。同一个账号内容器的名称必须不同,但是不同账号间的容器名称可以相同。图 3-7-1 所示为 Swift 容器示意图。

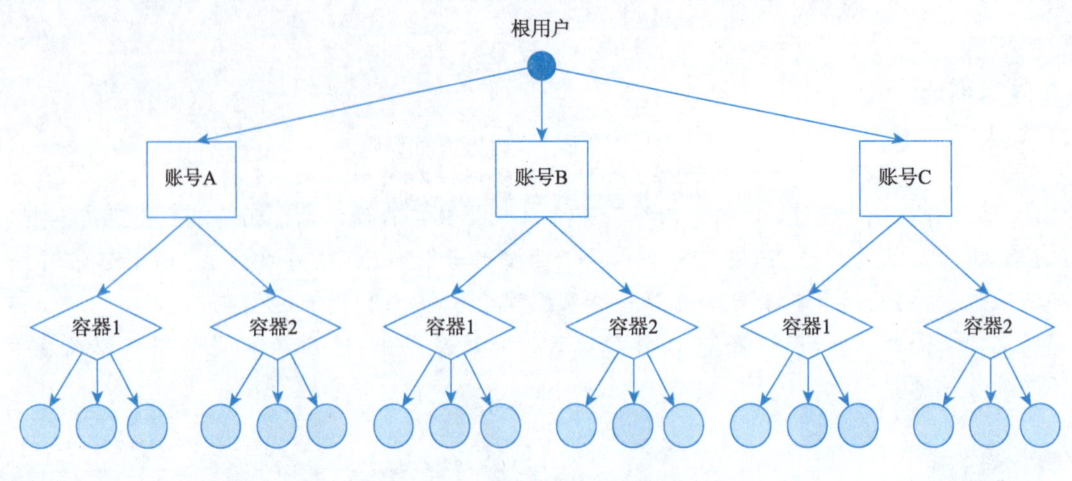

图 3-7-1 Swift 容器示意图

4. 对象

对象就是存储在 Swift 系统中的真正数据。数据可以是照片、录像、文档、日志、数据库备份、文件系统的快照,或者其他非结构化的数据。

5. Swift API

对 Swift 存储系统的请求都是通过 Swift 的 REST API 来进行的。对象的更新、上传、下载和删除都是通过使用 HTTP 协议的 PUT、GET、POST 和 DELETE 来完成的。

要下载一个对象,可以通过对该对象的 URL 发送一个 GET 请求来完成的。例如,http://swift. acgn. com/v1/account/container/object。

要列出一个容器中所有对象的名称,可以通过给该容器的 URL 发送一个 GET 请求来完成。例如,http://swift. acgn. com/v1/account/container/。

要列出一个账号中所有容器的名称,可以通过给该账号的 URL 发送一个 GET 请求来完成。例如,http://swift. acgn. com/v1/account/。

上传对象是通过给对象的 URL 发送 PUT 请求来完成的。更改对象和容器的元数据需要通过 POST 请求进行,而删除对象和容器则通过 DELETE 请求来完成。

应用程序可以通过 Swift API 直接和 Swift 存储系统通信,也可以通过相应语言的客户端程序使用 Swift 存储系统。几乎所有的比较流行的程序语言都已经有 Swift 的客户端程序库,如 Java、Python、Ruby 和 C#。

另外,用户也可以使用 Swift 的命令行(CLI)、Web 界面上传和管理存储在 Swift 系统中的对象。

二、了解 Swift 的总体架构

Swift 存储系统最基本的模块有两个:代理服务器(proxy server)和存储服务器(storage server)。代理服务器负责把用户请求分发给合适的服务器,存储服务器负责存放实际的数据。图 3-7-2 所示为 Swift 的总体架构。

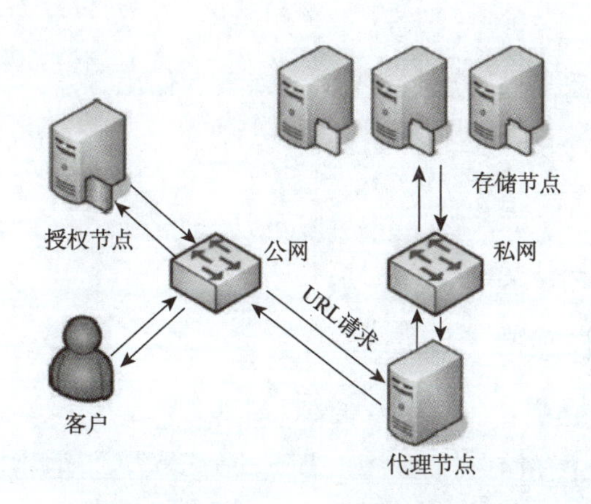

图 3-7-2 Swift 的总体架构

1. 代理服务器

代理服务器是 Swift 存储系统对外的接口,负责接收和代理对 Swift 的所有请求。代理服务器是一个实现 Swift REST API 的 HTTP 服务器。同时,代理服务器负责 Swift 集群中其余组件的相互通信。对于客户端的请求,它将在系统中查询账号、容器或者对象的存储位置,然后把请求转发给它们。作为 Swift 存储系统中唯一与客户端进行直接通信的服务器,代理服务器负责调配所有存储服务器,并且回答客户端的请求。进入和离开代理服务器的所有消息采用的都是标准的 HTTP 操作和代号。

每接收到一个请求,代理服务器首先通过请求的 URL 来确定应该把该请求转发给哪个存储节点。代理服务器也负责调配对请求的回答、处理错误以及协调时间戳。

为了保证数据的持续性,Swift 会对每一个对象的数据存储多份(通常是 3 份)。代理节点负责协调客户端的读/写请求,并负责实现对数据读/写正确性的保证。当处理客户端的写请求时,代理服务器只有在已经肯定该对象的数据已经成功地存放到大多数存储节点的磁盘后才会给客户端返回成功的信息。

2. 存储服务器

Swift 的存储服务器为整个存储集群提供磁盘存储空间。Swift 存储系统有三类存储服务器:账号、容器和对象。账号存储服务器和容器存储服务器提供了对命名空间进行划分和列表的功能。图 3-7-3 所示为存储服务器示意图。

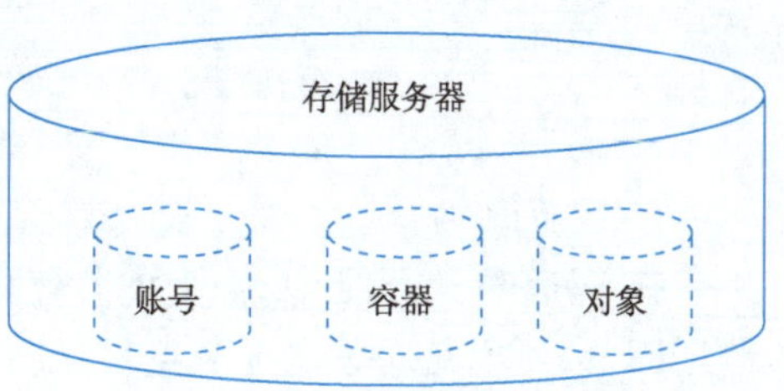

图 3-7-3 存储服务器

1)账号存储服务器

账号存储服务器提供该账号所拥有的所有容器服务器的列表。这些列表是用 SQLite 数据库实现的,并且会在整个系统中存放多个副本。一个账号的数据库记录了该账号拥有的所有容器的清单。一般来讲,一个用户在一个集群里只能使用一个 Swift 账号,并且对该账号的命名空间具有完全的控制权。

2)容器存储服务器

容器存储服务器的主要工作是处理对象的列表,它并不知道对象存储在哪里,只知道该容器里存放有哪些对象。这些对象的信息以 SQlite 数据库文件的形式存储,和对象一样,该数据库也在集群上有多个备份。另外,容器存储服务器还做一些跟踪统计,如对象的总数、容器的使用情况。

3）对象存储服务器

对象存储服务器为对象提供磁盘存储空间。对象存储服务器是一个简单的二进制大对象存储服务器，可以用来存储、检索和删除本地设备上的对象。在Swift存储系统中，每个对象作为一个单一文件存放在磁盘上，对象的元数据存放在文件的扩展属性中。这个简单设计的优点是可以把对象的数据和元数据存放在一起，并且可以作为一个单元进行复制。这就要求用于对象服务器的文件系统需要支持文件有扩展性。

三、理解Swift的工作原理

Swift存储系统工作原理的核心是虚节点（partition space）和环（ring）。虚节点把整个集群的存储空间划分成几百万个存储点，而环把虚节点映射到磁盘上的物理存储点。复制进程则保证数据会合理地复制到每个虚节点。图3-7-4所示为Swift工作原理示意图。

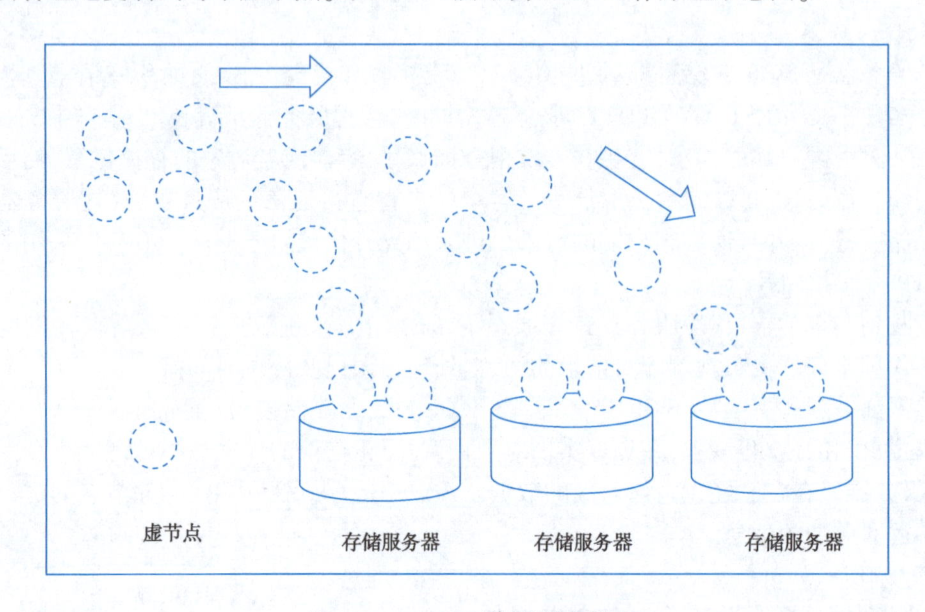

图3-7-4　Swift工作原理示意图

1. 虚节点

在Swift存储系统中，一个虚节点用来存储一批需要存放的数据，可以是账号数据库、容器数据库，也可以是对象。虚节点是复制系统的核心，可以把虚节点想象成仓库里流动的放客户订单的文件盒，每个订单放到一个文件盒中。存储系统把文件盒看成一个在系统中移动的整体。对于整个系统来讲，处理放满订单的文件盒比处理数量大得多的一个个订单要简单得多。这样一来，在系统中移动的部件就会少很多。并且当系统扩展时，虚拟点的个数也是不会改变的，从而能够保证整个系统不会因为扩展而变得难以管理。实现虚节点的管理也很简单，可以把虚节点看成一个存放在磁盘上的目录，该目录有一个能映射到它所包含内容的哈希表。

在Swift存储系统中，所有的数据都存放在虚节点中。

2. 环

环把虚节点映射到磁盘上的物理地址。当任何一个模块需要对账号、容器或对象进行操作时，它们需要通过环来确定账号、容器或对象在集群中的地址。环通过使用区域、设备、虚节点以及副本等来维护这个映射。

每个在环上的虚节点都会在集群中被复制三次(默认值),每个虚节点的地址都记录在环的映射中。当有存储设备出现故障时,环还负责确定哪个设备用来接受请求。

环使用了区域的概念来保证数据的隔离。每个虚节点的副本都确保放在了不同的区域中。一个区域可以是一个磁盘、一个服务器、一个机架、一个交换机,甚至是一个数据中心,如图3-7-5所示。

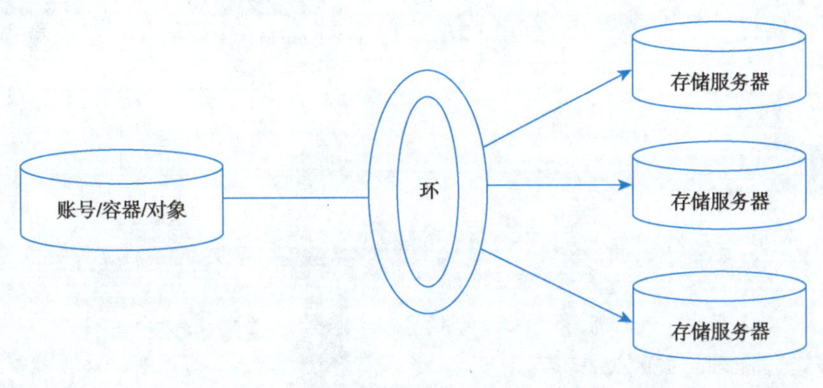

图3-7-5 环的应用

在安装Swift时,环上的虚节点会均衡地划分到所有的设备中。当新的存储容量添加到集群时,虚节点带着其数据将会重新安排,并重新分配到新添加的存储空间里。经过调整后,数据会重新均匀分布到整个系统中。

当有新的设备加入后,新加入的设备上还没有任何虚节点,从而造成虚节点分配得不均衡。这时,环会自动移动一些虚节点到新添加的存储设备中,以便达到新的平衡。但是,过多地移动虚节点会带来大量的数据流动,从而引起整个存储系统的不稳定。因此,Swift采用了优秀的算法来确保通过移动最少数量的虚节点来重新达到平衡,并且对一个虚节点来讲,只会移动其中的一个副本。同样,当原有的存储设备从swift集群中移出进行维修时,需要其他存储设备来接收原来存放在该存储设备上的虚节点。如何能够通过移动最少数量的虚节点来保证虚节点在剩余设备上的均衡,也是一个需要解决的问题。图3-7-6所示为添加设备示意图。

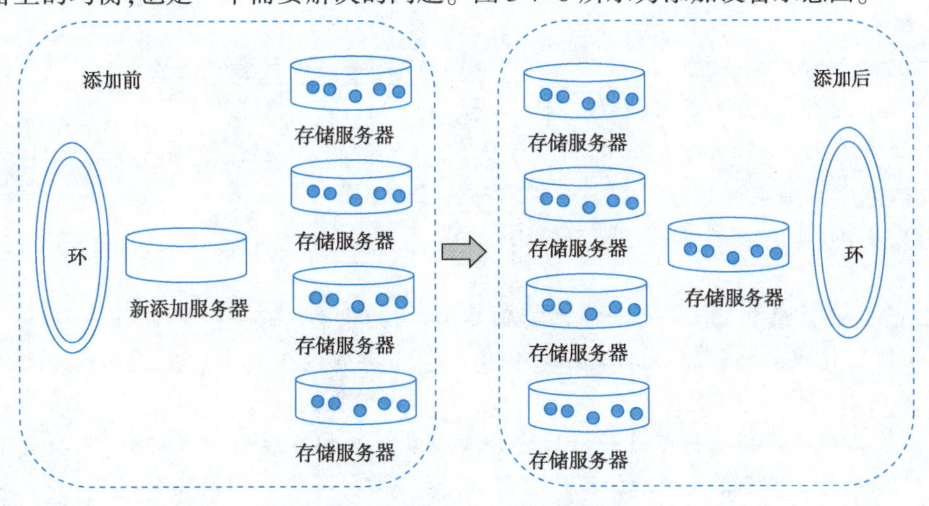

图3-7-6 添加设备示意图

一般来讲，很难保证整个 Swift 集群中的设备都具有同样的存储容量，所以如果在分配虚节点时不考虑存储容量大小，就会带来容量小的设备需要存放和比它的容量大得多的设备同样多的虚节点，从而造成虚节点所得到的存储容量不同的问题。为了避免这个问题，Swift 引进了“权重”的概念用来平衡集群中虚节点在驱动上的分布。权重大的存储设备将比权重小的存储设备分配到更多的虚节点。例如，设置有 10 TB 容量的存储设备的权重是 2，有 5 TB 的存储设备的权重为 1，那么，分配到有 10 TB 容量的存储设备上的虚节点个数就会是 5 TB 容量存储设备的 2 倍。由此可知，权重在不同大小的驱动器被用于集群中时显得非常有用。

任务小结

本任务对 Swift 的工作原理进行了剖析，包括：

（1）Swift 的几个核心概念：账号、容器、对象、URL。

（2）Swift 的总体架构：代理服务器、存储服务器（账号容器对象）。

（3）Swift 工作原理：虚节点、环等。

（4）Swift 的一致性服务器：审计器、复制器和更新器。

※思考与练习

一、填空题

1. 在云计算的应用环境下，用户只需一台有＿＿＿＿＿＿的终端，连上网络，即可使用云计算服务。

2. 由于云计算技术的引入，使得 IT 应用、产品、服务的成本显著＿＿＿＿＿＿（升高/降低）。

3. 云存储是在＿＿＿＿＿＿概念上延伸和衍生发展出来的一个新的概念。

4. 云存储系统可以在系统运行过程中简单地通过＿＿＿＿＿＿或＿＿＿＿＿＿节点来自由扩展和缩减

5. 传统的存储系统一般通过＿＿＿＿＿＿（RAID）来提供数据冗余技术。

6. 盘阵样式有三种：一是外接式盘阵；二是＿＿＿＿＿＿；三是利用＿＿＿＿＿＿来仿真。

7. 为了具有 RAID5 级的冗余度，需要最少＿＿＿＿＿＿块磁盘组成的磁盘阵列。

8. 系统或程序通过＿＿＿＿＿＿寻找正确的文件数据块。

9. 对于 Linux 中的文件而言，rwx 分别指的是＿＿＿＿＿＿、＿＿＿＿＿＿、＿＿＿＿＿＿权限。

10. DAS 是目前最常见的一种计算机存储类型，它的中文意思是＿＿＿＿＿＿。

11. 快照的作用主要是能够进行在线数据恢复，当存储设备发生应用故障或者文件损坏时可以进行及时数据恢复，将数据恢复成＿＿＿＿＿＿时间点的状态。

12. 结构化数据是指数据经过分析后可分解成多个互相关联的组成部分，各组成部分间有明确的＿＿＿＿＿＿，其使用和维护通过数据库进行管理，并有一定的操作规范。

二、选择题

1. CAP 理论的 C 是指(　　)。

A. 一致性　　B. 可用性　　C. 分区容错性　　D. 可管理性

2. CAP 理论的 A 是指(　　)。

A. 一致性　　B. 可用性　　C. 分区容错性　　D. 可管理性

3. CAP 理论的 P 是指(　　)。

A. 一致性　　B. 可用性　　C. 分区容错性　　D. 可管理性

4. Swift 牺牲一定程度的(　　),来达到高可用性和可伸缩性。

A. 数据一致性　　B. 容错性　　C. 可用性　　D. 可管理性

5. 依据虚拟化实现的位置不同,存储的虚拟化还可以分为基于主机的、基于存储设备的,以及基于(　　)的虚拟化。

A. 网络　　B. 设备　　C. 系统　　D. 软件

三、判断题

1. SDS 系统可以高效地管理存储规模,提高基础设施的运营效率。(　　)

2. 对 Swift 存储系统的请求都是通过 Swift 的 REST API 来进行的。(　　)

3. DAS 是一种采用直接与网络介质相连的特殊设备实现数据存储的机制。(　　)

4. 存储区域网络(SAN)是指存储设备相互连接且与一台服务器或一个服务器群相连的网络。(　　)

5. Swift 通过采用无共享(share-nothing)方法以及其他经过实际验证的高可用技术来提高处理高并发的能力。(　　)

四、简答题

1. 简述分布式存储的特性。
2. 什么是云存储?
3. 简述云存储底层架构。
4. 简述云存储系统的动态伸缩性。
5. 简述什么是卷。
6. 简述 DAS 存储架构。
7. 简述 NAS 存储架构。
8. 简述 SAN 存储架构。
9. 简述 Swift 系统。
10. 简述 Swift 特性。

工程现场

一、案例背景

在某视频网站中,采用 Swift 存储技术,对海量的视频文件数据进行存储。

二、问题描述

采用 Swift 存储架构,构建视频系统存储平台。

三、分析与对策

OpenStack Swift 是一个分布式对象存储系统,可以为大规模的数据存储提供高可用性、可扩展性和数据安全性,基于 Swift 存储系统构建视频文件数据存储平台。

四、处理结果

根据视频文件规模,规划设计存储系统,部署存储平台。

五、总结提炼

OpenStack Swift 可以为用户提供永久、海量、可靠的云存储服务。

实践篇

引言

1970 年,IBM 的研究员"关系数据库之父"埃德加·弗兰克·科德(E. F. Codd)发表了题为 *A Relational Model of Data for Large Shared Data Banks*(大型共享数据库的关系模型)的论文,首次提出了数据库的关系模型。

存储结构化数据的关系数据库,从 Access、FoxBase、DBase 桌面数据库到 Oracle、DB2、Sybase 客户机/服务器数据库,各种存储产品如雨后春笋迅速推出。

随着数据量的爆发式增长和业务应用场景的复杂变化,传统数据存储技术已经不能够满足客观需求,特别是 5G 技术的普及、智慧应用的深入,给大数据存储技术和存储架构提出了新的要求。

Hadoop 和各种开源存储技术框架的发展,使得大数据存储技术日益成熟;结构化数据、半结构化数据、非结构化数据存储应用日益普及。

起源于加利福尼亚大学伯克利分校的 PostgreSQL 作为世界上最先进的开源数据库,已经有 30 多年的历史,并且以无与伦比的开发速度继续发展。PostgreSQL 的成熟功能不仅与顶级商业数据库系统匹配,而且在高级数据库功能、可扩展性、安全性和稳定性方面超过了它们。

源自 Postgres 关系数据库的 Greenplum,打开了 MPP 并行计算和并行存储领域的大门,社区日益壮大;而基于 Hadoop 技术架构的 NoSQL 技术更加促进了大数据存储的发展。

学习目标

- 理解结构化数据存储技术路线。
- 掌握 PostgreSQL 存储技术。
- 掌握 MPP 并行数据存储架构。
- 理解 NoSQL 存储技术。

知识体系

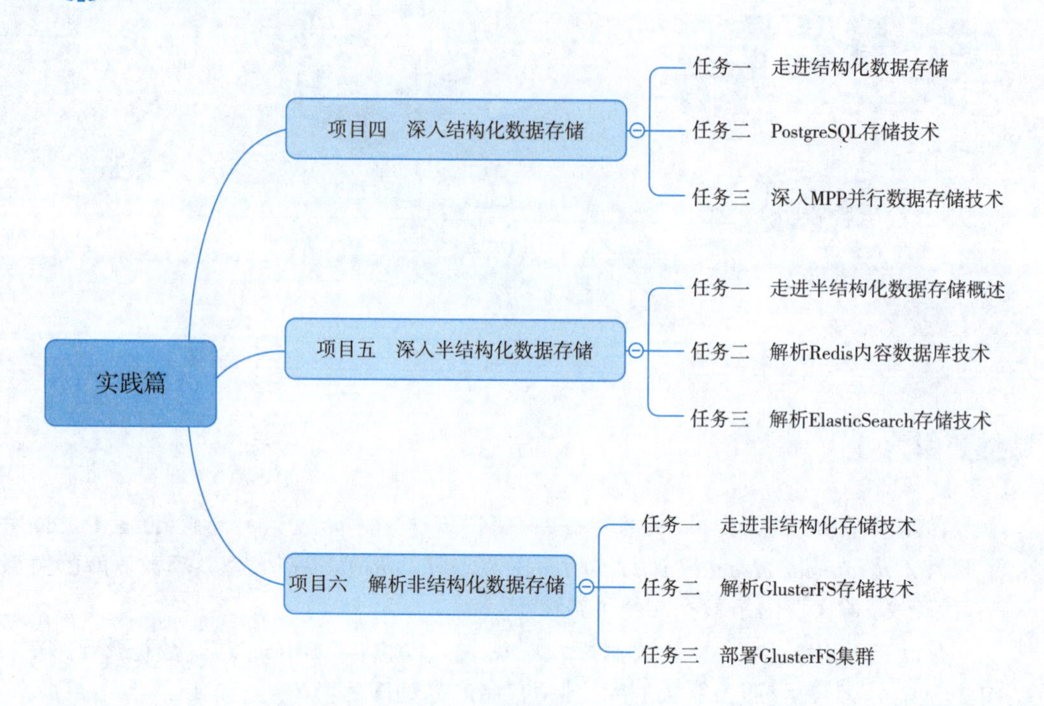
实践篇
项目四　深入结构化数据存储
任务一　走进结构化数据存储
任务二　PostgreSQL存储技术
任务三　深入MPP并行数据存储技术
项目五　深入半结构化数据存储
任务一　走进半结构化数据存储概述
任务二　解析Redis内容数据库技术
任务三　解析ElasticSearch存储技术
项目六　解析非结构化数据存储
任务一　走进非结构化存储技术
任务二　解析GlusterFS存储技术
任务三　部署GlusterFS集群

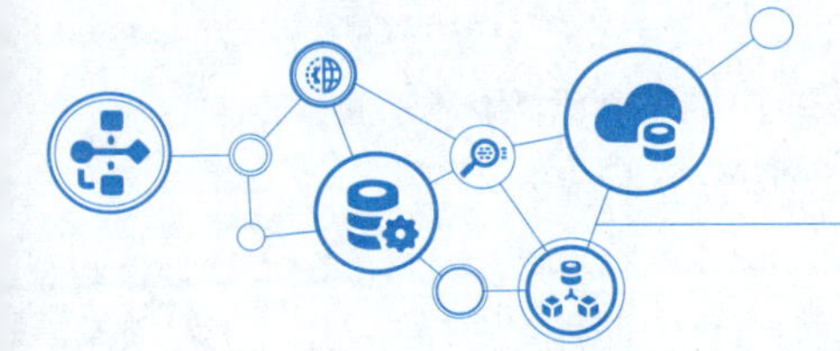

项目四 深入结构化数据存储

任务一 走进结构化数据存储

任务描述

结构化数据是大数据存储系统中非常重要的部分。本任务从结构化数据存储的概念出发，学习了典型结构化数据存储 PostgreSQL 和 Greenplum 的概念及特点，着重讲解了两个数据库的命令行管理、DDL、DML 相关操作，并介绍它们在实际项目中的应用场景。

任务目标

- 了解结构化数据存储和关系数据库。
- 掌握结构化数据存储技术。

任务实施

本任务从认识结构化数据、关系数据库和结构化查询语言（SQL）开始。

一、了解结构化数据存储和关系数据库

结构化数据也称为行数据，是由二维表结构来逻辑表达和实现的数据，严格地遵循数据格式与长度规范，主要通过关系型数据库进行存储和管理。

1. 结构化数据

结构化数据是指可以使用关系型数据库表示和存储，表现为二维形式的数据。通常，采用 SQL 来操作结构化数据。

典型的结构化数据包括身份证号码、日期、数量、金额、地址、电话等。结构化数据通常以行为单位，一行数据表示一个实体的信息，每一行数据的属性是相同的。

主要应用领域：教务系统、学工系统、CRM 系统、一卡通系统等。

5G背景下的万物互联时代,非结构化、半结构化数据的规模比结构化数据要多。也许大家会疑惑,学习和研究结构化数据有什么价值和意义呢?

首先,大部分信息系统的建设沉淀了海量的结构化数据。

其次,对半结构化和非结构化数据进行转换和特征提取输出海量的结构化数据。

再次,发挥成熟的结构化数据存储系统的优势,弥补大数据平台系统的不足。

2. 关系数据库

在关系数据库(RDBMS)诞生之前,软件开发人员经常需要创建使用数据的应用程序。这些应用程序需要对各类业务应用中的数据进行存储、更改和检索。虽然各个应用程序中的数据不同,但是功能需求一致,即数据存储、数据更改和数据检索。程序员发现很难实现数据的共享,即使打算共享,也会非常费力耗时,因此亟须改进。

1970年,IBM公司圣约瑟研究室的高级研究员E. F. Codd博士发表了《大型共享数据库的关系模型》论文,用关系理论构建数据模型,对数据库进行描述、设计和操纵。

E. F. Codd博士的关系数据模型的提出,立即在业界引起轰动,很快开发出各种关系数据库系统,并迅速占领市场。

1970年以后,E. F. Coff博士继续致力于关系理论。1972年,E. F. Coff博士提出了关系代数和关系演算,并定义了关系的并、交、投影、选择、连接等基本运算。关系代数的完善和发展为结构化查询语言奠定了坚实的理论基础。

建立在关系代数基础上的关系数据模型通常以实体-关系(entity-relationship,E-R)对数据关系进行表达。典型的关系数据库如PostgreSQL、MySQL等。

3. 结构化查询语言

结构化查询语言(structured query language,SQL)从功能上可以分为三部分:数据定义语言(data definition language,DDL)、数据操纵语言(data manipulation language,DML)和数据控制语言(data control language,DCL)。

1)SQL

SQL是一门ANSI(美国国家标准学会)的标准计算机语言,用来访问和操作数据库系统。SQL语句用于对数据库进行定义、操纵和控制,可与数据库程序协同工作,如IBM DB2、Oracle、MS Access、DB2、Informix、MS SQL Server、Oracle、Sybase以及其他数据库系统。

2)DDL

SQL中的最重要的DDL(数据定义语言)包括:

(1)CREATE DATABASE:创建新数据库。

(2)ALTER DATABASE:修改数据库。

(3)CREATE TABLE:创建新表。

(4)ALTER TABLE:变更(改变)数据库表。

(5)DROP TABLE:删除表。

(6)CREATE INDEX:创建索引(搜索键)。

(7)DROP INDEX:删除索引。

3)DML

查询和更新指令构成了SQL的DML部分:

(1)SELECT:从数据库表中获取数据。

(2)UPDATE:更新数据库表中的数据。

(3)DELETE:从数据库表中删除数据。

(4)INSERT INTO:向数据库表中插入数据。

4)DCL

DCL以控制用户的访问权限为主。

二、掌握结构化数据存储技术

大数据结构化数据存储技术有三种:采用关系数据库存储架构;采用MPP数据存储架构;基于Hadoop的技术扩展和封装。

大数据结构化数据存储技术已经广泛应用于行业内各种数据库,锁定行业应用特性,提供数据存储整体解决方案,如华为GaussDB数据库、中兴GoldenDB分布式数据库、南大通用GBase数据库、TiDB数据库、武汉达梦数据库、人大金仓KingbaseES数据库等。

1. 关系数据库存储架构

采用关系数据库存储架构技术来存储结构化数据,通过对关系数据库系统的优化来解决大数据工程项目中海量数据的存储和大量用户的并行访问问题。例如:

(1)对开源关系数据库MySQL进行优化,构建MySQL数据库集群来存储海量结构化数据。

(2)部署开源关系对象数据库PostgreSQL系统,构建海量结构化数据存储系统。

2. MPP数据存储架构

MPP(massively parallel processing,大规模并行处理)架构是一种分布式数据处理技术,能够通过将工作负载分散到多个节点上来提高数据处理性能。

3. Hadoop技术扩展和封装

Hadoop开源大数据技术的扩展和封装,衍生出适合特定应用场景的存储系统和存储产品。

任务小结

通过本任务的学习,可认识什么是结构化数据、关系数据库和结构化查询语言;对结构化数据的存储技术进行了系统的探讨和学习。

任务二　深入PostgreSQL存储技术

任务描述

PostgreSQL是开源免费的对象-关系型数据库管理系统(ORDBMS),以加州大学计算机系开发的POSTGRES 4.2版本为基础,PostgreSQL团队旨在打造“世界上最先进的开源关系数据库”。PostgreSQL许可证灵活,任何人都可以任何目的免费使用、修改和分发PostgreSQL。

本任务将系统地学习PostgreSQL存储技术。

任务目标

- 了解 PostgreSQL 特性。
- 掌握 PostgreSQL 安装配置。
- 理解 PostgreSQL 数据库设计、数据操作。

任务实施

一、了解 PostgreSQL

PostgreSQL
数据库基础

PostgreSQL 是一个强大的、开源的对象关系数据库系统,经过 30 多年的积极开发,在可靠性、功能健壮性和性能方面赢得了很高的声誉。PostgreSQL 可以运行在所有的主流操作系统上,包括 Windows、Linux 和 UNIX。

1. PostgreSQL 介绍

PostgreSQL 是以加州大学伯克利分校计算机系开发的 POSTGRES 4.2 为基础的对象关系型数据库管理系统(ORDBMS)。POSTGRES 领先的许多概念在很久以后才出现在一些商业数据库系统中。

2. PostgreSQL 特性

PostgreSQL 支持大部分 SQL 标准并且提供了许多新特性:复杂查询、外键、触发器、可更新视图、事务完整性、多版本并发控制。

PostgreSQL 可以用许多方法扩展,例如,通过增加新的数据类型、函数、操作符、聚集函数、索引方法、过程语言进行扩展。

二、掌握 PostgreSQL 安装配置

1. Windows 版本安装

(1)下载安装介质:从官网下载 EnterpriseDB 版本。

(2)开始安装:双击从官方下载的软件安装包,开始安装。

(3)选择需要安装的组件包。

(4)设置 PostgreSQL 数据库超级用户密码。

(5)设置 PostgreSQL 数据库端口号。

2. Linux 版本安装

1)安装准备

(1)CentOS 版本:CentOS-7-x86_64-Minimal-1810。

(2)PostgreSQL 版本:PostgreSQL 10.10,64-bit。

(3)安装 RPM 文件:

```
yum install https://download.postgresql.org/pub/repos/yum/reporpms/EL-7-x86_64/-
pgdg-redhat-repo-latest.noarch.rpm
```

2)安装客户端

```
yum install postgresql10
```

3)安装服务端

```
yum install postgresql10-server
```

4)初始化

```
usr/pgsql-10/bin/postgresql-10-setup initdb
```

5)设置自动启动并且启动 PostgreSQL 服务

```
systemctl enable postgresql-10
systemctl start postgresql-10
```

3. PostgreSQL 基础操作

1)进入 psql

```
~ $ psql
psql (10.10.0)
Type "help" for help.
postgres = #
```

2)退出 psql

```
\q
```

三、掌握 PostgreSQL 数据类型

PostgreSQL 提供了丰富的数据类型。同时,用户还可以使用 CREATE TYPE 命令来创建新的数据类型。PostgreSQL 典型的数据类型包括:

1. 数值类型

PostgreSQL 数值类型由 2 B、4 B 或 8 B 的整数以及 4 B 或 8 B 的浮点数和可选精度的十进制数组成。

PostgreSQL 典型的数值类型:smallint、integer、bigint、decimal、numeric、double precision、smallserial、serial、bigserial。

2. 货币类型

货币类型存储带有固定小数精度的货币金额。

3. 字符类型

字符类型见表 4-2-1。

表 4-2-1　字符类型

类　型	描　述
character varying(n), varchar(n)	变长,有长度限制
character(n), char(n)	定长,不足补空白
text	变长,无长度限制

4. 日期/时间类型

日期/时间类型见表4-2-2。

表4-2-2　日期/时间类型

类　型	存储空间	描　述
timestamp[(p)][without time zone]	8B	日期和时间(无时区)
timestamp[(p)]with time zone	8B	日期和时间,有时区
date	4B	只用于日期
time[(p)][without time zone]	8B	只用于一日内时间
time[(p)]with time zone	12B	只用于一日内时间,带时区
interval[fields][(p)]	12B	时间间隔

5. 布尔类型

布尔类型有true(真)或false(假)两个状态,第三种unknown(未知)状态用NULL表示。

6. 枚举类型

枚举类型是一个包含静态和值的有序集合的数据类型。使用CREATE TYPE命令创建枚举类型:

```
CREATE TYPE TCOLOR AS ENUM ('红', '黄', '蓝')
```

7. 几何类型

几何类型表示二维的平面物体。

8. 网络地址类型

PostgreSQL提供用于存储IPv4、IPv6、MAC地址的数据类型。

9. 位串类型

位串类型就是一个1和0的串。

10. 文本搜索类型

文本搜索类型即通过自然语言文档的集合找到那些匹配一个查询的检索类型。

11. UUID类型

UUID类型用来存储RFC 4122、ISO/IEF 9834-8:2005,以及相关标准定义的通用唯一识别码(UUID)。

四、理解PostgreSQL数据库设计

1. PostgreSQL数据模型设计

以学生选课为例学习PostgreSQL逻辑模型和物理模型的设计。学生信息表:学号、姓名、性别、年龄、所在系;课程信息表:课程号、课程名、学分;学生选课信息表:学号、课程号、成绩。

1)学生信息表

学生信息表students见表4-2-3。

表4-2-3　学生信息表students

字段名	数据类型	是否允许空	是否主键	描　述
SNo	CHAR(10)	否	是	学号

续表

字段名	数据类型	是否允许空	是否主键	描述
SName	CHAR(10)	否	否	姓名
SGender	CHAR(2)	是	否	性别
SAge	INT	是	否	年龄
SClass	VARCHAR(20)	是	否	班级

2)课程信息表

课程信息表 course 见表 4-2-4。

表 4-2-4　课程信息表 course

字段名	数据类型	是否允许空	是否主键	描述
CNo	CHAR(10)	否	是	课程号
CName	CHAR(50)	否	否	课程名
CRedit	INT	是	否	学分

3)学生选课信息表

学生选课信息表 courseselection 见表 4-2-5。

表 4-2-5　学生选课信息表 courseselection

字段名	数据类型	是否允许空	是否主键	描述
SNo	CHAR(10)	否	是	课程号
CNo	CHAR(10)	否	是	课程名
Score	INT	是	否	成绩

2. 创建 PostgreSQL 数据库

PostgreSQL 通过以下方式创建数据库：

1)CREATE DATABASE SQL

CREATE DATABASE 创建数据库语法：

```
CREATE DATABASE dbname
```

例如：

```
postgres = #CREATE DATABASE bigdata;
CREATE DATABASE
postgres = #
```

2)CREATEDB 命令

CREATEDB 是对 CREATE DATABASE SQL 命令的封装。CREATEDB 语法：

```
CREATEDB [option...] [dbname [description]]
```

3)PGAdmin 工具

PGAdmin 是一个提供了完整操作数据库功能的图形化工具。启动 PGAdmin 工具创建数据库。

3. PostgreSQL 选择数据库

1)查看数据库

PostgreSQL 使用\l 命令查看已经存在的数据库。

```
postgres = #\l
                                          List of databases
Name        | Owner     | Encoding    |  Collate     |  Ctype      |   Access privileges
------------+-----------+-------------+--------------+-------------+-----------------------
bigdata     | postgres |    UFT8     | en_US. utf8  | en_US. utf8 |
postgres    | postgres |    UTF8     | en_US. utf8  | en_US. utf8 |
template0   | postgres |    UTF8     | en_US. utf8  | en_US. utf8 |    =c/postgres    +
template1   | postgres |    UTF8     | en_US. utf8  | en_US. utf8 |    =c/postgres    +
(4 rows)
   postgres = #
```

2)选择数据库

PostgreSQL 使用"\c + 数据库名"选择数据库，这里选择 bigdata 数据库。

```
postgres = #\c bigdata
You are now connected to database "bigdata" as user "postgres".
postgres = #
```

4. PostgreSQL 删除数据库

PostgreSQL 删除数据库有三种方式：

1)DROP DATABASE SQL 语句

PostgreSQL 删除数据库语法：

```
DROP DATABASE [ IF EXISTS ] name
```

例如：

```
postgres = #DROP DATABASE bigdata;
DROP DATABASE
postgres = #
```

2)DROPDB 命令

DROPDB 删除数据库语法：

```
DROPDB [connection-option...] [option...] dbname
```

PostgreSQL
数据库DDL

3)PGAdmin 工具

启动 PGAdmin 工具删除指定的数据库。

五、掌握 PostgreSQL 数据表操作

PostgreSQL 使用 CREATE TABLE table_name 创建数据表；使用"drop table table_name"删除数据表。

1. 创建学生信息表

```
CREATE TABLE students(
SNo char(10) Primary key NOT NULL,
SName char(10) NOT NULL,
```

```
SGender char(2),
SAge int,
SClass varchar(20));
```

创建学生信息表：

```
postgres=#CREATE DATABASE bigdata;
CREATE DATABASE
postgres=#\c bigdata
You are now connected to database "bigdata" as user "postgres".
bigdata=#CREATE TABLE students(
bigdata=(#SNo char(10) Primary key NOT NULL,
bigdata=(#SName char(10) NOT NULL,
bigdata=(#SGender char(2),
bigdata=(#SAge int,
bigdata=(#SClass varchar(20));
CREATE TABLE
bigdata=#SELECT  *  FROM  students;
sno  | sname  | sgender  | sage   |  sclass
----------+-----------+---------------+--------------+------------
(0 rows)
```

2. 创建课程信息表

语法格式如下：

```
CREATE TABLE course(
CNo char(10) Primary key NOT NULL,
CName char(50) NOT NULL,
CRedit int
);
```

创建课程信息表：

```
postgres=#\c bigdata
You are now connected to database "bigdata" as user "postgres".
bigdata=#CREATE TABLE students(
bigdata=(#CNo char(10) Primary key NOT NULL,
bigdata=(#CName char(50) NOT NULL,
bigdata=(#CRedit int);
bigdata=#;
CREATE TABLE
```

3. 创建学生选课信息表

```
CREATE TABLE courseselection(
SNo char(10) NOT NULL,
CNo char(10) NOT NULL,
Score Int,
```

```
Primary key(SNo,CNo)
);
```

创建学生选课信息表：

```
postgres=#\c bigdata
You are now connected to database "bigdata" as user "postgres".
bigdata=# CREATE TABLE courseselection(
bigdata=(# SNo char(10) NOT NULL,
bigdata=(# Score Int,
bigdata=(# Primary key(SNo,CNo)
bigdata=#);
CREATE TABLE
```

PostgreSQL
数据库DML

六、理解 PostgreSQL 数据操作

1. INSERT INTO 操作

1）增加学生信息表数据

```
INSERT INTO students VALUES(
'2016101001',
'张三',
'男',
21,
'2016 级大数据 1 班'
);
INSERT INTO students VALUES(
'2016101002',
'李四',
'男',
21,
'2016 级大数据 1 班'
);
```

增加学生信息数据：

```
postgres=#\c bigdata
You are now connected to database "bigdata" as user "postgres".
bigdata=# INSERT INTO students VALUES(
bigdata=(# '2016101001',
bigdata=(# '张三',
bigdata=(# '男',
bigdata=(#21,
bigdata=(# '2016 级大数据 1 班'
bigdata=(#);
INSERT 0 1
```

```
bigdata=# INSERT INTO students values(
bigdata=(# '2016101002',
bigdata=(# '李四',
bigdata=(# '男',
bigdata=(# 21,
bigdata=(# '2016 级大数据 1 班'
bigdata=(# );
INSERT 0 1
bigdata=#SELECT  *  FROM  students;
sno         | sname  | sgender   | sage  | sclass
------------+--------+-----------+-------+-----------------
2016101001| 张三    | 男         | 21    | 2016 级大数据 1 班
2016101002| 李四    | 男         | 21    | 2016 级大数据 1 班
(2 rows)
```

2)增加课程信息表数据

```
INSERT INTO Course VALUES(
'1000000001',
'Python 程序设计',
4
);
```

增加课程信息数据：

```
postgres=#\c bigdata
You are now connected to database "bigdata" as user "postgres".
bigdata=# INSERT INTO Course VALUES(
bigdata=(# '1000000001',
bigdata=(# 'Python 程序设计',
bigdata=(# '4
bigdata=(# );
INSERT 0 1
bigdata=# INSERT INTO Course VALUES(
bigdata=(# '1000000002',
bigdata=(# '大数据集群部署与应用',
bigdata=(# '4
bigdata=(# );
INSERT 0 1
bigdata=# INSERT INTO Course VALUES(
bigdata=(# '1000000003',
bigdata=(# '大数据采集技术与应用',
bigdata=(# '4
bigdata=(# );
INSERT 0 1
```

```
bigdata=# INSERT INTO Course VALUES(
bigdata=(# '1000000004',
bigdata=(# '大数据存储技术与应用',
bigdata=(# '4
bigdata=(# );
INSERT 0 1
```

3)增加学生选课信息数据

```
INSERT INTO courseselection
VALUES(
'2016101001',
'1000000001',
89
);
INSERT INTO courseselection
VALUES(
'2016101001',
'1000000002',
50);
```

增加学生选课信息数据:

```
postgres=#\c bigdata
You are now connected to database "bigdata" as user "postgres".
bigdata=# INSERT INTO courseselection VALUES(
bigdata=(# '2016101001',
bigdata=(# '1000000001',
bigdata=(# 89
bigdata=(# );
INSERT 0 1
bigdata=# INSERT INTO courseselection VALUES(
bigdata=(# '2016101001',
bigdata=(# '1000000002',
bigdata=(# 50
bigdata=(# );
```

2. SELECT 操作

PostgreSQL SELECT 语句用于从数据表中查询数据。SELECT 语句的语法:

```
SELECT column1, column2,...,column N FROM table_name
```

PostgreSQL 使用 JOIN 子句连接多个数据表,JOIN 子句有五种类型:CROSS JOIN(交叉连接)、INNER JOIN(内连接)、LEFT OUTER JOIN(左外连接)、RIGHT OUTER JOIN(右外连接)、FULL OUTER JOIN(全外连接)。

下面以学生选课为例学习 PostgreSQL 数据 SELECT 操作。

1)查询选修“大数据集群部署与应用”课程的信息

```
postgres = #\c bigdata
You are now connected to database "bigdata" as user "postgres".
bigdata = #SELECT  *  FROM  course WHERE cname = '大数据集群部署与应用';
sno        | cname                          | credit
-----------+--------------------------------+-----------------
1000000002 | 大数据集群部署与应用            | 4
(1 rows)
```

2)查询所有选修课程的学生、课程和成绩信息

```
sSELECTtudents. sno, students. sname, students. sgender, students. sage, students. sclass, course. cno, course. cname, courseselection. score from students inner join courseselection on students. sno = courseselection. sno inner join course on course. cno = courseselection. cno;
sno        | sname | sgender | sage | sclass           | cNo        | cname              |score
-----------+-------+---------+------+------------------+------------+--------------------+------
2016101001 | 张三  |   男    | 21   |2016 级大数据 1 班 | 1000000001 | Python 程序设计     | 89
2016101002 | 李四  |   男    | 21   |2016 级大数据 1 班 | 1000000002 | 大数据集群部署与应用 | 50
(2 rows)
```

3. UPDATE 操作

PostgreSQL 更新数据语句语法:

```
UPDATE table_name SET column1 = value1, column2 = value2,...., column N = value N WHERE [condition];
```

更新学生信息表学号为 2016101002 的班级为“2016 级大数据 3 班”:

```
UPDATE students SET sclass = '2016 级大数据 3 班' WHERE sno = '2016101002'
```

4. DELETE 操作

PostgreSQL 删除数据语句语法:

```
DELETE FROM table_name WHERE [condition];
```

删除学生信息表中学号为 2016101002 的信息:

```
DELETE FROM students WHERE sno = '2016101002'
```

七、学习 PostgreSQL 应用案例

PostgreSQL
数据库应用

1. 案例背景

以学生选课为案例。学生信息表:学号、姓名、性别、年龄、所在班级;课程信息表:课程号、课程名、学分;学生选课信息表:学号、课程号、成绩。

本案例可以采用 PostgresSQL 企业版本 Stork 集群实现,Stork 是以 PostgresSQL 为内核,在此基础上开发的数据库系统;也可以采用开源 PostgresSQL 版本实现。

2. 案例数据

1)学生信息数据

学生信息数据见表 4-2-6。

表 4-2-6　学生信息数据

学　号	姓　名	性　别	年　龄	所在班级
2020101001	李＊＊	男	21	2020 级大数据 1 班
2020101002	王＊＊	男	22	2020 级大数据 1 班
2020101003	张＊＊	男	23	2020 级大数据 1 班
2020102001	赵＊＊	男	21	2020 级大数据 2 班
2020102002	钱＊＊	女	20	2020 级大数据 2 班
2020103001	孙＊＊	女	19	2020 级大数据 3 班
2020103002	吴＊＊	男	23	2020 级大数据 3 班

2)课程信息数据

课程信息数据见表 4-2-7。

表 4-2-7　课程信息数据

课 程 号	课程名称	学　分
1000000001	Python 程序设计	4
1000000002	Linux 系统管理与网络服务	4
1000000003	大数据集群部署与应用	4
1000000004	大数据采集技术与应用	4
1000000005	大数据存储技术与应用	4
1000000006	HBase 分布式数据库实战	4
1000000007	Spark 快速大数据技术	4
1000000008	Hive 数据仓库应用与实战	4

3)学生选课信息数据

学生选课信息数据见表 4-2-8。

表 4-2-8　学生选课信息数据

学　号	课 程 号	成　绩
2020101001	1000000001	69
2020101001	1000000002	53
2020101002	1000000001	78
2020101002	1000000002	64
2020102001	1000000001	90
2020102001	1000000002	75
2020103001	1000000001	76
2020103001	1000000002	83
2020103002	1000000001	82
2020103002	1000000002	70
2020103003	1000000001	100
2020103003	1000000003	25

3. 案例操作

(1)查询不是“2020 级大数据 1 班”和“2020 级大数据 3 班”学生的姓名和性别。

```
SELECT SName,SAge FROM students WHERE SClass NO IN ('2020 级大数据 1 班',2020 级大数据 2 班');
```

(2)查询全体学生情况,查询结果按所在班级升序排列,同班级中的学生按年龄降序排列。

```
SELECT *  FROM students ORDER BY SClass,SAge DESE;
```

(3)查询选修了 1000000001 课程号的学生的学号及其成绩,查询结果按分数升序排列。

```
SELECT SNo,Score FROM CourseSelection WHERE Cno = '1000000001' ORDER BY Score DESE;
```

(4)检索选修课程号为 1000000001 和 1000000002 的学生的学号、姓名、性别所在班级。

```
SELECT students. SNo, students. SName, SGender, SClass FROM students left outer JOIN
CourseSelection ON (CourseSelection. SNo = students. SNo) WHERE CourseSelection . Cno IN
('1000000001','1000000002');
```

(5)查询每个学生的学号、姓名、选修的课程名称和成绩。

```
SELECT students. SNo,SName,CName,SCore FROM students,CourseSelection,Course WHERE
students. SNo = CourseSelection. Sno AND Course. Cno = CourseSelection . Cno;
```

(6)查询平均成绩最高的学生学号。

```
SELECT SNo FROM CourseSelection GROUP BY SNo ORDER BY avg(Score) DESC limit 1;
```

(7)查询没有选修 1000000001 课程的学生姓名。

```
SELECT SName FROM students WHERE NOT EXISTS (SELECT *  FROM CourseSelection WHERE
students. SNo = CourseSelection. SNo AND CNo = '1000000001');
```

(8)查询选修了全部课程的学生姓名。

```
SELECT Sname FROM students WHERE NOT EXISTS (SELECT *  FROM course WHERE NOT EXISTS
(SELECT *  FROM CourseSelection WHERE SNo = students. SNo AND CNo = course. CNo));
```

(9)查询学号为 2020101001 的李＊＊没有选修的课程的课程号。

```
SELECT CNo FROM Course WHERE NOT EXISTS (SELECT CNo FROM CourseSelection WHERE
CourseSelection. CNo = Course. CNo AND SNo = '2020101001');
```

(10)查询学号比张＊＊大,而年龄比他小的学生姓名。

```
SELECT SName FROM students WHERE SNo > ( SELECT SNo FROM students WHERE SName = '张* *
' AND SAge < ( SELECT SAge FROM students WHERE SName = '张* * '));
```

(11)求年龄大于女同学平均年龄的男学生姓名和年龄。

```
SELECT SName,SAge FROM students WHERE SAge > ( SELECT avg(SAge) FROM students WHERE
SGender = '女' ) AND SGender = '男';
```

任务小结

通过本任务系统地学习了开源对象关系数据库 PostgreSQL。通过案例学会了 PostgresSQL

逻辑模型和物理模型的设计;数据库的操作、数据表操作和数据操作。

任务三　深入 MPP 数据存储技术

任务描述

本任务以全球首个开源、多云大数据平台 Greenplum 为案例,系统讲解了 Greenplum 并行数据存储系统的架构、数据存储操作和案例应用。

案例部分基于 Greenplum 的企业版本 Teryx 实现对结构化数据的并行操作。Teryx 是一款 MPP 架构的分布式数据库引擎,相比于原生数据库,总体性能有一定提升。

任务目标

- 理解 MPP 并行数据存储。
- 掌握 Greenplum 并行数据存储架构。
- 掌握 Greenplum 数据存储操作。

任务实施

本任务以开源数据库 GreenPlum 为基础系统学习 MPP 数据存储技术。在任务实践过程中,可以选择企业版本 Teryx 进行部署;也可以选择开源 Greenplum 版本,从 Greenplum 官网获取介质、源码或 Docker 容器部署实施。

MPP并行数据存储技术

一、理解 MPP 并行数据存储

MPP(massively parallel processing,大规模并行处理)也被称为 Shared Nothing 架构,指有两个或者多个处理器协同执行一个操作的并行系统,每一个处理器都有其自己的内存、操作系统和磁盘。Greenplum 使用这种高性能系统架构来分布数太字节(TB)数据负载并且能够使用系统的所有资源并行处理一个查询。

Greenplum 数据库

二、掌握 Greenplum 数据存储架构

Greenplum 是全球最先进的大数据分析引擎,专为分析、机器学习和 AI 而打造。

Greenplum 大数据平台基于 MPP 架构设计,Greenplum 强大的内核技术特性包括数据水平分布、并行查询执行、专业优化器、线性扩展能力、多态存储、资源管理、高可用、高速数据加载等。

Greenplum 数据库是基于 PostgreSQL 9.4 开源版本开发实现的。它本质上是多个 PostgreSQL 面向磁盘的数据库实例一起工作形成的一个紧密结合的数据库管理系统(DBMS)。与 Greenplum 数据库交互的数据库用户会感觉在使用一个常规的 PostgreSQL DBMS。

Greenplum 基于低成本的开放平台提供强大的并行数据计算和海量数据存储能力。并行计算主要用于对大任务、复杂任务进行快速、高效计算。

1. Greenplum 架构

Greenplum 数据库是一种大规模并行处理的数据库服务器，Greenplum 架构特别适合大规模数据分析、机器学习和 AI。图 4-3-1 所示为 GreenPlum 数据库架构。

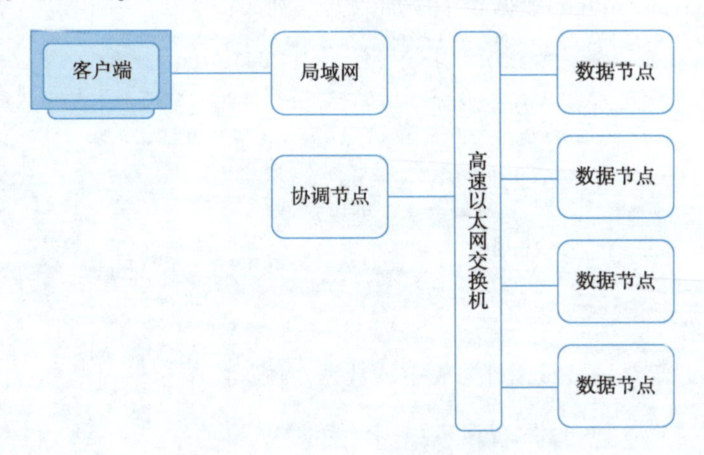

图 4-3-1　Greenplum 数据库架构

2. Greenplum 的 Master

Greenplum 数据库的 Master 是 GreenPlum 数据库系统的入口，它接受连接和 SQL 查询并且把工作分布到 Segment 实例上。

Greenplum 数据库用户访问接口包括：PSQL 客户端；JDBC、ODBC、LIBPQ（PostgreSQL 的 C 语言 API）等应用编程接口（API）。

3. Greenplum 的 Segment

Segment 是独立的 PostgreSQL 数据库，每一个都存储了 GreenPlum 部分数据并且并行执行由 Master 分发的数据处理任务。

4. Greenplum 的 Interconnect

Interconect 是 Greenplum 数据库架构中的网络层。

三、掌握 GreenPlum 数据存储操作

1. 数据库操作

1）创建数据库

```
CREATE DATABASE new_dbname;
```

2）克隆数据库

```
CREATE DATABASE new_dbname TEMPLATE old_dbname;
```

3）创建不同所有者的数据库

```
CREATE DATABASE new_dbname WITH owner = new_user;
```

4）修改数据库

```
ALTER DATABASE mydatabase SET search_path TO myschema, public, pg_catalog;
```

5)删除数据库

```
DROP DATABASE mydatabase;
```

2. 数据操作

1)INSERT 操作

INSERT 语句向 GreenPlum 数据表中添加数据。例如：

```
INSERT INTO Students(SNo, SName,SClass) VALUES ('2020101001','李* * ','2020 级大数据 1 班');
INSERT INTO Students VALUES ('2020101001','李* * ','2020 级大数据 1 班');
INSERT INTO Students SELECT *  FROM tmp_Students WHERE SClass = '2019 级大数据 1 班';
INSERT INTO Students (SNo, SName,SClass) VALUES
('2020101001','李* * ','2020 级大数据 1 班'),
(('2020101002','张* * ','2020 级大数据 1 班'),
('2020101003','王* * ','2020 级大数据 1 班');
```

2)UPDATE 操作

UPDATE 语句更新 GreenPlum 数据表中的数据。例如：

```
UPDATE Students SET SAge = 21 WHERE SNo = '2020101003';
```

3)DELETE 操作

DELETE 语句从 GreenPlum 数据表中删除行。例如：

```
DELETE FROM Students WHERE SNo = '2020101003';
```

4)TRUNCATE 操作

使用 TRUNCATE 语句可以快速地清空 GreenPlum 表中的所有数据。

```
TRUNCATE tmp_Students;
```

四、学习 GreenPlum 应用案例

1. 案例背景

本案例基于 Teryx 实现对 score(成绩表)的结构化数据操作。

2. 案例数据表

score 数据表见表 4-3-1。

表 4-3-1　score 数据表

字段名	字段类型	是否允许空	字段描述
student_id	INT	否	学生 ID 号
student_name	VARCHAR(40)	是	学生姓名
chinese_score	INT	是	语文成绩
math_score	INT	是	数学成绩
test_date	DATE	是	考试日期

3. 案例数据操作

1)创建 score 数据表

创建 score 数据表,以 student_id 作为分区键。

```
teryx = # CREATE TABLE score (
student_id int,
student_name varchar(40),
chinese_score int,
math_score int,
test_date data
) DISTRIBUTED BY (student_id);
```

2)增加“时间戳”字段

```
teryx = # ALTER TABLE score add column import_date timestamp without time zone NOT
NULL default now();
ALTER TABLE
```

3)查看 score 数据表

```
teryx = # \d score
                    Table   "public. score"
  Column          |          Type               |   Modifiers
------------------+-----------------------------+------------------------
  Student_id      |    integer                  |
  Student_name    |character varying(40)        |
  chinese_score   |integer                      |
  math_score      |character varying            |
  test_date       |timestamp without time zone  |not null default now()
  Distributed by: (student_id)
```

4)向 score 表插入数据

向 score 表中插入一条数据,查询结果可知,新增字段 test_date 会默认加入当前系统时间。向 score 表插入数据:

```
teryx = #insert into score values(12908212,'job',98,100,'2019-01-11');
INSERT 0 1
```

5)更新 score 表

更新 score 表中的一条记录,时间改为 2019-01-11,学生名为 job 的数学成绩改为 90。更新 score 表:

```
teryx = #UPDATE score SET math_score = 90 WHERE student_name = 'job' AND test_date = '
2019-01-11';
UPDATE 1
```

6)修改 score 表字段类型

修改 score 表字段类型,并查看结果。

```
teryx = #ALTER TABLE score alter column math_score type varchar using(math_score::
varchar);
ALTER TABLE
teryx = #\d score
```

```
                    Table    "public. score"
Column          |        Type                 |   Modifiers
----------------+-----------------------------+------------------
Student_id      |     integer                 |
Student_name    |character varying(40)        |
chinese_score   |integer                      |
math_score      |character varying            |
test_date       |timestamp without time zone  |not null default now()
Distributed by:(student_id)
teryx=#
```

7)删除score表

删除表score,重新查询后,该表不存在,SQL操作语句如下:

```
teryx=# DROP TABLE score;
DROP TABLE
teryx=# SELECT *  FROM score;
ERROR: relation “score” does not exist
```

任务小结

通过本任务学习了MPP并行计算,同时系统学习了GreenPlum并行数据库。GreenPlum数据库是一种大规模并行处理数据库服务器,MPP架构特别针对管理大规模分析型数据仓库以及商业智能工作负载而设计。

※思考与练习

一、填空题

1. GreenPlum大数据平台基于______架构。

2. GreenPlum具有强大的内核技术,包括______、______、______、______、______、______、______、______等。

3. GreenPlum克隆数据库的语法是CREATE DATABASE new_dbname ______ old_dbname。

4. GreenPlum使用______命令可以快速地移除一个表中的所有行。

5. Interconect是GreenPlum数据库架构中的______层。

二、选择题

1. Greenplum是基于(　　)开源数据库开发实现。

A. PostgreSQL　　B. DBase　　C. Oracle　　D. DB2

2. 大规模并行处理又称(　　)。

A. MPC　　B. MPP　　C. APP　　D. DPP

3. Greenplum 创建数据库可以使用以下(　　)语句。

A. CREATE DATABASE　　B. CREATE DATABASES

C. CREATE DATA　　D. CREATE BASE

4. Greenplum 修改数据库可以使用以下语句(　　)。

A. ALTER DATABASE　　B. ALTER DATABASES

C. ALTER DATA　　D. ALTER BASE

5. Greenplum 删除数据库可以使用以下语句(　　)。

A. DROP DATABASE　　B. DELETE DATABASES

C. DELETE DATA　　D. DELETE BASE

三、判断题

1. Greenplum 基于低成本的开放平台提供强大的并行数据计算和海量数据存储能力。并行计算主要是对大任务、复杂任务的快速、高效计算。(　　)

2. GreenPlum 数据库是一种大规模并行处理(MPP)数据库服务器,GreenPlum 架构特别适合大规模数据分析、机器学习和 AI。(　　)

3. GreenPlum 数据库的 Master 是 GreenPlum 数据库系统的入口,它接受连接和 SQL 查询并且把工作分布到 Segment 实例上。(　　)

4. Interconect 是 GreenPlum 数据库架构中的网络层。(　　)

5. 可以使用 APPEND 语句向 GreenPlum 数据表中添加数据。(　　)

四、简答题

1. 简述 PostgreSQL 数据库。
2. 简述 PostgreSQL 的特性。
3. 简述 PostgreSQL 数据类型。
4. PostgreSQL 使用 JOIN 子句来连接多个数据表,JOIN 子句有哪五种类型?
5. 简述 PostgreSQL 创建数据库的三种方式。
6. 简述 MPP。
7. GreenPlum 具有哪些特性?
8. 简述 GreenPlum 数据库的用户访问接口。
9. 概述 GreenPlum 的架构。
10. 简述 GreenPlum 插入数据的操作。

工程现场

一、案例背景

随着终身学习理念的提出,智慧校园大数据分析平台需要存储和分析海量的历史信息。通常情况下,教务系统数据库仅保留当前的数据信息。作为离线数据处理的 Hive 等数据存储、分析平台无法化解海量数据存储和快速响应分析计算的问题。

二、问题描述

采用一个新的技术架构,构建 OLAP(联机分析处理)数据存储、分析平台,对海量历史数据进行分析、应用。

三、分析与对策

Teryx 是一款基于 GreemPlum 开源数据库研发的数据库引擎，主要针对大数据应用的 OLAP 应用场景，为大数据运算分析场景的解决方案提供了有力的技术架构支撑。

Teryx 具有如下特点：

(1)高度集成的一键安装脚本。

(2)支持行存与列存的混合存储。

(3)支持 MPP 分布式数据库架构。

(4)支持 Segment 节点的在线动态扩展。

(5)容错机制——镜像管理。

四、处理结果

用 Teryx 存储技术构建 OLAP 分析平台，对海量数据进行创建、增加、修改、删除等操作。

五、总结提炼

GreemPlum 是一个开源数据库引擎，在工程应用中，会应用到基于 GreemPlum、PostgreSQL 等开源系统的衍生产品，其底层机制与原生系统变化不大。在实际应用中，可以将原生系统的安装、部署、集成、架构设计、应用开发策略应用到衍生产品中。

项目五 深入半结构化数据存储

任务一 走进半结构化数据存储

任务描述

本任务从半结构化数据入手，学习半结构化数据存储技术和 NoSQL 技术，最后对 NoSQL 的典型代表 Redis 和 MongoDB 数据库进行简单描述。

通过本任务的学习，将了解半结构化数据和半结构化数据存储技术。

任务目标

- 了解半结构化数据。
- 了解 NoSQL 数据存储。
- 了解 Redis 和 MongoDB 内存数据库技术。

任务实施

本任务介绍了半结构化数据、半结构化数据存储技术，对 NoSQL 数据库、NewSQL 数据库以及 NoSQL 进行描述。

一、了解半结构化数据

半结构化数据存储

半结构化数据具有一定的结构，但不如结构化数据那样完整、规则和固定。半结构化数据具备如下特点：一是隐含的模式信息；二是不规则的结构；三是没有严格的类型约束。

大数据半结构化数据存储对数据存储技术提出了新的需求：一是存储容量的可扩展性和易扩展性；二是存储技术应用场景的多样性；三是存储数据的快速访问能力；四是存储技术处理半结构化数据的能力。

本项目从半结构化数据存储技术的特征和需求出发，概括性地阐述了半结构化数据存储技术,然后详细介绍了典型的半结构化大数据存储技术,即 NoSQL 存储技术和 ElasticSearch 存储技术,着重讲解了存储技术的概念、特点、安装部署与基本操作,并通过应用实例诠释了大数据半结构化数据存储技术的应用实践。通过本项目的学习,帮助读者掌握大数据半结构化数据存储技术及其应用的技能。

二、NoSQL 概述

1. NoSQL 介绍

NoSQL数据库

NoSQL 是一种不同于关系数据库的数据库管理系统设计方式,是对非关系型数据库的统称,它所采用的数据模型并非传统关系数据库的关系模型,而是类似键/值、列族、文档等非关系模型。NoSQL 数据库没有固定的表结构,通常也不存在连接操作,也没有严格遵守 ACID[atomicity(原子性)、consistency(一致性)、isolation(隔离性)、durability(持久性)]约束。因此,与关系数据库相比,NoSQL 具有灵活的水平可扩展性,可以支持海量数据存储。此外,NoSQL 数据库支持 MapReduce 风格的编程,可以较好地应用于大数据时代的各种数据管理。NoSQL 数据库的出现,一方面弥补了关系数据库在当前商业应用中存在的各种缺陷,另一方面也撼动了关系数据库的传统垄断地位。

当应用场合需要简单的数据模型、灵活性的 IT 系统、较高的数据库性能和较低的数据库一致性时,NoSQL 数据库是一个很好的选择。通常 NoSQL 数据库具有以下三个特点:

1)灵活的可扩展性

传统的关系型数据库由于自身设计机理的原因,通常很难实现“横向扩展”,在面对数据库负载大规模增加时,往往需要通过升级硬件来实现“纵向扩展”。但是,当前的计算机硬件制造工艺已经达到一个限度,性能提升的速度开始趋缓,已经远远跟不上数据库系统负载的增加速度,而且配置高端的高性能服务器价格不菲,因此寄希望于通过“纵向扩展”满足实际业务需求,已经变得越来越不现实。相反,“横向扩展”仅需要非常普通廉价的标准化刀片服务器,不仅具有较高的性价比,也提供了理论上近乎无限的扩展空间。NoSQL 数据库在设计之初就是为了满足“横向扩展”的需求,因此具备良好的水平扩展能力。

2)灵活的数据模型

关系模型是关系数据库的基石,它以完备的关系代数理论为基础,具有规范的定义,遵守各种严格的约束条件。这种做法虽然保证了业务系统对数据一致性的需求,但是过于死板的数据模型,也意味着无法满足各种新兴的业务需求。相反,NoSQL 数据库旨在摆脱关系数据库的各种束缚条件,摒弃了流行多年的关系数据模型,转而采用键/值、列族等非关系模型,允许在一个数据元素里存储不同类型的数据。

3)与云计算紧密融合

云计算具有很好的水平扩展能力,可以根据资源使用情况进行自由伸缩,各种资源可以动态加入或退出,NoSQL 数据库可以凭借自身良好的横向扩展能力,充分自由地利用云计算基础设施,很好地融入云计算环境中,构建基于 NoSQL 的云数据库服务。

2. NoSQL 兴起的原因

关系数据库是指采用关系模型的数据库,最早是由图灵奖得主、有“关系数据库之父”之称的埃德加·弗兰克·科德于 1970 年提出的。由于具有规范的行和列结构,因此存储在关系数据库中的数据通常也称为“结构化数据”,用来查询和操作关系数据库的语言称为结构化查询语言(SQL)。由于关系型数据库具有完备的数学理论基础、完善的事务管理机制和高效的查询处理引擎,因此在社会生产和生活中得到了广泛应用,并从20世纪70年代至今一直占据商业数据库应用的主流位置。目前主流的关系数据库有Oracle、DB2、SQLServer、Sybase、MySQL等。

尽管数据库的事务和查询机制较好地满足了银行、电信等各类商业公司的业务数据管理需求,但是随着Web 2.0的兴起和大数据时代的到来,关系数据库已经显得越来越力不从心,暴露出越来越多难以克服的缺陷,于是NoSQL数据库应运而生,它很好地满足了Web 2.0的需求,得到市场的青睐。

1)关系数据库无法满足Web 2.0的需求

关系数据库已经无法满足Web 2.0的需求,主要表现在以下三个方面。

(1)无法满足海量数据的管理需求。

在Web 2.0时代,每个用户都是信息的发布者,用户的购物、社交、搜索等网络行为都在产生大量数据。

(2)无法满足数据高并发的需求。

在Web 1.0时代,通常采用动态页面静态化技术,事先访问数据库生成静态页面供浏览者访问,从而保证在大规模用户访问时,也能够获得较好的实时响应性能。但是,在Web 2.0时代,各种用户都在不断地发生更新,购物记录、搜索记录、微博粉丝数等信息都需要实时更新,动态页面静态化技术基本没有用武之地,所有信息都需要动态实时生成,这就会导致高并发的数据库访问,可能产生每秒上万次的读/写请求,对于很多关系数据库而言,这都是“难以承受之重”。

(3)无法满足高可扩展性和高可用性的需求。

在Web 2.0时代,不知名的网站可能一夜爆红,用户迅速增加;已经广为人知的网站也可能因为发布了热门吸引眼球的信息,引来大量用户在短时间内围绕该信息大量交流互动。这些都会导致对数据库读/写负荷的急剧增加,需要数据库能够在短时间内迅速提升性能应对突发需求。但是,关系数据库通常是难以水平扩展的,没有办法像网页服务器和应用服务器那样简单地通过添加更多的硬件和服务节点来扩展性能和负载能力。

2)关系数据库的关键特性在Web 2.0时代成为“鸡肋”

关系数据库的关键特性包括完善的事务机制和高效的查询机制。事务机制是由1998年图灵奖获得者、被誉为“数据库事务处理专家”的詹姆斯·格雷提出的。一个事务具有原子性、一致性、隔离性、持续性等ACID四性,有了事务机制,数据库中的各种操作可以保证数据的一致性修改。关系数据库还拥有非常高效的查询处理引擎,可以对查询语句进行语法分析和性能优化,保证查询的高效执行。

但是,关系数据库引以为傲的两个关键特性到了Web 2.0时代却成了“鸡肋”,主要表现在以下三个方面。

(1)Web 2.0网站系统通常不要求严格的数据库事务。

对于许多Web 2.0网站而言,数据库事务已经不是那么重要。例如,对于微博网站而言,如果一个用户发布微博过程出现错误,可以直接丢弃该信息,而不必像关系数据库那样执行复杂的回滚操作,这样并不会给用户造成什么损失。而且,数据库事务通常有一套复杂的实现机制来保证数据库的一致性,需要大量系统开销,对于包含大量频繁实时读写/请求的Web 2.0网站而言,实现事务的代价是难以承受的。

(2) Web 2.0 并不要求严格的读/写实时性。

对于关系数据库而言,一旦有一条数据记录成功插入数据库中,就可以立即被查询。这对于银行等金融机构而言,是非常重要的。银行用户肯定不希望自己刚刚存入一笔钱,却无法在系统中立即查询到这笔存款记录。但是,对于 Web 2.0 而言,却没有这种实时读/写需求,用户的微博粉丝数量增加了 10 个,在几分钟后显示更新后的粉丝数量,用户可能也不会察觉。

(3) Web 2.0 通常不包含大量复杂的 SQL 查询。

复杂的 SQL 查询通常包含多表连接操作,在数据库中,多表连接操作代价高昂,因此各类 SQL 查询处理引擎都设计了十分巧妙的优化机制,通过调整选择、投影、连接等操作的顺序,达到尽早缩小参与连接操作的元组数目的目的,从而降低连接代价、提高连接效率。但是,Web 2.0 网站在设计时就已经尽量减少甚至避免这类操作,通常只采用单表的主键查询,因此关系数据库的查询优化机制在 Web 2.0 中难以有所作为。

3) Web 3.0 时代到来推动 NoSQL 数据库快速的发展

随着 Web3.0(第三代 Web 技术)时代的到来,超大规模和高并发数据越来越多,NoSQL 数据库可以发挥出难以想象的高效率和高性能,业务应用发展快速。

综上所述,关系数据库凭借自身的独特优势,很好地满足了传统企业的数据管理需求。随着信息技术的发展,半结构化和非结构化数据增长迅速,NoSQL 数据库迅速崛起。

3. NoSQL 与关系数据库比较

NoSQL 和 RDBMS(relational database management system,关系数据库管理系统)的对比指标包括数据库原理、数据规模、数据库模式、查询效率、一致性、数据完整性、扩展性、可用性、标准化、技术支持和可维护性等方面。关系数据库的突出优势在于,以完善的关系代数理论作为基础,有严格的标准,支持事务 ACID 四性,借助索引机制可以实现高效的查询,技术成熟,有专业公司的技术支持;其劣势在于,可扩展性较差,无法较好地支持海量数据存储,数据模型过于死板,无法较好地支持 Web 2.0 应用,事务机制影响了系统的整体性能等。NoSQL 数据库的明显优势在于,可以支持超大规模数据存储,灵活的数据模型可以很好地支持 Web 2.0 应用,具有强大的横向扩展能力等;其劣势在于,缺乏数学理论基础,复杂查询性能不高,一般不能实现事务强一致性,很难实现数据完整性,技术尚不成熟,缺乏专业团队的技术支持,维护较困难等。

分布式数据库公司 VoltDB 的首席技术官、Ingres 和 PostgreSQL 数据库的总设计师 Michael Stonebraker 认为,当今大多数商业数据库软件已经在市场上存在 30 年或更长时间,它们的设计并没有围绕自动化以及事务性环境,同时在这几十年中不断发展出的新功能并没有想象中的那么好,许多新兴的 NoSQL 数据库的普及(如 MongoDB 和 Cassandra),很好地弥补了传统数据库系统的局限性,但是 NoSQL 没有一个统一的查询语言,这将拖慢 NoSQL 的发展。

通过上述对 NoSQL 数据库和关系数据库的一系列比较可以看出,二者各有优势,也都存在不同层面的缺陷。因此,在实际应用中,二者都可以有各自的目标用户群体和市场空间,不存在一个完全取代另一个的问题。对于关系数据库而言,在一些特定应用领域,其地位和作用仍然无法被取代,银行、超市等领域的业务系统仍然需要高度依赖于关系数据库来保证数据的一致性。此外,对于一些复杂查询分析型应用而言,基于关系数据库的数据仓库产品,仍然可以比 NoSQL 数据库获得更好的性能。例如,有研究人员利用基准测试数据集 TPC-H 和 YCSB(Yahoo! cloud serving benchmark),对微软公司基于 SQL Server 的并行数据仓库产品 PDW(parallel data warehouse)和 Hadoop 平台上的数据仓库产品 Hive(属于 NoSQL)进行了实验比较,实验结果表明 PDW 要比 Hive 性能快 9 倍。对于 NoSQL 数据库而言,Web 2.0 领域是其未来的主战场,Web 2.0 网站系统对于数据一致性要求不高,但是对数据量和并发读/写要求较高,NoSQL 数据库可以很好地满足这些应用的需求。在实际应用中,一些公司也会采用混合的方式构建数据库应用,例如亚马逊公司就使用不同类型的数据库来支撑它的电子商务应用。对于“购物篮”这种临时性数据,采用键值存储会更加高效。而当前的产品和订单信息则适合存放在关系数据库中,大量的历史订单信息则适合保存在类似 MongoDB 的文档数据库中。

4. NoSQL 的四大类型

近些年,NoSQL 数据库发展势头非常迅猛。在短短四五年时间内,NoSQL 领域就产生了 50 ~ 150 个新的数据库。据一项网络调查显示,行业中最需要的开发人员技能前十名依次是 HTML5、MongoDB、iOS、Android、Mobile Apps、Puppet、Hadoop、jQuery、PaaS 和 Social Media。其中,MongoDB(一种文档数据库,属于 NoSQL)的热度甚至位于 iOS 之前,足以看出 NoSQL 的受欢迎程度。

NoSQL 数据库虽然数量众多,但是归结起来,典型的 NoSQL 数据库通常包括键值数据库、列族数据库、文档数据库和图数据库。典型的 NoSQL 数据库如图 5-1-1 所示。

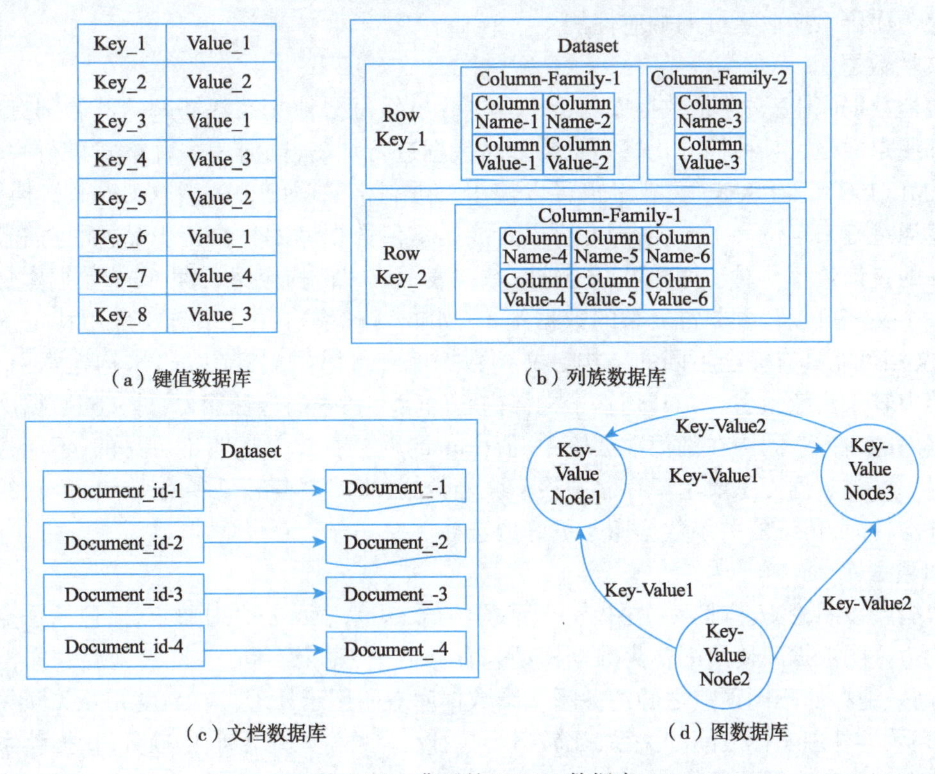

(a) 键值数据库　(b) 列族数据库

(c) 文档数据库　(d) 图数据库

图 5-1-1　典型的 NoSQL 数据库

1) 键值数据库

键值数据库(key-value database)会使用一个哈希表,这个表中有一个特定的 key 和一个指针指向特定的 value。key 可以用来定位 value,即存储和检索具体的 value。value 对数据库而言是透明不可见的,不能对 value 进行索引和查询,只能通过 key 进行查询。value 可以用来存储任意类型的数据,包括整型、字符型、数组、对象等。在存在大量写操作的情况下,键值数据库可以比关系数据库取得更好的性能。因为关系数据库需要建立索引来加速查询,当存在大量写操作时,索引会发生频繁更新,由此会产生高昂的索引维护代价。关系数据库通常很难水平扩展,但是键值数据库天生具有良好的伸缩性,理论上几乎可以实现数据量的无限扩容。键值数据库可以进一步划分为内存键值数据库和持久化(persistent)键值数据库。内存键值数据库把数据保存在内存,如 Memcached 和 Redis;持久化键值数据库把数据保存在磁盘,如 BerkeleyDB、Voldmort 和 Riak。

当然,键值数据库也有自身的局限性,条件查询就是键值数据库的弱项。因此,如果只对部分值进行查询或更新,效率就会比较低下。在使用键值数据库时,应该尽量避免多表关联查询,可以采用双向冗余存储关系来代替表关联,把操作分解成单表操作。此外,键值数据库在发生故障时不支持回滚操作,因此无法支持事务。

2)列族数据库

列族数据库一般采用列族数据模型,数据库由多个行构成,每行数据包含多个列族,不同的行可以具有不同数量的列族,属于同一列族的数据会被存放在一起。每行数据通过行键进行定位,与这个行键对应的是一个列族,从这个角度来说,列族数据库也可以被视为一个键值数据库。列族可以被配置成支持不同类型的访问模式,一个列族也可以被设置成放入内存当中,以消耗内存为代价来换取更好的响应性能。

3)文档数据库

在文档数据库中,文档是数据库的最小单位。虽然每一种文档数据库的部署都有所不同,但是大都假定文档以某种标准化格式封装并对数据进行加密,同时用多种格式进行解码,包括 XML、YAML、JSON 和 BSON 等,或者也可以使用二进制格式(如 PDF、微软 Office 文档等)。文档数据库通过键来定位一个文档,因此可以看成是键值数据库的一个衍生品,而且前者比后者具有更高的查询效率。对于那些可以把输入数据表示成文档的应用而言,文档数据库是非常合适的。一个文档可以包含非常复杂的数据结构(如嵌套对象),并且不需要采用特定的数据模式,每个文档可能具有完全不同的结构。文档数据库既可以根据键(Key)来构建索引,也可以基于文档内容来构建索引。尤其是基于文档内容的索引和查询这种能力,是文档数据库不同于键值数据库的地方。因为在键值数据库中,值(value)对数据库是透明不可见的,不能根据值来构建索引。文档数据库主要用于存储并检索文档数据,当需要考虑很多关系和标准化约束以及需要事务支持时,传统的关系数据库是更好的选择。

4)图数据库

图数据库以图论为基础,一个图是一个数学概念,用来表示一个对象集合,包括顶点以及连接顶点的边。图数据库使用图作为数据模型来存储数据,完全不同于键值、列族和文档数据模型,可以高效地存储不同顶点之间的关系。图数据库专门用于处理具有高度相互关联关系的数据,可以高效地处理实体之间的关系,比较适合于社交网络、模式识别、依赖分析、推荐系统以及路径寻找等问题。有些图数据库(如 Neo4J),完全兼容 ACID。但是,除了在处理图和关系这些应用领域具有很好的性能以外,在其他领域,图数据库的性能不如其他 NoSQL 数据库。

5. NoSQL 的三大基石

NoSQL 的三大基石包括 CAP、BASE 和最终一致性。

1)CAP

2000 年,著名科学家、伯克利大学的 Eric Brewer 教授指出了著名的 CAP 理论,后来麻省理工学院(MIT)的两位科学家 Seth Gilbert 和 Nancy lynch 证明了 CAP 理论的正确性。所谓 CAP 指的是:

(1) C(consistency,一致性):指任何一个读操作总是能够读到之前完成的写操作的结果,也就是在分布式环境中,多点的数据是一致的。

(2) A(availability,可用性):指快速获取数据,可以在确定的时间内返回操作结果。

(3) P(tolerance of network partition,分区容错性):指当出现网络分区的情况时(即系统中的一部分节点无法和其他节点进行通信),分离的系统也能够正常运行。CAP 理论如图 5-1-2 所示。

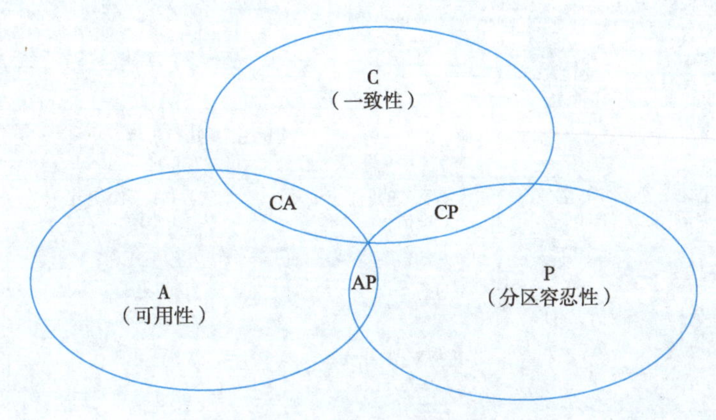

图 5-1-2　CAP 理论

由 CAP 理论可知,一个分布式系统不可能同时满足一致性、可用性和分区容忍性这三个需求,最多只能同时满足其中两个。如果追求一致性,就要牺牲可用性,需要处理因为系统不可用而导致的写操作失败的情况;如果要追求可用性,就要预估可能发生数据不一致的情况,例如,系统的读操作可能不能精确地读取到写操作写入的最新值。

下面给出一个牺牲一致性来换取可用性的实例,如图 5-1-3 所示。假设分布式环境下存在两个节点 M_1 和 M_2,一个数据 V 的两个副本 V_1 和 V_2 分别保存在 M_1 和 M_2 上,两个副本的值都是 val_0,现在假设有两个进程 P_1 和 P_2 分别对两个副本进行操作,进程 P_1 向节点 M_1 中的副本 V_1 写入新值 val_1,进程 P_2 从节点 M_2 中读取 V 的副本 V_2 的值。

当整个过程完全正常执行时,会按照以下过程进行。

(1) 进程 P_1 向节点 M_1 的副本 V_1 写入新值 val_1,如图 5-1-3 所示。

(2) 节点 M_1 向节点 M_2 发送消息 MSG 以更新副本 V_2 值,把副本 V_2 值更新为 val_1。

(3) 进程 P_2 在节点 M_2 中读取副本 V_2 的新值 val_1

但是当网络发生故障时,可能导致节点 M_1 中的消息 MSG 无法发送到节点 M_2,这时,进程 P_2 在节点 M_2 中读取到的副本 V_2 的值仍然是旧值 val_0。由此产生了不一致性问题。

从这个实例可以看出,当希望两个进程 P_1 和 P_2 都实现高可用性时,即能够快速访问到需要的数据时,就会牺牲数据一致性。

当处理 CAP 的问题时,可以有以下几个明显的选择,不同产品在 CAP 理论下的不同设计原则如图 5-1-4 所示。

(1) CA:也就是强调一致性(C)和可用性(A),放弃分区容忍性(P),最简单的做法是把所有与事务相关的内容都放到同一台机器上。很显然,这种做法会严重影响系统的可扩展性。传统的关系数据库(MySQL、SQL Server 和 PostgreSQL)都采用了这种设计原则,因此扩展性都比较差。

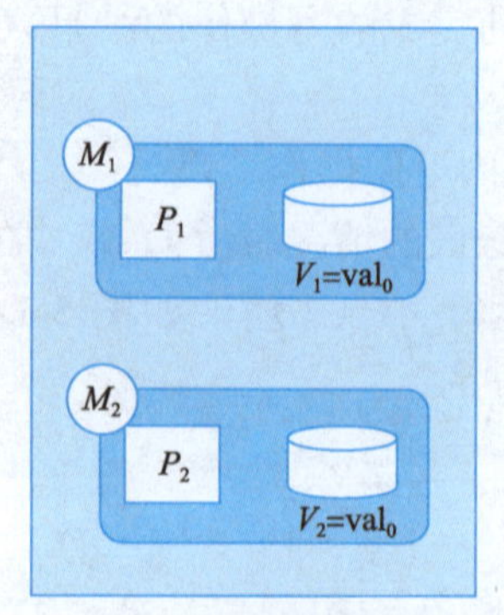

(a) 初始状态　　　(b) 正常执行过程

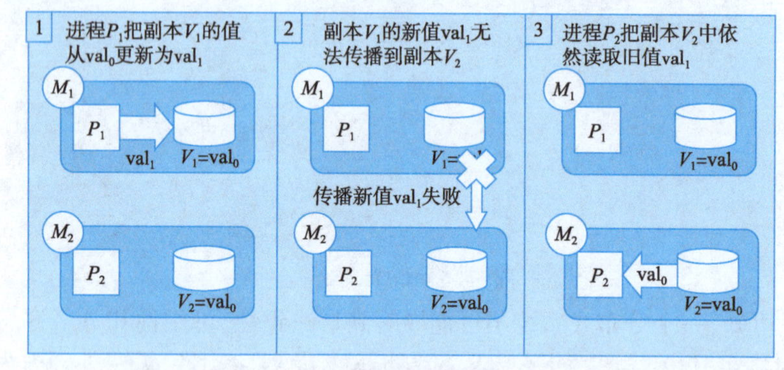

(c) 更新传播失败时的执行过程

图 5-1-3　牺牲一致性来换取可用性的实例

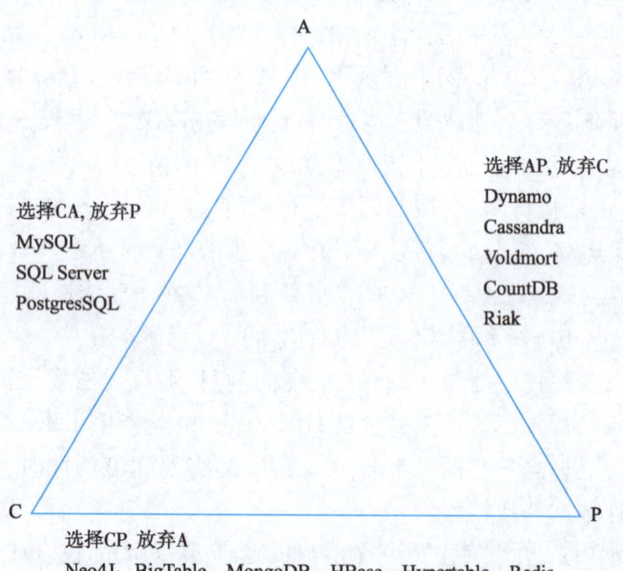

图 5-1-4　不同产品在 CAP 理论下的不同设计原则

(2) CP：也就是强调一致性(C)和分区容忍性(P)，放弃可用性(A)，当出现网络分区的情况时，受影响的服务需要等待数据一致，因此在等待期间就无法对外提供服务。Neo4J、BigTable 和 HBase 等 NoSQL 数据库都采用了 CP 设计原则。

(3)AP:也就是强调可用性(A)和分区容忍性(P),放弃一致性(C),允许系统返回不一致的数据。这对于许多 Web 2.0 网站而言是可行的,这些网站的用户首先关注的是网站服务是否可用,当用户需要发布一条微博时,必须能够立即发布,否则,用户就会放弃使用。但是,这条微博发布后什么时候能够被其他用户读取到,则不是非常重要的问题,不会影响到用户体验。因此,对于 Web 2.0 网站而言,可用性与分区容忍性优先级要高于数据一致性,网站一般会尽量朝着 AP 的方向设计。当然,在采用 AP 设计时,也可以不完全放弃一致性,转而采用最终一致性。Dynamo、Riak、CouchDB、Cassandra 等 NoSQL 数据库就采用了 AP 设计原则。

2)BASE

BASE 的基本含义是(basically availble,基本可用)。说起 BASE,不得不谈到 ACID,一个数据库事务具有 ACID 四性。

(1)A(atomicity,原子性):指事务必须是原子工作单元,对于其数据修改,要么全都执行,要么全都不执行。

(2)C(consistency,一致性):指事务在完成时,必须使所有的数据都保持一致。

(3)I(isolation,隔离性):指由并发事务所做的修改必须与任何其他并发事务所做的修改隔离。

(4)D(durability,持久性):指事务完成之后,对于系统的影响是永久性的,该修改即使出现致命的系统故障也将一直保持。

关系数据库系统中设计了复杂的事务管理机制来保证事务在执行过程中严格满足 ACID 四性要求。关系数据库的事务机制较好地满足了银行等领域对数据一致性的要求,因此得到了广泛的商业应用。但是,NoSQL 数据库对数据一致性的要求并不是很高,而是强调系统的高可用性,为了获得系统的高可用性,适当牺牲一致性或分区容错性。BASE 的基本思想就是在这个基础上发展起来的,它完全不同于 ACID 模型,牺牲了高一致性,从而获得可用性或可靠性,Cassandra 系统就是一个很好的实例。

3)最终一致性

一致性的类型包括强一致性和弱一致性,二者的主要区别在于高并发的数据访问操作下,后续操作是否能够获取最新的数据。对于强一致性而言,当执行完一次更新操作后,后续的其他读操作就可以保证读到更新后的最新数据;反之,如果不能保证后续访问读到的都是更新后的最新数据,就是弱一致性。而最终一致性只不过是弱一致性的一种特例,允许后续的访问操作可以暂时读不到更新后的数据,但是经过一段时间之后,必须最终读到更新后的数据。最终一致性也是 ACID 的最终目的,只要最终数据是一致的就可以,而不是每时每刻都保持实时一致。

讨论一致性时,需要从客户端和服务端两个角度来考虑。从服务端来看,一致性是指更新如何复制分布到整个系统,以保证数据最终一致。从客户端来看,一致性主要指的是高并发的数据访问操作下,后续操作是否能够获取最新的数据。关系数据库通常实现强一致性,也就是一旦一个更新完成,后续的访问操作都可以立即读取到更新过的数据。而对于弱一致性而言,则无法保证后续访问都能够读到更新后的数据。

最终一致性的要求更低,只要经过一段时间后能够访问到更新后的数据即可。也就是说,如果一个操作 OP 往分布式存储系统中写入了一个值,遵循最终一致性的系统可以保证,如果后续访问发生之前没有其他写操作去更新这个值,那么,最终所有后续的访问都可以读取到操作 OP 写入的最新值。从 OP 操作完成到后续访问可以最终读取到 OP 写入的最新值,这之间的时间间隔称为"不一致性窗口",如果没有发生系统失败,这个窗口的大小依赖于交互延迟、系统负载和副本个数等因素。

最终一致性根据更新数据后各进程访问到数据的时间和方式的不同,又可以进行如下区分:

(1)"因果"一致性:如果进程 A 通知进程 B 已更新了一个数据项,那么进程 B 的后续访问将获得进程 A 写入的最新值。而与进程 A 无因果关系的进程 C 的访问,仍然遵守一般的最终一致性规则。

(2)"读已之所写"一致性:可以视为因果一致性的一个特例。当进程 A 自己执行一个更新操作之后,总是可以访问到更新过的值,绝不会看到旧值。

(3)"会话"一致性:把访问存储系统的进程放到会话(session)的上下文中,只要会话还存在,系统就保证"读已之所写"一致性。如果由于某些失败情形令会话终止,就要建立新的会话,而且系统保证不会延续到新的会话。

(4)"单调读"一致性:如果进程已经看到过数据对象的某个值,那么任何后续访问都不会返回在那个值之前的值。

(5)"单调写"一致性:系统保证来自同一个进程的写操作顺序执行。系统必须保证这种程度的一致性,否则会难以编程。

6. 从 NoSQL 到 NewSQL 数据库

NoSQL 数据库可以提供良好的扩展性和灵活性,很好地弥补了传统关系数据库的缺陷,较好地满足了 Web 2.0 应用的需求。但是,NoSQL 数据库也存在不足之处。由于采用非关系数据模型,因此它不具备高度结构化查询等特性,查询效率尤其是复杂查询方面不如关系数据库,而且不支持事务的 ACID 四性。

在这个背景下,近几年,NewSQL 数据库开始逐渐升温。NewSQL 是对各种新的可扩展、高性能数据库的简称,这类数据库不仅具有 NoSQL 对海量数据的存储管理能力,还保持了传统数据库支持 ACID 和 SQL 等特性。不同的 NewSQL 数据库的内部结构差异很大,但是它们有两个显著的共同特点:都支持关系数据模型;都使用 SQL 作为其主要的接口。

目前,具有代表性的 NewSQL 数据库主要包括 Spanner、Clustrix、GenieDB、ScalArc、Schooner、VoltDB、RethinkDB、ScaleDB、Akiban、CodeFutures、ScaleBase、Translattice、NimbusDB、Drizzle、Tokutek、JustOne DB 等。此外,还有一些在云端提供的 NewSQL 数据库,包括 Amazon RDS、Microsoft SQL Azure、Database. com、Xeround 和 FathomDB 等。在众多 NewSQL 数据库中,Spanner 备受瞩目,它是一个可扩展、多版本、全球分布式并且支持同步复制的数据库,是 Google 的第一个可以全球扩展并且支持外部一致性的数据库。Spanner 能做到这些,离不开一个用 GPS 和原子钟实现的时间 API。这个 API 能将数据中心之间的时间同步精确到 10 ms 以内。因此,Spanner 有几个良好的特性:无锁读事务、原子模式修改、读历史数据无阻塞。

一些 NewSQL 数据库比传统的关系数据库具有明显的性能优势。例如,VoltDB 系统使用了 NewSQL 创新的体系架构,释放了主内存运行的数据库中消耗系统资源的缓冲池,在执行交易时可比传统关系数据库快 45 倍。VoltDB 可扩展服务器数量为 39 个,并可以每秒处理 160 万个交易(300 个 CPU 核心),而具备同样处理能力的 Hadoop 则需要更多的服务器。

综合来看,大数据时代的到来,引发了数据处理架构的变革。以前,业界和学术界追求的方向是一种架构支持多类应用，包括事务型应用（OLTP 系统）、分析型应用（OLAP、数据仓库）和互联网应用（Web 2.0）。但是，实践证明，这种理想愿景是不可能实现的，不同应用场景的数据管理需求截然不同，一种数据库架构根本无法满足所有场景。因此，到了大数据时代，数据库架构开始向着多元化方向发展，并形成了传统关系数据库、NoSQL 数据库和 NewSQL 数据库三个阵营，三者各有自己的应用场景和发展空间。尤其是传统关系数据库，并没有就此被其他两者完全取代，在基本架构不变的基础上，许多关系数据库产品开始引入内存计算和一体机技术以提升处理性能。在未来一段时期内，三个阵营共存共荣的局面还将持续，不过有一点是肯定的，那就是传统关系数据库的辉煌时期已经过去了。数据库产品演变如图 5-1-5 所示。

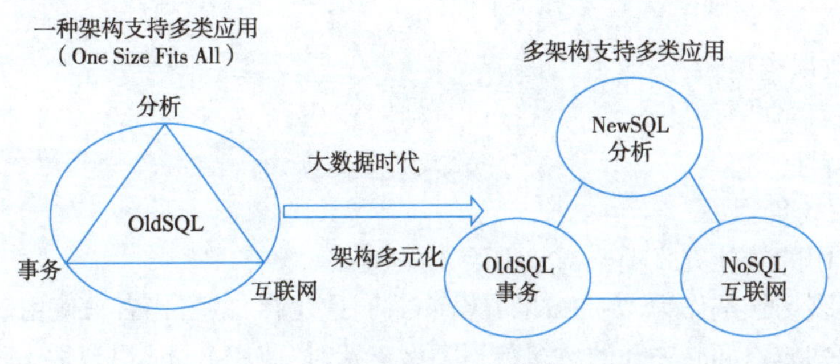

图 5-1-5　数据库产品演变

为了更加清晰地认识传统关系数据库、NoSQL 和 NewSQL 数据库的相关产品，可按图 5-1-6 对数据库产品进行分类。

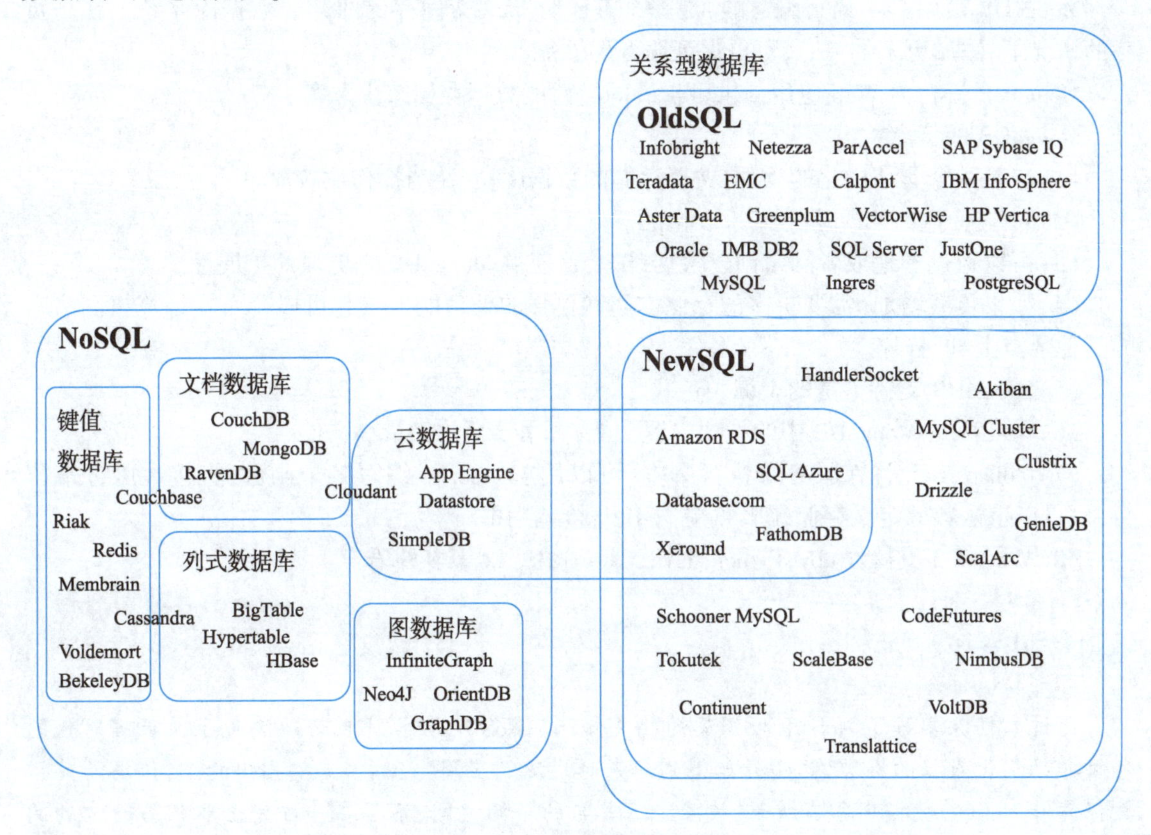

图 5-1-6　数据库产品分类

四、了解 NoSQL 的代表

NoSQL 主要分为键值数据库、列式数据库、文档数据库和图数据库。这里主要对键值数据库的代表 Redis、文档数据库的代表 MongoDB 进行介绍。

1. Redis

Redis 是一个开源的使用 C 语言编写、支持网络、可基于内存亦可持久化的日志型、key-value 数据库,并提供多种语言的 API。

Redis 的优势:

(1)性能极高。

(2)丰富的数据类型。

(3)原子性。

(4)丰富的特性。

Redis 的应用场景:

(1)Redis 使用的最佳方式是全部数据装入内存。

(2)Redis 更多场景是作为 Memcached(分布式高速缓存)的替代者来使用。

(3)当需要除 key/value 之外的更多数据类型支持时,使用 Redis 更合适。

(4)当存储的数据不能被剔除时,使用 Redis 更合适。

2. MongoDB

MongoDB 是用 C++ 语言编写的,是一个基于分布式文件存储的开源数据库系统。在高负载的情况下,添加更多的节点,可以保证服务器性能。

MongoDB 旨在为 Web 应用提供可扩展的高性能数据存储解决方案。

MongoDB 的特点:

(1)它是一个非结构化的、面向文档存储的数据库,安装与操作比较简单。

(2)它是基于文档的,而非基于表格的。

(3)可以通过本地或者网络创建数据镜像,这使得 MongoDB 有更强的扩展性。

(4)如果负载增加(需要更多的存储空间和更强的处理能力),它可以分布在计算机网络中的其他节点上,即分片。

(5)MongoDB 支持丰富的查询表达式。

(6)GridFS 是 MongoDB 中的一项内置功能,可用于存放大量小文件。

(7)MongoDB 允许在服务端执行脚本,可以用 JavaScript 编写某个函数,直接在服务端执行,也可以把函数的定义存储在服务端,下次直接调用即可。

(8)MongoDB 支持:Ruby、Python、Java、C++ 、PHP、C#等多种语言。

任务小结

通过本任务学习了 NoSQL 数据库的相关知识。NoSQL 数据库较好地满足了大数据时代的各种非结构化数据的存储需求,开始得到越来越广泛的应用。但是,需要指出的是,传统的关系数据库和 NoSQL 数据库各有所长,彼此都有各自的市场空间,不存在一方完全取代另一方的问题,在很长的一段时期内,二者都会共同存在,满足不同应用的差异化需求。

NoSQL数据库主要包括键值数据库、列族数据库、文档数据库和图数据库四种类型，不同产品都有各自的应用场合。CAP、BASE和最终一致性是NoSQL数据库的三大理论基石，是理解NoSQL数据库的基础。

最后介绍了融合传统关系数据库和NoSQL数据库优点的NewSQL数据库。

任务二　解析Redis内存数据库技术

任务描述

Redis是由ANSI C程序设计语言编写的一个开源数据库系统，通常又称为数据结构服务器，值(value)可以是字符串(string)、哈希(hash)、列表(list)、集合(sets)和有序集合(sorted sets)等类型。

本任务将系统地学习Redis内存数据库技术。

任务目标

- 了解Redis的基本概念。
- 掌握Redis安装部署。
- 掌握Redis数据类型、Redis数据操作。

任务实施

本任务从Redis安装部署开始，通过案例系统学习Redis内存数据库技术。

Redis安装部署

一、了解Redis

Redis(remote dictionary server，远程字典服务)是一个由ANSI C语言编写开源的非关系型数据库。遵守BSD协议，支持网络、内存、分布式、可选持久性的键值对(key-value)数据库；支持多种程序设计语言的API。

Redis使用内存中的数据集。根据实际应用场景，Redis可以将内存中的数据保存在磁盘中，系统重启时可以再次加载；如果只需要一个功能丰富、联网的内存缓存，还可以禁用持久性；Redis不仅支持简单的键-值类型的数据，还支持列表、集合、哈希等数据结构；Redis支持主-从模式的数据备份。

1. Redis安装准备

下载redis安装包，这里选择redis-3.2.7.tar.gz，导入/usr/local中，并改名为redis。

```
[root@ zte ~]# cd /usr/local/
[root@ zte local]# ls
bin   games    lib      libexec    sbin    src
etc   include  lib64   redis-3.2.7.tar.gz  share
```

```
[root@ zte local]# tar -zxf redis-3.2.7.tar.gz
[root@ zte local]# mv redis-3.2.7 redis
[root@ zte local]# ls
bin   games    lib    libexec    redis-3.2.7.tar.gz   share
etc   include  lib64  redis      sbin    src
```

2. 安装 Redis

进入 redis 目录,输入以下命令编译 Redis:

```
[root@ zte redis]# make
cd src && make all
make[1]: Entering directory '/usr/local/redis/src'
    CC adlist.o
/bin/sh: cc: command not found
make[1]: * * *  [adlist.o] Error 127
make[1]: Leaving directory '/usr/local/redis/src'
make: * * *  [all] Error 2
```

提示要安装 gcc,gcc 命令使用 GNU 推出的基于 C/C ++ 的编译器,是开放源代码领域应用最广泛的编译器,具有功能强大,编译代码支持性能优化等特点。

```
[root@ zte redis]# yum -y install gcc
[root@ zte redis]# make
cd src && make all
make[1]: Entering directory '/usr/local/redis/src'
    CC adlist.o
In file included from adlist.c:34:0:
zmalloc.h:50:31: fatal error: jemalloc/jemalloc.h: No such file or directory
  #include <jemalloc/jemalloc.h>
                               ^
compilation terminated.
make[1]: * * *  [adlist.o] Error 1
make[1]: Leaving directory '/usr/local/redis/src'
make: * * *  [all] Error 2
```

依然出现报错,原因是 jemalloc 重载了 Linux 下的 ANSI C 的 malloc( )和 free( )函数。解决办法:执行 make 命令时添加参数,重新编译。

```
[root@ zte redis]# make MALLOC = libc
cd src && make all
make[1]: Entering directory '/usr/local/redis/src'
rm -rf redis-server redis-sentinel redis-cli redis-benchmark redis-check-rdb redis-check-aof * .o * .gcda * .gcno * .gcov redis.info lcov-html
(cd ../deps && make distclean)
make[2]: Entering directory '/usr/local/redis/deps'
(cd hiredis && make clean) > /dev/null || true
```

```
(cd linenoise && make clean) >/dev/null ||true
(cd lua && make clean) >/dev/null ||true
(cd geohash-int && make clean) >/dev/null ||true
(cd jemalloc && [ -f Makefile ] && make distclean) >/dev/null ||true
(rm -f .make-* )
make[2]: Leaving directory '/usr/local/redis/deps'
(rm -f .make-* )
echo STD=-std=c99 -pedantic -DREDIS_STATIC= >>.make-settings
echo WARN=-Wall -W >>.make-settings
echo OPT=-O2 >>.make-settings
echo MALLOC=libc >>.make-settings
echo CFLAGS= >>.make-settings
echo LDFLAGS= >>.make-settings
echo REDIS_CFLAGS= >>.make-settings
echo REDIS_LDFLAGS= >>.make-settings
echo PREV_FINAL_CFLAGS=-std=c99 -pedantic -DREDIS_STATIC=-Wall -W -O2 -g -ggdb -I../
deps/geohash-int   -I../deps/hiredis   -I../deps/linenoise   -I../deps/lua/src   >   >
.make-settings
echo PREV_FINAL_LDFLAGS=-g -ggdb -rdynamic >>.make-settings
(cd ../deps && make hiredis linenoise lua geohash-int)
...........................[省略]
Hint: It's a good idea to run 'make test';)
make[1]: Leaving directory '/usr/local/redis/src'
```

最后会提示,It's a good idea to run 'make test',这里不测试通常也是可以使用的。如果执行 make test,会有以下提示:

```
You need tcl 8.5 or newer in order to run the Redis test
make: *** [test] Error_1
```

解决方法:通过 yum 安装 tcl8.5(可参考官网介绍安装)。

```
yum install tcl
```

接着输入 make install 安装 Redis。

```
[root@ zte redis]# make install
cd src && make install
make[1]: Entering directory '/usr/local/redis/src'
Hint: It's a good idea to run 'make test' ;)
    INSTALL install
    INSTALL install
    INSTALL install
    INSTALL install
    INSTALL install
make[1]: Leaving directory '/usr/local/redis/src'
```

至此,Redis 已经完成了安装。

3. 开启 Redis 服务器

开启的过程比较简单，在编译安装完后，在 src 目录中会生成相应文件，输入以下命令来开启 Redis 服务器。

```
[root@ zte redis]# src/redis-server
2763:C 29 Aug 14:47:01.143 # Warning: no config file specified, using the default config. In order to specify a config file use src/redis-server /path/to/redis.conf
2763:M 29 Aug 14:47:01.143 * Increased maximum number of open files to 10032 (it was originally set to 1024).
```

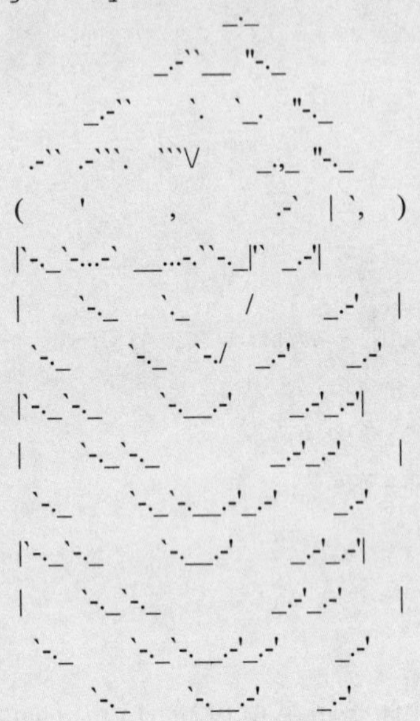

```
Redis 3.2.7 (00000000/0) 64 bit
Running in standalone mode
Port: 6379
PID: 2763

http://redis.io
```

```
2763:M 29 Aug 14:47:01.145 # WARNING: The TCP backlog setting of 511 cannot be enforced because /proc/sys/net/core/somaxconn is set to the lower value of 128.
2763:M 29 Aug 14:47:01.145 # Server started, Redis version 3.2.7
2763:M 29 Aug 14:47:01.145 # WARNING overcommit_memory is set to 0! Background save may fail under low memory condition. To fix this issue add 'vm.overcommit_memory=1' to /etc/sysctl.conf and then reboot or run the command 'sysctl vm.overcommit_memory=1' for this to take effect.
2763:M 29 Aug 14:47:01.146 # WARNING you have Transparent Huge Pages (THP) support enabled in your kernel. This will create latency and memory usage issues with Redis. To fix this issue run the command 'echo never >/sys/kernel/mm/transparent_hugepage/enabled' as root, and add it to your /etc/rc.local in order to retain the setting after a reboot. Redis must be restarted after THP is disabled.
2763:M 29 Aug 14:47:01.146 * The server is now ready to accept connections on port 6379
```

如果能得到以上结果，表示 Redis 正常启动。

4. 启动 Redis 客户端

再新建一个终端（原来的终端不要关闭），输入以下命令启动 Redis 客户端：

```
[root@ zte ~]# cd /usr/local/redis
[root@ zte redis]# ls
00-RELEASENOTES COPYING  INSTALL    README.md    runtest-cluster   src
BUGS    deps    Makefile  redis.conf  runtest-sentinel  tests
CONTRIBUTING  dump.rdb  MANIFESTO  runtest  sentinel.conf  utils
[root@ zte redis]# src/redis-cli
127.0.0.1:6379 > set hello world
OK
127.0.0.1:6379 > get hello
"world"
127.0.0.1:6379 >
```

连上刚才的服务器后，会显示"127.0.0.1:6379 >"的命令提示符信息，表示服务器的 IP 地址为 127.0.0.1，端口号是6379。

可以执行简单的操作。例如，设置键为 hello，值为 world，并且取出键为 hello 时对应的值。在输入 set 字符后，后面界面会自动给出格式提示。

到此，安装和运行都没问题。下面学习 Redis 数据类型和 Redis 数据操作。

Redis数据类型

二、掌握数据类型

Redis 支持数据类型包括字符串（string）、哈希（hash）、列表（list）、集合（sets）和有序集合（sorted sets）、geo（地理位置信息）、stream（消息）等类型。

1. string（字符串）

string 是 Redis 最基本的类型，可以存储任何数据，如图片或者序列化的对象。该类型的值最大能存储 512 MB。

Redis 可以使用 GET 和 SET 命令操作字符串进行系统输出。

例如：

```
redis 127.0.0.1:6379 > SET str "您好!"
OK
redis 127.0.0.1:6379 > GET str
"您好!"
```

2. hash（哈希）

Redis hash 是一个键值对 <key-value> 集合。Redis hash 是一个 string 类型的 field 和 value 的映射表，特别适合用于存储对象。

3. list（列表）

Redis 列表是简单的字符串列表，按照插入顺序排序。可以添加一个元素到列表的头部（左边）或者尾部（右边）。

4. set（集合）

Redis 的 set 集合是 string 类型的无序集合。

5. zset（sorted set：有序集合）

Redis zset 和 set 一样也是 string 类型元素的集合，且不允许重复的成员。不同的是每个元素都会关联一个 double 类型的分数。Redis 正是通过分数来为集合中的成员进行从小到大的排序。zset 的成员是唯一的,但分数(score)却可以重复。

6. geo(地理位置信息)

Redis geo 存储地理位置信息,该功能从 Redis 3.2 版本新增。Redis geo 操作方法有:geoadd,增加地理位置坐标;geopos,获取地理位置坐标;geodist,计算两个点之间的距离;georadius,根据指定的经纬度坐标获取指定范围内的地理位置集合;georadiusbymember,根据存储在位置集合里的某个点获取指定范围内的地理位置集合;geohash,返回一个或多个位置对象的 geohash 值。用 geoadd 添加地理位置信息的方法如下:

```
127.0.0.1:6379 >geoadd cars:locations 100 31 1 100 38 2
(integer) 2
```

Redis geo API 可以直接实现检索附近的车辆和酒店等功能。

7. stream(消息)

Redis Stream 是 Redis 5.0 版本新增加的数据结构,主要用于消息队列。

三、掌握 Redis 数据操作

1. 准备数据

假设这里有 Student、Course 和 CourseSelection 三个表,三个表的字段(列)和数据见表 5-2-1 ~ 表 5-2-3。

表 5-2-1 Student 表数据

SNo	SName	Gender	Age	SClass
95001	张 * *	男	21	大数据 1 班
95002	李 * *	男	20	大数据 1 班
95003	赵 * *	女	19	大数据 1 班

表 5-2-2 Course 表数据

CNo	CName	CRedit
1000000001	Python 程序设计	4
1000000002	Linux 系统管理与网络服务	4
1000000003	大数据集群部署与应用	4
1000000004	大数据采集技术与应用	4

表 5-2-3 CourseSelection 表数据

SNo	CNo	Grade
95001	1000000001	92
95001	1000000002	90
95001	1000000002	88
95002	1000000003	90
95002	1000000003	88

Redis 数据库是以 <key,value> 的形式存储数据,把三个表的数据存入 Redis 数据库,key 和 value 的操作方法“key = 表名: 主键值: 列名 value = 列值”。

例如,把上面每个表的第一行记录保存在 Redis 数据中,需要执行的命令和执行结果如下:

```
127.0.0.1:6379 >set Students:95001:Sname 张* *
OK
127.0.0.1:6379 >set Course:1000000001:Cname Python 程序设计
OK
127.0.0.1:6379 >set SC:95001:1000000001:Grade 92
OK
127.0.0.1:6379 >
```

针对这样的演示,Redis 支持五种数据类型,不同数据类型,增、删、改、查可能不同,这里用最简单的数据类型字符串作为演示。

2. 插入数据

向 Redis 插入一条数据,只需要先设计好 key 和 value,然后用 set 命令插入数据即可。

例如,在 Course 表中插入一门新的课程"Linux 系统管理与网络服务",4 学分。操作如下:

```
127.0.0.1:6379 >set Course:1000000002:CName Linux 系统管理与网络服务
OK
127.0.0.1:6379 >set Course:1000000002:CRedit 4
OK
```

3. 修改数据

Redis 中并没有修改数据的命令,只能在设置时采用同样的 key,改掉它的 value 值实现覆盖。例如把"Linux 系统管理与网络服务"课程改成"Linux 系统管理"。

```
127.0.0.1:6379 >get Course:1000000002:CName
"Linux\xe7\xb3\xbb\xe7\xbb\x9f\xe7\xae\xa1\xe7\x90\x86\xe4\xb8\x8e\xe7\xbd\x91\xe7\xbb\x9c\xe6\x9c\x8d\xe5\x8a\xa1"
```

正常情况下,应该输出"Linux 系统管理与网络服务",而结果却不是,因为一个英文字符只需要使用单个字节来存储,而一个中文字符却需要使用多个字节来存储。Redis 中的 setrange 和 getrange 所使用的索引都是根据字节而不是字符来编排的,它们都只会在字符为单个字节的情况下才可以正常使用,而存储类似中文的多个字节表示的字符时,这些命令就不好使用了。此时,加上--raw 就可以解决。

```
127.0.0.1:6379 >exit
[root@ zte redis]# src/redis-cli --raw
127.0.0.1:6379 >get Course:1000000002:CName
Linux 系统管理与网络服务
127.0.0.1:6379 >
```

此时,就可以看到已经正常输入中文。下面正式进行修改。

```
127.0.0.1:6379 >set Course:1000000002:CName Linux 系统管理
OK
127.0.0.1:6379 >get Course:1000000002:CName
Linux 系统管理
```

这样很容易就改变了它的 value 值。

4. 删除数据

Redis 中删除数据用 del 命令。例如，删除刚才的 Course:1000000002:CName 时，操作如下：

```
127.0.0.1:6379 >del Course:1000000002:CName
1
127.0.0.1:6379 >get Course:1000000002:CName
127.0.0.1:6379 >
```

正常情况下，执行完删除命令后会输出“1”，如果能看到这个数字表示删除成功。再次查看时，没有回复任何内容，也表示删除成功。

5. 查询数据

Redis 的查询命令 get 前面已经反复试验过，这里不再讲解。

任务小结

通过本任务系统学习了 Redis 内存数据库技术，Redis 是一个由 ANSI C 语言编写开源的非关系型数据库，遵守 BSD 开源协议。

Redis 性能极高，具有丰富的数据类型及特性。

Redis 有非常广泛的应用场景，如应用 Redis geo 查找附近的车辆、酒店等。

任务三　解析 Elasticsearch 存储技术

任务描述

Elasticsearch 是一个基于 Lucene 的分布式开源搜索服务器，基于 Java 程序设计语言开发，支持 RESTful Web 接口，为半结构化大数据的信息检索提供了有力支撑。

本任务主要学习 Elasticsearch 存储技术，包括 Elasticsearch 存储的概念、特点，安装配置与操作，并结合实际案例诠释 Elasticsearch 技术在半结构化大数据方面的应用。

任务目标

- 了解 Elasticsearch 概念、特性。
- 掌握 Elasticsearch 安装部署。
- 掌握 Elasticsearch 应用。

任务实施

本任务从 Elasticsearch 的概念、特点导入，以 Elasticsearch 安装、部署与应用为主线进行实施。

一、了解 Elasticsearch

了解
Elasticsearch

1. Elasticsearch 介绍

Elasticsearch 是一个基于 Lucene 的搜索服务器,是一个分布式、可扩展、实时的搜索与数据分析引擎。Elasticsearch 基于 Java 程序语言开发,并作为 Elastic2.0 协议下的开放源码发布,是当前流行的企业级搜索引擎,能够在不同的平台上运行。

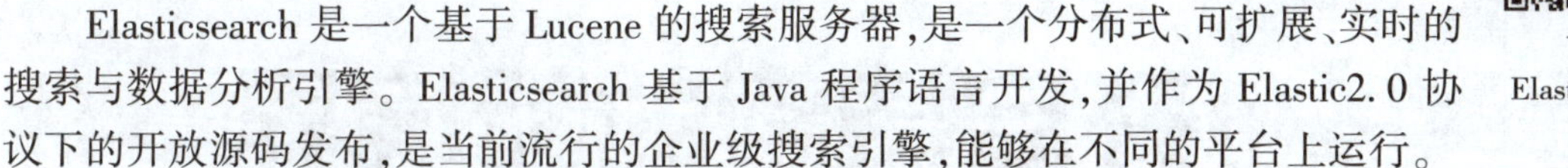

Elasticsearch 支持 Restful Web 接口,应用系统可以通过 Java、.NET(C#)、PHP、Python、Apache Groovy、Ruby 等程序语言访问 Elasticsearch 服务。

Elasticsearch 典型应用场景包括:全文检索、结构化搜索、数据分析以及这三项功能应用的组合。Elasticsearch 提供带有高亮片段的全文搜索;GitHub 使用 Elasticsearch 对海量程序代码进行搜索。

Elasticsearch 可以安装部署在个人计算机上,也可以扩展到数百台服务器的服务集群,以支撑 PB 级别的海量数据搜索服务。

2. Elasticsearch 特性

(1)开源的分布式、可扩展和高可用的实时文档存储。

(2)实时搜索和分析能力。

(3)功能多样的 RESTful API。

(4)横向扩展的简易性和云基础设施的易集成性。

3. Elasticsearch 术语

Elasticsearch 基于 Lucene 的开源全文检索库进行索引和搜索。以下是 Elasticsearch 系统常用的术语。索引(index)、文档(document)、字段(field)、类型(type)、映射(mapping)、分片(shards)、主分片和副本(replicas)分片、集群(cluster)、节点(node)。

二、掌握 Elasticsearch 安装部署

Elasticsearch
安装部署

本节从 Elasticsearch 安装部署开始,体验 Elasticsearch 存储技术。

1. 安装准备

Elasticsearch 安装部署需要 Java JDK 支撑。Elasticsearch 版本:

(1)Elasticsearch 5.x,需要 Java JDK8 及以上版本。

(2)Elasticsearch 6.5,需要 Java JDK11 及以上版本。

(3)Elasticsearch 7.x,内置了 Java JDK。

2. 介质下载

Elasticsearch 可以从官网下载,安装部署在 Windows、Linux、MacOS 等环境下。图 5-3-1 所示为 Elasticsearch 搜索引擎官方网站首页。

以 CentOS7.x 版本为例,下载安装包后,解压后 Elasticsearch7.x 目录结构如图 5-3-2 所示。

(1)bin:Elasticsearch 的执行脚本文件,包括 Elasticsearch 服务启动和安装插件等。

(2)config:Elasticsearch 的配置文件,包括 elasticsearch.yml(ES 配置文件)、jvm.options(JVM 配置文件)、日志配置文件等。

(3)JDK:内置的 Java JDK。

(4)lib:Elasticsearch 的类库。

图 5-3-1　Elasticsearch 搜索引擎官方网站首页

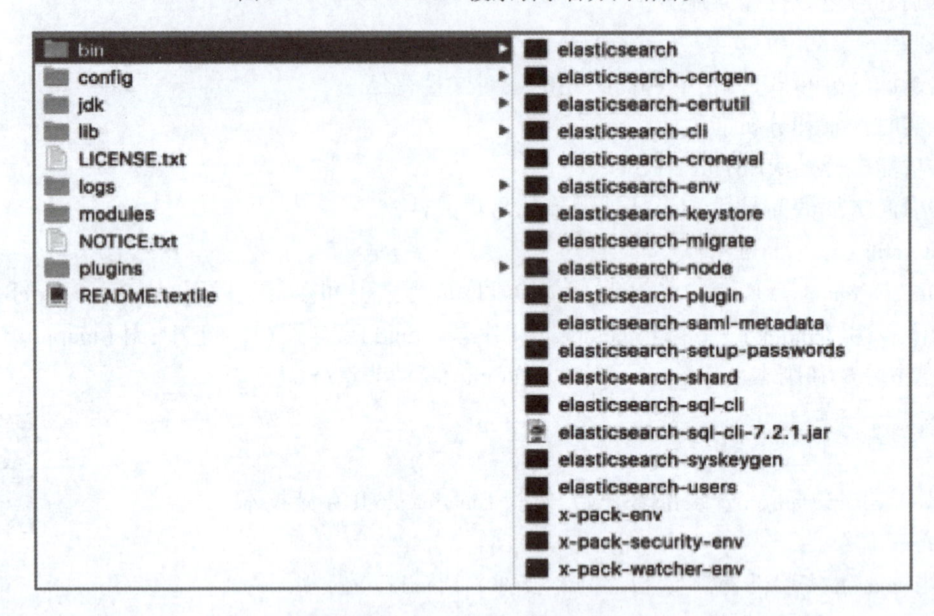

图 5-3-2　Elasticsearch7. x 目录结构

(5) logs：ElasticSearch 日志文件。

(6) modules：Elasticsearch 的所有模块，包括 X-pack 等。

(7) plugins：Elasticsearch 已经安装的插件。

(8) data：Elasticsearch 启动时创建，存储 Elasticsearch 文档数据。该目录可以设置。

3. Elasticsearch 启动

Linux 或 MacOS 环境下安装配置后，进入 Elasticsearch 的 bin 目录，执行 elasticsearch 脚本启动 Elasticsearch 服务。也可以在执行脚本后添加-d 参数，将 Elasticsearch 作为一个守护进行启动。

如果在 Windows 系统环境下安装配置，则运行 bin 目录下的 elasticsearch. bat 脚本。

```
#cd elasticsearch-7.2
./bin/elasticsearch
```

4. 服务验证

启动浏览器,输入验证地址。localhost 是 Elasticsearch 服务安装部署的 IP 地址或主机域名。

```
http://localhost:9200
```

返回类似以下消息,表明 Elasticsearch 服务已经成功启动并开始运行。消息内容根据不同版本、访问时间有所不同。

```
{
"name":"Tom Foster",
"cluster_name":'elasticsearch',
"version":{
"number":"7.2.1",
"build_hash":
"72cd1f1a3eee09505e036106146dc1949dc5dc87",
"build_timestamp":"2021-03-01 T22:40:03Z",
"build_snapshot":false,
"lucene_version":"8.0.0"
},
"tagline":"You Know,for Search"
}
```

5. Elasticsearch 伪集群

单节点启动多个 Elasticsearch 实例,部署伪集群。伪集群启动:

```
bin/elasticsearch -E node.name=ES01 -E cluster.name=es_cluster -E path.data=ES01_data -d
bin/elasticsearch -E node.name=ES02 -E cluster.name=es_cluster -E path.data=ES02_data -d
bin/elasticsearch -E node.name=ES03 -E cluster.name=es_cluster -E path.data=ES03_data -d
```

输入 http://localhost:9200/_cat/nodes? v 地址,可以查看 Elasticsearch 伪集群各节点的运行情况。

6. 配置 Elasticsearch

通常使用 Elasticsearch 默认参数进行服务配置,在服务部署过程中,可以通过修改 Elasticsearch 配置文件参数来优化系统服务,Elasticsearch 主要有以下三个配置文件:

1)主配置文件

Elasticsearch 服务的主要配置参数,参数配置文件为 config/elasticsearch. yml。Elasticsearch 典型的配置参数解析如下:

(1)cluster. name:集群名称,Elasticsearch 服务通过广播的方式自动连接在同一网段下的 Elasticsearch 服务节点。同一网段下可以有多个集群,通过集群名称属性区分不同的集群。

(2)node. name:节点名称,Elasticsearch 默认随机指定一个 name 列表中的名字,该 name 列表在 Elasticsearch 的 jar 包中 config 文件夹的 name. txt 文件中。

(3)node. master:指定该节点是否有资格被选举成为 master 主节点,默认是 true。Elasticsearch 默认将集群中的第一台机器设置为 master,如果该节点服务宕机,则重新选举新的 master。

(4)node. data:指定该节点是否存储索引数据,默认为 true。

(5)index. number_of_shards:设置默认索引分片个数,默认为 5 片。

(6)index. number_of_replicas:设置默认索引副本个数,默认为 1 个副本。如果采用默认设置,而集群只配置了一台机器,那么集群的健康度为“黄牌”状态,也就是所有的数据都是可用的,但是某些复制没有被分配。

(7)path. conf:设置配置文件的存储路径,默认 Elasticsearch 根目录下的 config 文件夹。

(8)path. data:设置索引数据的存储路径,默认 Elasticsearch 根目录下的 data 目录,可以设置多个存储路径。参数之间用半角逗号隔开,如 path. data:/opt/data/D01,/opt/data/D02。

(9)path. work:设置临时文件的存储路径,默认 Elasticsearch 根目录下的 work 目录。

(10)path. logs:设置日志文件的存储路径,默认 Elasticsearch 根目录下的 logs 目录。

(11)path. plugins:设置插件的存放路径,默认是 Elasticsearch 根目录下的 plugins 文件夹,插件在 Elasticsearch 里面普遍使用,用来增强原系统核心功能。

(12)bootstrap. mlockall:设置为 true 锁住内存不进行交换。因为当 jvm 开始交换时 Elasticsearch 的效率会降低,所以要保证它不交换,可以把 ES_MIN_MEM 和 ES_MAX_MEM 两个环境变量设置成同一个值,并且保证机器有足够的内存分配给 ElasticSearch。同时,也要允许 Elasticsearch 的进程可以锁住内存,在 Linux 下启动 Elasticsearch 之前可以通过'ulimit -l unlimited'命令设置。

(13)network. bind_host:设置绑定的 IP 地址,可以是 IPv4 或 IPv6 的,默认为 127.0.0.1。

(14)network. publish_host:设置其他节点和该节点交互的 IP 地址,如果不设置它会自动判断,该值必须是真实的 IP 地址。

(15)network. host:该参数用来同时设置 bind_host 和 publish_host 中的两个参数。

(16)transport. tcp. port:设置节点之间交互的 TCP 端口,默认是 9300。

(17)transport. tcp. compress:设置是否压缩 TCP 传输时的数据,默认为 false,不压缩。

(18)http. port:设置对外服务的 HTTP 端口号,默认为 9200。

(19)http. max_content_length:设置内容的最大容量,默认为 100 MB。

(20)http. enabled:设置是否使用 HTTP 协议对外提供服务,默认为 true,开启。

(21)gateway. type:gateway 的类型,默认的 local 即为本地文件系统,可以设置为本地文件系统、分布式文件系统(HDFS),如 Hadoop 的 HDFS 和 amazon 的 s3 服务器等。

(22)gateway. recover_after_nodes:设置集群中 N 个节点启动时进行数据恢复,默认为 1。

(23)gateway. recover_after_time:设置初始化数据恢复进程的超时时间,默认为 5 min。

(24)gateway. expected_nodes:设置这个集群中节点的数量,默认为 2,一旦该 N 个节点启动,就会立即进行数据恢复。

(25)cluster. routing. allocation. node_initial_primaries_recoveries:初始化数据恢复时,并发恢复线程的个数,默认为 4。

(26)cluster. routing. allocation. node_concurrent_recoveries:添加删除节点或负载均衡时并发恢复线程的个数,默认为 4。

(27)indices. recovery. max_size_per_sec:设置数据恢复时限制的带宽,如入 100 MB,默认为 0,即无限制。

(28)indices. recovery. concurrent_streams:设置这个参数来限制从其他分片恢复数据时最大

同时打开并发流的个数,默认为5。

(29) discovery. zen. minimum_master_nodes:设置这个参数来保证集群中的节点可以知道其他 N 个有 master 资格的节点。默认为1,对于大的集群来说,可以设置大一点的值(2~4)。

(30) discovery. zen. ping. timeout:设置集群中自动发现其他节点时 ping 连接超时时间,默认为3 s,对于比较差的网络环境可以高点的值来防止自动发现时出错。

(31) discovery. zen. ping. multicast. enabled:设置是否打开多播发现节点,默认为 true。

(32) discovery. zen. ping. unicast. hosts:设置集群中 master 节点的初始列表,可以通过这些节点来自动发现新加入集群的节点。

2) JVM 参数配置文件

JVM 参数配置文件位于 config/jvm. options,主要配置参数为 Elasticsearch 服务节点的堆内存大小。Elasticsearch 7. x 版本在默认情况下,JVM 使用大小为 1GB 的堆。迁移到生产环境时,需要配置堆大小以确保 Elasticsearch 有足够的可用堆是很重要的。JVM 配置案例:

```
[root@ ES01 elasticsearch-7.2.1]#vi vonfig/jvm.options
#Xms represents the initial size of total heap space
#Xms represents the maximum size of total heap space
-Xms8g
-Xmx8g
```

3) 日志配置文件

日志配置文件位于 cofnig/log4j2. properties,主要用于配置 Elasticsearch 日志相关参数。

三、了解 ElasticSearch 应用

Cayman 是基于 GO 语言实现的服务层和接口层。技术框架上基于 Elasticsearch (caymaneagles)模拟对象和桶的概念,实现对象存储管理系统(上传下载、统一管理、分析搜索、监控运维等)。底层对文件存储系统的兼容性高,可对接文件存储系统(fastdfs)、对象存储系统(ceph)、云存储(阿里 oss、amazon s3)、infinity 等。

任务小结

本任务以理论与实践相结合的方式,对 Elasticsearch 存储技术进行了系统学习,详细介绍了 Elasticsearch 技术,阐述了 Elasticsearch 的安装和部署,引入了应用案例。

※思考与练习

一、填空题

1. NoSQL 是一种不同于关系数据库的数据库管理系统设计方式,是对__________数据库的统称。

2. NoSQL 所采用的数据模型并非传统关系数据库的关系模型,而是类似__________、__________、__________等非关系模型。

3. NoSQL 数据库没有固定的__________,通常也不存在__________操作,也没有严格

遵守__________约束。

4. 与关系数据库相比，NoSQL具有灵活的__________可扩展性，可以支持海量数据存储。

5. NoSQL数据库支持__________风格的编程，可以较好地应用于大数据时代的各种数据管理。

二、选择题

1. NoSQL是一种不同于关系数据库的数据库管理系统设计方式，是对(　　)数据库的统称。

A. 非关系型　　B. 新关系型　　C. 结构型　　D. 分析型

2. (　　)数据库(key-value database)会使用一个哈希表，这个表中有一个特定的key和一个指针指向特定的value。

A. 内存　　B. 键值　　C. 系统　　D. 文档

3. NoSQL的三大基石包括CAP、BASE和(　　)。

A. 一致性　　B. 可分析性　　C. 可计算性　　D. 最终一致性

4. 图数据库以(　　)为基础，一个图是一个数学概念，用来表示一个对象集合，包括顶点以及连接顶点的边。

A. 图论　　B. 系统论　　C. 概率论　　D. 结构

5. Redis是一个开源的使用(　　)语言编写、支持网络、可基于内存亦可持久化的日志型、key-value数据库，并提供多种语言的API。

A. Java　　B. Python　　C. C　　D. Shell

三、判断题

1. 关系数据库无法满足Web 2.0的需求。(　　)

2. 列族数据库一般采用列族数据模型，数据库由多个行构成，每行数据包含多个列族，不同的行可以具有不同数量的列族，属于同一列族的数据会被存放在一起。(　　)

3. 在文档数据库中，文档是数据库的最小单位。(　　)

4. 非关系数据库的突出优势在于，以完善的关系代数理论作为基础，有严格的标准，支持事务ACID四性。(　　)

5. 关系数据库的关键特性包括完善的事务机制和高效的查询机制。(　　)

四、简答题

1. 简述NoSQL数据库兴起的原因。
2. 简述NoSQL与关系数据库的特性。
3. 简述NoSQL数据库的四大类型。
4. NoSQL的三大基石是什么？
5. 简述Elasticsearch的几个版本。
6. 简述Elasticsearch的主要配置文件。
7. Elasticsearch的日志配置文件主要配置什么？
8. 简述Elasticsearch服务的验证方法。
9. Elasticsearch伪集群实例如何启动？

10. 简述 Elasticsearch 的特性。

一、案例背景

随着大数据产业快速发展，大数据平台和技术的应用成为各行各业迫切了解的问题，也是大数据在行业应用的一个主要出发点。

二、问题描述

如今，大数据技术已广泛应用于工业、能源、医疗、金融、电信、交通等行业，如何整合数据、利用数据创造价值是大数据存储技术的关键点。

三、分析与对策

Eagles 实时搜索与分析引擎，是一套实时的多维的交互式的查询统计分析系统，具有高扩展性、高通用性、高性能的特点，能够为公司各个产品在大数据的统计分析方面提供完整的解决方案，让万级千亿级数据下的秒级统计分析变为现实。

Eagles 引擎特性：①易于管理；②高扩展性；③高可用性；④RESTful 跨平台接口。

四、处理结果

需要提前准备好用于存储的半结构化数据。此次工程案例准备的半结构化数据为具备 30 个字段的 30 万条数据，采用 csv 文件格式。利用 Kettle 向 Eagles 导入 CSV 文件数据，进行分析。

五、总结提炼

Eagles 作为一款数据存储索引引擎，以 NoSQL 方式对半结构化数据进行存储。

项目六

解析非结构化数据存储

任务一　走进非结构化存储技术

任务描述

非结构化数据不规则或不完整，没有预定义的数据模型，不方便用数据库二维逻辑表来表现；同时，非结构化数据格式多样、标准多样，在技术上非结构化信息比结构化信息更难标准化、更难理解。

本任务对非结构化数据进行探讨，结合非结构化数据特性剖析非结构化数据的存储特点。

任务目标

- 了解非结构化数据。
- 掌握非结构化数据存储的特点。

非结构化存储技术介绍

任务实施

一、了解非结构化数据

非结构化数据是指不容易进行分类和存放的数据。非结构化数据文件通常包括文本和多媒体内容。

据估计，组织机构中80% ~90% 的数据都是非结构化的。企业中非结构化数据的数量正在显著增长，通常比结构化数据的增长速度快很多倍。典型的非结构化数据包括电子邮件、文字处理文档、视频、照片、音频文件、演示文稿、网页和许多其他类型的业务文档。

注意：虽然这类文件可能具有内部结构，但它们仍然被视为"非结构化"，因为它们包含的数据不能整齐地放入数据库中。

对非结构数据进行的存储、检索、发布及利用需要更加智能化的IT技术，如海量存储、智能检索、知识挖掘、内容保护、信息的增值开发利用等。

非结构化数据存储技术，包括非结构化数据的采集、存储和管理，并为非结构化数据的分析、挖掘及应用提供支撑。

非结构化数据的优势：

1. 体量大

非结构化数据可以是公司内部的邮件信息、聊天记录以及搜集到的调查结果，也可以是个人网站上的评论、客户关系管理系统中的评论或者从个人应用程序中得到的文本字段，还可以是公司外部的社会媒体、社交论坛，以及来自一些感兴趣的话题的评论。

非结构化数据随处可见，可以由机器设备生成，也可以由个人或组织人为生成。典型非结构化数据来源如下：

1）机器生成

机器生成的典型非结构数据包括：

（1）在轨卫星空间数据：包括天气数据或者政府、组织在其监视图像中捕获的数据等，如北斗卫星导航生成的车辆轨迹数据、北斗定位生成的精准位置数据。

（2）生产车间设备数据：工业互联网背景下，传统的工业生产系统进行产业升级；生产车间工厂设备所生成的数据通过数据终端采集上传至大数据平台，为智能制造提供产业支撑。

（3）远程医疗设备数据：5G 通信技术的发展，使远程医疗成为可能，通过远程医疗设备生成的海量实时影像数据，医疗工作者可以远程为患者进行手术。

（4）智慧交通监测数据：设备实时监测轨道、公交、路桥，生成图文、视频等监测数据，为智慧交通提供支撑。

2）人为生成

典型的人为生成数据包括：

（1）文本数据：人为生成的各类文件，如 Office 文档、日志、报告、电子邮件中的文本等。

（2）媒体数据：人们在博客、钉钉、QQ、微信等媒体平台上活动所留下的数据。

（3）移动数据：主要包括短信、位置等数据，如疫情期间，通过分析个人通信大数据获取个人轨迹信息，分析并判定个人的疫情风险等级。

（4）网站内容：来自非结构化数据网站。

2. 价值高

非结构化数据中蕴藏着大量的价值信息，利用非结构化数据分析能够帮助企业快速地了解现状、分析趋势并且识别新出现的问题。

3. 可分析

结构化数据大多存储在关系数据库中，通常称为关系数据。这种类型的数据可以很容易地映射到预先设计的字段中，例如，数据库设计者可以为接收特定位数的电话号码、邮政编码和信用卡号码设置字段。结构化数据已经或可以存储到预先设计好的结构化字段中。非结构化数据不是关系数据，不适合使用预定义的关系数据模型。

然而，一线生产和管理团队也有希望借助于非结构化数据的分析而产生价值，对非结构化数据的分析不再是数据科学家和 IT 精英的专利。

管理一个特殊产品细分市场的经理，也能够预测客户群体需求：从非结构化数据中寻找最优活动方案，运用大数据可视化文本分析工具快速识别最相关的问题，改善商业实践，及时采取

行动,而这都不是数据科学家的专利。

非结构化数据中所凸显的目标和价值往往是直观的,例如,将客户投诉文本内容导入大数据分析平台,运用可视化分析工具直观感受客户对产品和服务投诉的原因,可以帮助企业快速地定位问题,优化产品和服务,降低损失。

二、掌握非结构化数据存储的特点

早期非结构化数据存储比较简单,信息系统建设过程中会将海量的非结构化数据存储在单一的系统中。例如,早期的电信交换机会将通话详单和短信详单存储到磁带中作为历史数据沉淀下来;交换网管系统会将日志输出成文件存储到磁盘中;点播系统中的语音和视频数据存储到光盘系统中;受限于磁盘存储系统的性能和容量,许多历史数据会被当成垃圾处理掉。受技术的限制,海量数据无法有效存储,从海量非结构化数据中挖掘有用数据变得更加困难。

随着大数据存储技术的发展和业务需求的驱动,对非结构化数据存储提出了更高的要求。只有当非结构化存储系统具备了这些能力,才能够更有效地发挥大数据系统的价值。

针对非结构化数据体积大、增长快、格式标准多样化的特点,非结构数据存储技术必须具备以下功能:

(1)能够快速地对大体积的非结构化数据进行读/写操作。

(2)存储容量能根据需要适应非结构化数据的快速增长,能进行动态弹性扩容。

(3)能存储多种格式或标准的非结构化数据。

任务小结

通过本任务学习了非结构化数据的特点、非结构化数据存储技术,包括非结构化数据的采集、存储和管理,并为非结构化数据的分析、挖掘及应用提供支撑。非结构化数据具有体量大、价值高、可分析等优势。

任务二　解析 GlusterFS 存储技术

任务描述

GlusterFS 是一个可扩展的网络文件系统,适用于数据密集型任务,如云存储和媒体流。GlusterFS 是一种免费的开源软件,可以使用通用的硬件。

本任务将带领读者一起学习 GlusterFS 存储技术架构和技术特性。

任务目标

GlusterFS
存储技术

- 了解 GlusterFS 的基本概念。
- 理解 GlusterFS 的系统架构。
- 理解 GlusterFS 的技术特性。

任务实施

一、了解 GlusterFS

GlusterFS 是一款免费的开源软件，主要应用在集群系统中，具有良好的系统结构，易于扩展、配置方便，通过各个模块的灵活搭配可得到有针对性的解决方案。

GlusterFS 具有强大的横向扩展能力，通过扩展能够支持数 PB 级别的存储容量和处理数千客户端。GlusterFS 将来自多个服务器的磁盘存储资源聚合到一个全局名称空间中。

企业可以跨内部部署、公共云和混合环境，按需扩展容量、性能和可用性，无须担忧供应商锁定。GlusterFS 在媒体、医疗保健、政府、教育、Web 2.0 和金融服务等数千家机构的生产环境中广泛使用。

二、理解 GlusterFS 系统架构

GlusterFS 管理守护进程（glusterd）在每台服务器上运行，并管理一个块进程（glusterfsd），该进程反过来导出底层磁盘存储（XFS 文件系统）。客户机进程装载卷并将所有块中的存储作为单个统一存储命名空间公开给访问它的应用程序。客户机和 brick 进程的堆栈中加载了各种转换器。来自应用程序的 I/O 通过这些转换器路由到不同的程序块。GlusterFS 系统架构如图 6-2-1 所示。

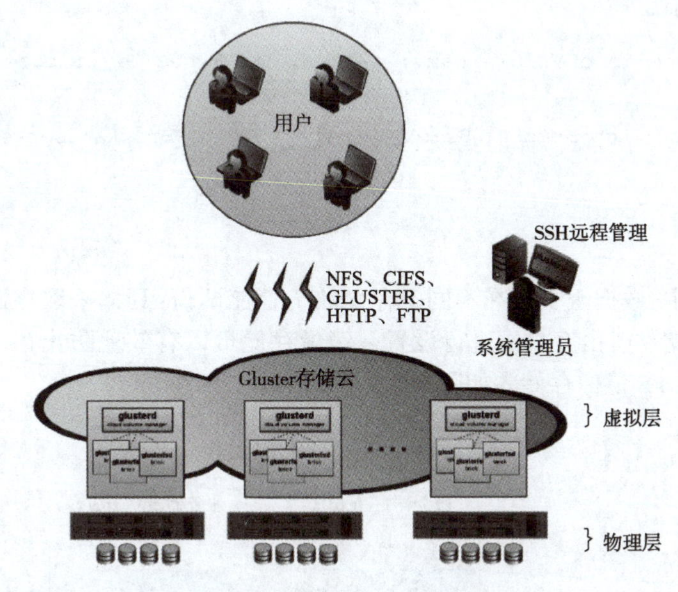

图 6-2-1　GlusterFS 系统架构

在 GlusterFS 中逻辑卷（volume）是一组存储块（bricks）的集合，GlusterFS 可以支持多种类型的逻辑卷，以实现不同的数据保护级别和存取性能。GlusterFS 文件系统根据需要支持不同类型的卷，有些卷适合扩展存储大小，有些卷适合提高性能，有些卷适合两者。

1. 分布存储卷

分布存储是 GlusterFS 默认使用的存储卷类型。文件会被分布到存储到逻辑卷中的各个存

储块上。以两个存储块的逻辑卷为例,文件 file1 可能被存放在 brick1 或 brick2 中,但不会在每个块中都存一份。分布存储不提供数据冗余保护。GlusterFS 分布式存储卷如图 6-2-2 所示。

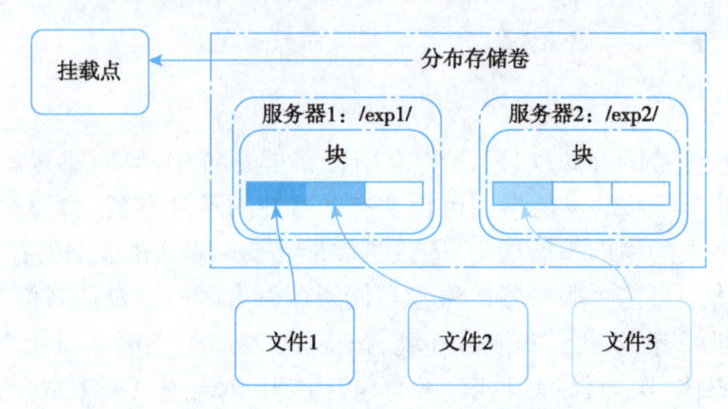

图 6-2-2　GlusterFS 分布式存储卷

创建分布式卷的命令格式:

```
#gluster volume create NEW-VOLNAME [transport [tcp | rdma | tcp,rdma]] NEW-BRICK...
```

例如,使用 TCP 创建具有四个存储服务器的分布式卷:

```
# gluster volume create test-volume server1:/exp1 server2:/exp2 server3:/exp3
server4:/exp4 volume
create: test-volume: success: please start the volume to access data
```

显示存储卷的信息:

```
# gluster volume info Volume Name: test-volume Type: Distribute Status: Created
Number of Bricks:
4 Transport-type: tcp Bricks: Brick1: server1:/exp1 Brick2: server2:/exp2 Brick3:
server3:/exp3
Brick4: server4:/exp4
```

2. 镜像存储卷

在镜像存储卷中,数据至少会在不同的存储块上存储两份,具体采取存储几份的冗余数据可以在创建镜像存储卷时由客户端进行设置。镜像存储可以有效地防止存储块损坏引发的数据丢失风险。GlusterFS 镜像存储卷如图 6-2-3 所示。

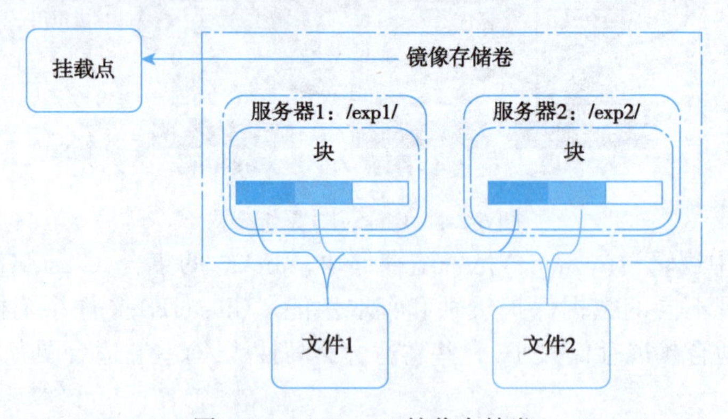

图 6-2-3　GlusterFS 镜像存储卷

创建分布式卷的命令格式：

```
#gluster volume create NEW-VOLNAME [replica COUNT] [transport [tcp |rdma | tcp,rdma]]
NEW-BRICK...
```

例如，要创建具有三个存储服务器的复制卷：

```
# gluster volume create test-volume replica 3 transport tcp \
server1:/exp1 server2:/exp2 server3:/exp3
volume create: test-volume: success: please start the volume to access data
```

3. 分布式复制卷

分布式复制 GlusterFS 逻辑卷中，文件是跨镜像存储块的集合进行分布式存储，即文件可能被存储在某一个镜像存储块集合中，但不会同时存储到多个集合。而在一个镜像存储块的集合内，文件在每个存储块上各存一份。GlusterFS 分布式复制卷如图 6-2-4 所示。

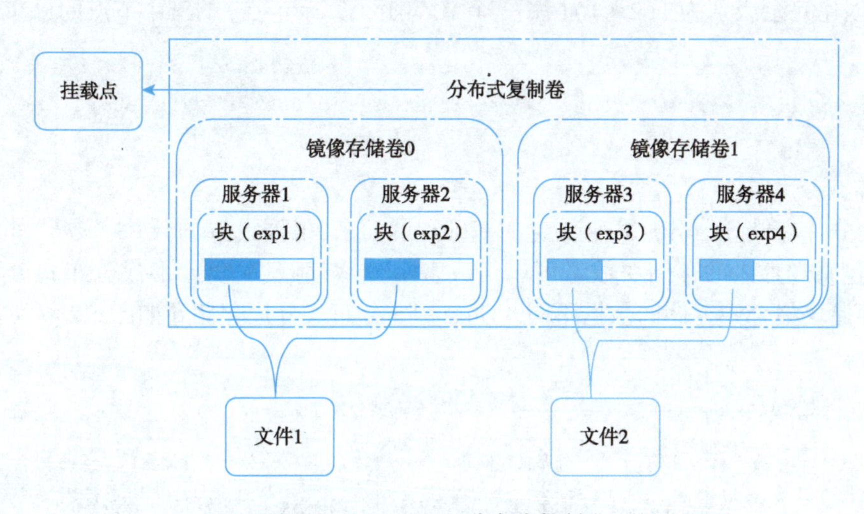

图 6-2-4　GlusterFS 分布式复制卷

创建分布式复制卷的命令格式：

```
#gluster volume create NEW-VOLNAME [replica COUNT] [transport [tcp | rdma | tcp,rdma]]
NEW-BRICK...
```

例如，创建六个节点的分布式复制卷：

```
# gluster volume create test-volume replica 3 transport tcp server1:/exp1 server2:/
exp2 server3:/exp3 server4:/exp4 server5:/exp5 server6:/exp6 volume create: test-
volume: success: please start the volume to access data
```

4. 分片式存储卷

在分片式存储卷中，一个文件会被切分成多份，数量等于存储块的数量，每个存储块中保存一份。分布式片存储（见图 6-2-5）方式不提供数据冗余保护。

创建分布式片存储指令：

```
# gluster volume create test-volume [disperse [<COUNT>]] [disperse-data <COUNT>]
[redundancy <COUNT>] [transport tcp | rdma | tcp,rdma] <NEW-BRICK>
```

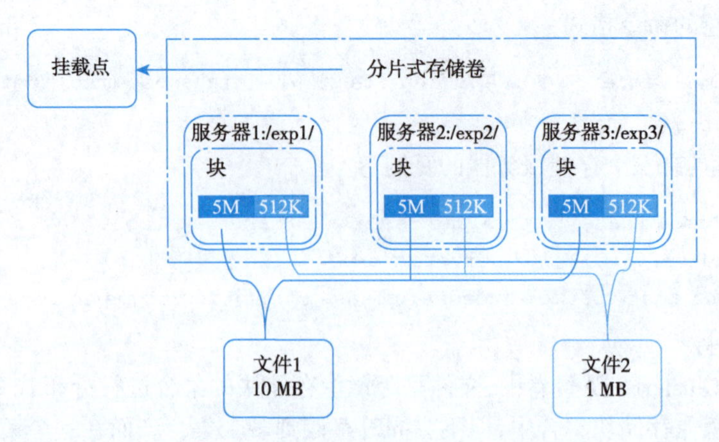

图 6-2-5　GlusterFS 分布式片存储

例如，创建冗余级别为 1(2+1)(注:2 个节点,1 个冗余节点)的三个节点的分布式片存储:

```
# gluster volume create test-volume disperse 3 redundancy 1 server1:/exp1 server2:/exp2 server3:/exp3 volume create: test-volume: success: please start the volume to access data
```

5. 分布式分片存储卷

分布式分片存储卷由分片式存储卷的基础扩展而来，根据设置的分片参数(一个文件分成几片)和为逻辑卷加入的存储块数量可以组成多个分片存储块集合，形成分布式分片存储卷。每个分片存储块集合中存储的数据不同。GlusterFS 分布式分片存储卷如图 6-2-6 所示。

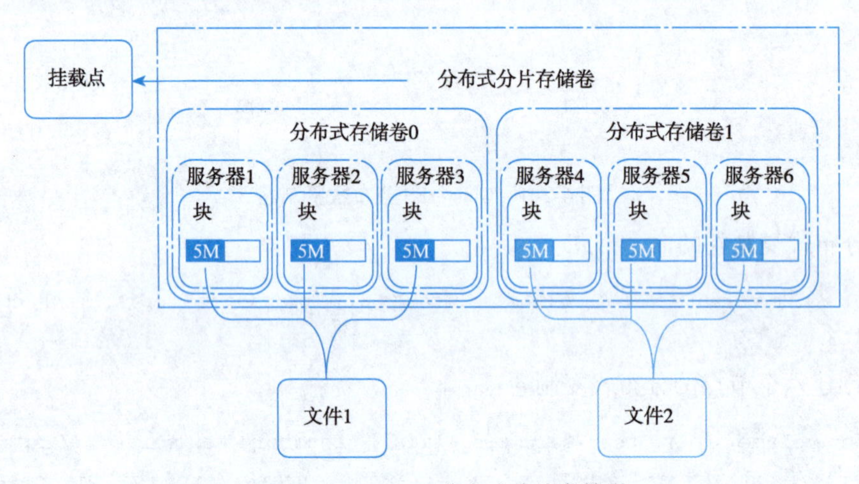

图 6-2-6　GlusterFS 分布式分片存储卷

创建分布式分片存储的命令格式如下:

```
# gluster volume create [disperse [<COUNT>]] [disperse-data <COUNT>] [redundancy <COUNT>] [transport tcp | rdma | tcp,rdma] <NEW-BRICK>
```

例如，冗余级别为 1,2×(2+1)=6(注:2 套系统，每套由 2 个节点和 1 个冗余节点构成)的六节点分布式分片存储卷:

```
# gluster volume create test-volume disperse 3 redundancy 1 server1:/exp1 server2:/exp2 server3:/exp3 server4:/exp4 server5:/exp5 server6:/exp6 volume create: test-volume: success: please start the volume to access data
```

三、理解 GlusterFS 技术特性

GlusterFS 是一个可扩展的分布式文件系统，可以将来自多个服务器的磁盘存储资源聚合到一个全局名称空间。

GlusterFS 具有以下技术特性：

1. 容量

GlusterFS 集群可以拓展支持 PB 级的存储容量。

2. 并发

可处理成千上万的客户访问。

3. 兼容性

使用通用的商用硬件，与 POSIX（portable operating system interface，可移植操作系统接口）兼容，可以使用任何支持扩展属性的 On-Disk 文件系统，可以使用 NFS 和 SMB 等行业标准协议进行访问。

4. 易管理性

Self-Heal NFS 类磁盘布局，提供复制、配额、地理复制、快照和 Bitrot 检测，允许针对不同工作负载进行优化。

5. 开源

开放源代码。

任务小结

本任务系统讲解了 GlusterFS 存储技术、系统架构和特性。GlusterFS 作为一款免费的开源软件，因其良好的系统结构、易于拓展、方便配置等特性而得到广泛应用。

GlusterFS 可以支持多种类型的逻辑卷，以实现不同的数据保护级别和存取性能。GlusterFS 存储卷有分布存储卷、镜像存储卷、分布式复制卷、分片式存储卷、分布式分片存储卷。每一种存储卷拥有不同的特点，需要根据不同的应用场景进行设计。

任务三　部署 GlusterFS 集群

任务描述

本任务通过使用许多虚拟机，创建一个 GlusterFS 集群，部署 GlusterFS 分布式文件系统。

部署GlusterFS集群

任务目标

搭建一个三节点的 GlusterFS 集群。

任务实施

项　　目	glusterfs53	glusterfs54	glusterfs55
IP 地址	192. 168. 1. 53	192. 168. 1. 54	192. 168. 1. 55

一、安装依赖(53&54)

```
[root@ glusterfs53 ~]# yum install -y flex bison openssl openssl-devel acl libacl libacl-devel sqlite-devel libxml2-devel python-devel make cmake gcc gcc-c++ autoconf automake libtool unzip zip
Loaded plugins: fastestmirror
Loading mirror speeds from cached hostfile
 * base: mirrors.cn99.com
 * extras: ap.stykers.moe
 * updates: ap.stykers.moe
Resolving Dependencies
-->Running transaction check
--->Package acl.x86_64 0:2.2.51-12.el7 will be updated
…
…
selinux-policy.noarch 0:3.13.1-229.el7_6.12    systemd-libs.x86_64 0:219-62.el7_6.6
systemd-sysv.x86_64 0:219-62.el7_6.6    xz.x86_64 0:5.2.2-1.el7
xz-libs.x86_64 0:5.2.2-1.el7    zlib.x86_64 0:1.2.7-18.el7
Complete!
```

二、安装 userspace-rcu-master(53&54)

(1)下载 userspace-rcu-master:

```
[root@ glusterfs53 ~]# wget https://codeload.github.com/urcu/userspace-rcu/zip/master
--2019-06-21 06:32:50--  https://codeload.github.com/urcu/userspace-rcu/zip/master
Resolving codeload.github.com (codeload.github.com)... 54.251.140.56
Connecting to codeload.github.com (codeload.github.com)|54.251.140.56|:443... connected.
HTTP request sent, awaiting response... 200 OK
Length: unspecified [application/zip]
Saving to: 'master'
[<=>] 516,523  11.2KB/s  in 63s

2019-06-21 06:33:56 (7.97 KB/s) - 'master' saved [516523]
```

(2)安装 userspace-rcu-master:

```
[root@ glusterfs53 ~]# unzip master -d /usr/local/
Archive: master
```

```
4104b71fb1810c7a61ab76e3fbaec0ea88f6fd75
creating: /usr/local/userspace-rcu-master/
inflating: /usr/local/userspace-rcu-master/.gitignore
...
...
inflating: /usr/local/userspace-rcu-master/tests/utils/tap.h
inflating: /usr/local/userspace-rcu-master/tests/utils/tap.sh
[root@ glusterfs53 userspace-rcu-master]#./bootstrap
+ '[' '!' '-d config ']'
+ autoreconf -vi
autoreconf: Entering directory '.'
...
...
configure.ac:15: installing 'config/missing'
src/Makefile.am: installing 'config/depcomp'
parallel-tests: installing 'config/test-driver'
autoreconf: Leaving directory '.'
[root@ glusterfs53 userspace-rcu-master]#./configure
checking build system type... x86_64-unknown-linux-gnu
checking host system type... x86_64-unknown-linux-gnu
checking target system type... x86_64-unknown-linux-gnu
checking for a BSD-compatible install... /usr/bin/install -c
...
...
Internal debugging:                          no
Lock-free hash table iterator debugging:no
Multi-flavor support:                        yes

Install directories
Binaries:                                    /usr/local/bin
Libraries:                                   /usr/local/lib
[root@ glusterfs53 userspace-rcu-master]# make && make install
Making all in include
make[1]: Entering directory '/usr/local/userspace-rcu-master/include'
make all-am
make[2]: Entering directory '/usr/local/userspace-rcu-master/include'
make[2]: Leaving directory '/usr/local/userspace-rcu-master/include'
...
...
/usr/bin/install -c -m 644 LICENSE README.md '/usr/local/share/doc/userspace-rcu'
make[2]: Leaving directory '/usr/local/userspace-rcu-master'
make[1]: Leaving directory '/usr/local/userspace-rcu-master'
```

三、安装 glusterfs（53&54）

（1）下载 glusterfs：

```
[root@ glusterfs53 ~]# wget https://download.gluster.org/pub/gluster/glusterfs/old-releases/3.6/3.6.9/glusterfs-3.6.9.tar.gz
--2019-06-21 01:30:28-- https://download.gluster.org/pub/gluster/glusterfs/old-releases/3.6/3.6.9/glusterfs-3.6.9.tar.gz
Resolving download.gluster.org (download.gluster.org)... 8.43.85.185
Connecting to download.gluster.org (download.gluster.org)|8.43.85.185|:443... connected.
HTTP request sent, awaiting response... 200 OK
Length: 6106554 (5.8M) [application/x-gzip]
Saving to: 'glusterfs-3.6.9.tar.gz'
100%[==================================>] 6,106,554 3.05MB/s in 1.9s
2019-06-21 01:30:32 (3.05 MB/s) - 'glusterfs-3.6.9.tar.gz' saved [6106554/6106554]
```

（2）安装 glusterfs：

```
[root@ glusterfs53 ~]# tar -zxvf glusterfs-3.6.9.tar.gz -C /usr/local/
glusterfs-3.6.9/
glusterfs-3.6.9/Makefile.am
glusterfs-3.6.9/COPYING-LGPLV3
…
…
glusterfs-3.6.9/tests/nfs.rc
glusterfs-3.6.9/tests/README.md
glusterfs-3.6.9/tests/snapshot.rc
[root@ glusterfs53 glusterfs-3.6.9]#./configure --prefix=/usr/local/glusterfs
GlusterFS configure summary
===========================
FUSE client          : yes
Infiniband verbs     : no
epoll IO multiplex   : yes
argp-standalone      : no
fusermount           : yes
readline             : no
georeplication       : yes
Linux-AIO            : no
Enable Debug         : no
systemtap            : no
Block Device xlator  : no
glupy                : yes
Use syslog           : yes
XML output           : yes
QEMU Block formats   : no
Encryption xlator    : yes
Erasure Code xlator  : yes
[root@ glusterfs53 glusterfs-3.6.9]# make && make install
```

```
make --no-print-directory --quiet all-recursive
Making all in libglusterfs
Making all in src
CC     libglusterfs_la-dict.lo
CC     libglusterfs_la-xlator.lo
CC     libglusterfs_la-logging.lo
...
...
Making install in src
/bin/sh ../../libtool --quiet --mode=install /usr/bin/install -c gsyncd '/usr/local/glusterfs/libexec/glusterfs'
/usr/bin/install -c gverify.sh peer_add_secret_pub peer_gsec_create set_geo_rep_pem_keys.sh '/usr/local/glusterfs/libexec/glusterfs'
/usr/bin/install -c -m 644 glusterfs-api.pc libgfchangelog.pc '/usr/local/glusterfs/lib/pkgconfig'
```

(3)添加环境变量：

```
[root@ glusterfs53 glusterfs-3.6.9]# vi /etc/profile
-------------------加入以下内容-------------------------
#最上面添加如下配置
export GLUSTERFS_HOME=/usr/local/glusterfs
export PATH=$PATH:$GLUSTERFS_HOME/sbin
```

(4)更新加载环境变量：

```
[root@ glusterfs53 glusterfs-3.6.9]# source /etc/profile
```

(5)启动 glusterfs：

```
[root@ glusterfs53 glusterfs-3.6.9]# /usr/local/glusterfs/sbin/glusterd
```

(6)关闭防火墙：

```
[root@ glusterfs53 glusterfs-3.6.9]# systemctl stop firewalld.service
[root@ glusterfs53 glusterfs-3.6.9]# systemctl disable firewalld.service
Removed symlink /etc/systemd/system/dbus-org.fedoraproject.FirewallD1.service.
Removed symlink /etc/systemd/system/basic.target.wants/firewalld.service.
```

四、建立集群(53)

(1)执行以下命令,将 192.168.1.54 节点加入到集群：

```
[root@ glusterfs53 ~]# gluster peer probe 192.168.1.54
peer probe: success.
```

(2)查看集群状态：

```
[root@ glusterfs53 ~]# gluster peer status
Number of Peers: 1
Hostname: 192.168.1.54
Uuid: 7783adb8-3a97-4465-b902-f8100f455698
```

```
State: Peer in Cluster (Connected)
```

(3)查看 volume 信息(由于还没有创建 volume,所以显示的是暂无信息):

```
[root@ glusterfs53 ~]# gluster volume info
No volumes present7
```

(4)创建数据存储目录(在 53 和 54 两个节点上都运行):

```
[root@ glusterfs53 ~]# mkdir -p /opt/gluster/data
```

(5)创建复制卷 models,指定刚创建的目录(replica 2 表明存储两个备份,后面指定服务器的存储目录):

```
[root@ glusterfs53 ~]# gluster volume create models replica 2 192.168.1.53:/opt/gluster/data 192.168.1.54:/opt/gluster/data force
volume create: models: success: please start the volume to access data
```

(6)再次查看 volume 信息:

```
[root@ glusterfs53 ~]# gluster volume info
Volume Name: models
Type: Replicate
Volume ID: 3cfa8064-6bfa-49a4-a0bf-4ce9aae5805f
Status: Created
Number of Bricks: 1 x2 =2
Transport-type: tcp
Bricks:
Brick1: 192.168.1.53:/opt/gluster/data
Brick2: 192.168.1.54:/opt/gluster/data
```

(7)调用 gluster volume start models 指令,启动 models:

```
[root@ glusterfs53 ~]# gluster volume start models
volume start: models: success
```

五、gluster 性能调优

(1)开启指定 volume 的配额:

```
[root@ glusterfs53 ~]# gluster volume quota models enable
volume quota : success
```

(2)限制 models 总目录最大使用 5 GB 空间(5 GB 并非绝对,可根据实际硬盘大小配置):

```
[root@ glusterfs53 ~]# gluster volume quota models limit-usage / 5GB
volume quota : success
```

(3)设置 cache 大小(128 MB 并非绝对,可根据实际硬盘大小配置):

```
[root@ glusterfs53 ~]# gluster volume set models performance.cache-size 128MB
volume set: success
```

(4)开启异步,后台操作:

```
[root@ glusterfs53 ~]# gluster volume set models performance. flush-behind on
volume set: success
```

(5)设置 I/O 线程 32：

```
[root@ glusterfs53 ~]# gluster volume set models performance. io-thread-count 32
volume set: success
```

(6)设置回写(写数据时间,先写入缓存内,再写入硬盘)：

```
[root@ glusterfs53 ~]# gluster volume set models performance. write-behind on
volume set: success
```

(7)查看调优之后的 volume 信息：

```
[root@ glusterfs53 ~]# gluster volume info
Volume Name: models
Type: Replicate
Volume ID: 3cfa8064-6bfa-49a4-a0bf-4ce9aae5805f
Status: Started
Number of Bricks: 1 x 2 =2
Transport-type: tcp
Bricks:
Brick1: 192.168.1.53:/opt/gluster/data
Brick2: 192.168.1.54:/opt/gluster/data
Options Reconfigured:
performance. write-behind: on
performance. io-thread-count: 32
performance. flush-behind: on
performance. cache-size: 128MB
features. quota: on
```

六、部署客户端并挂载 GlusterFS 文件系统(55)

(1)安装 gluster-client：

```
[root@ glusterfs55 ~]# yum install -y glusterfs glusterfs-fuse
Loaded plugins: fastestmirror
base                                                    |3.6 kB  00:00:00
extras                                                  |3.4 kB  00:00:00
updates                                                 |3.4 kB  00:00:00
(1/4): extras/7/x86_64/primary_db                       |205 kB 00:00:00
(2/4): base/7/x86_64/group_gz                           |166 kB 00:00:00
…
…
Verifying: glusterfs-fuse-3.12.2-18.el7.x86_64                     6/8
Verifying: libattr-2.4.46-13.el7.x86_64                            7/8
Verifying: libattr-2.4.46-12.el7.x86_64                            8/8
Installed:
glusterfs.x86_64 0:3.12.2-18.el7
```

```
glusterfs-fuse.x86_64 0:3.12.2-18.el7

Dependency Installed:
attr.x86_64 0:2.4.46-13.el7                glusterfs-client-xlators.x86_64 0:3.12.2-18.el7
glusterfs-libs.x86_64 0:3.12.2-18.el7 psmisc.x86_64 0:22.20-15.el7

Dependency Updated:
libattr.x86_64 0:2.4.46-13.el7
Complete!
```

(2)建立挂载点目录：

```
[root@ glusterfs55 ~]# mkdir -p /opt/gfsmount
```

(3)挂载：

```
[root@ glusterfs55 ~]# mount -t glusterfs 192.168.1.53:models /opt/gfsmount/
```

(4)检查挂载情况：

```
[root@ glusterfs55 ~]# df -h
Filesystem                 Size    Used    Avail    Use%    Mounted on
/dev/mapper/centos-root    18G     944M    17G      6%       /
devtmpfs                   2.0G    0       2.0G     0%      /dev
tmpfs                      2.0G    0       2.0G     0%      /dev/shm
tmpfs                      2.0G    8.6M    2.0G     1%      /run
tmpfs                      2.0G    0       2.0G     0%      /sys/fs/cgroup
/dev/sda1                  497M    108M    390M     22%     /boot
tmpfs                      394M    0       394M     0%      /run/user/0
192.168.1.53:models        18G     1.5G    16G      9%      /opt/gfsmount
```

(5)测试：

```
[root@ glusterfs55 ~]# time dd if=/dev/zero of=/opt/gfsmount/hello bs=10M count=1
1+0 records in
1+0 records out
10485760 bytes (10 MB) copied, 0.664919 s, 15.8 MB/s

real    0m0.730s
user    0m0.000s
sys     0m0.019s

[root@ glusterfs55 ~]# cd /opt/gfsmount
[root@ glusterfs55 gfsmount]# ls
hello test
[root@ glusterfs55 gfsmount]# ll
total   10244
-rw-r--r--. 1 root root 10485760 Jun 21 13:17 hello
drwxr-xr-x. 2 root root     4096 Jun 21 13:17 test
```

(6)查看集群存储情况(在53和54两个节点上都运行):

```
[root@ glusterfs53 ~]# cd /opt/gluster/data/ && ll
total 10248
-rw-r--r--. 2 root root 10485760 Jun 21 13:18 hello
drwxr-xr-x. 2 root root        6 Jun 21 13:17 test
```

如果机器重启,GlusterFS服务需要启动,磁盘models需要启动,目录/opt/gfsmount/需要重新挂载,挂载完目录/opt/gfsmount/需要重新进入。

```
systemctl stop firewalld.service
gluster volume start models
mount -t glusterfs 192.168.133.53:models /opt/gfsmount/
cd /opt/gfsmount/
```

注意:两个分区挂到同一个分区,第一个挂的那个不是被覆盖,而是被暂时隐藏。例如,先挂mount/dev/sda1/opt/gfsmount/,又挂mount /dev/sda2 /opt/gfsmount/,/dev/sda1中的内容就暂时被隐藏,只要执行umount /dev/sda2命令,把第二个分区卸载,再执行cd /opt/gfsmount/命令就可以看到挂的第一个分区的内容。

※思考与练习

一、填空题

1. 常见的非结构化数据包括____________、____________、____________、____________、____________、____________等。

2. 对非结构数据进行的存储、检索、发布以及利用需要更加智能化的IT技术,如____________、____________、____________、____________、信息的____________等。

3. 非结构化数据存储技术,包括非结构化数据的____________、____________和____________,并为非结构化数据的分析、挖掘及应用提供支撑。

4. 非结构化数据有____________、____________、格式____________等特点。

5. 非结构化数据中蕴藏着大量的价值信息,利用非结构化数据分析能够帮助企业快速地____________、____________,并且识别____________。

二、选择题

1. 非结构化数据有体量大、价值高、(　　)等优势。

A. 可分析　　B. 可管理　　C. 可操作　　D. 可备份

2. 以下(　　)不是非结构化数据。

A. 文本　　B. 图像

C. 音频　　D. Oracle数据库保存的学生成绩数据

3. 非结构化数据存储技术,包括非结构化数据的采集、存储和(　　)。

A. 管理　B. 计算　C. 分析　D. 挖掘

4. 非结构化数据的特点包括:数据体积大、增长快、(　　)。

A. 格式标准多样化　B. 计算快　C. 分析快　D. 挖掘快

5. 非结构化数据是数据(　　)不规则或不完整。

A. 结构　B. 格式　C. 表现　D. 内容

三、判断题

1. 对非结构数据进行的存储、检索、发布以及利用需要更加智能化的IT技术。(　　)

2. 非结构化数据存储技术,包括非结构化数据的采集、存储和管理。(　　)

3. 非结构化数据存储必须具有能够快速地对大体积的非结构化数据进行读/写操作的能力。(　　)

4. 非结构化数据存储必须具有存储容量能根据需要适应非结构化数据的快速增长,能进行动态弹性的扩容的能力。(　　)

5. 非结构化数据存储必须具有能存储多种格式或标准的非结构化数据的能力。(　　)

四、简答题

1. 简述非结构化数据的优势。
2. 如何理解非结构化数据的可分析优势?
3. 非结构化数据存储技术具备哪些特点?
4. 简述 GlusterFS 分布存储卷。
5. 简述 GlusterFS 镜像存储卷。
6. 简述 GlusterFS 分布式复制卷。
7. 简述 GlusterFS 分布式分片存储卷。
8. 简述 GlusterFS 的技术特性。
9. GlusterFS 集群部署如何安装依赖?
10. userspace-rcu-master 如何安装?

工程现场

一、案例背景

某企业拥有海量历史数据,需要构建一个存储平台,对海量历史数据进行打包备份存储。

二、问题描述

采用 GlusterFS 存储架构,构建分布式存储平台,对海量历史数据进行备份存储。

三、分析与对策

GlusterFS 是一个开源的分布式文件系统,具有强大的横向扩展能力,通过扩展能够支持数 PB 存储容量和处理数千客户端。

四、处理结果

用 GlusterFS 存储技术构建存储平台,对海量历史数据进行打包、存储。

五、总结提炼

根据具体的业务应用场景规划、设计 GlusterFS 存储架构。

拓展篇

引言

随着AI和5G时代的到来，常规的结构化数据交互已经不能满足人们的需求。伴随着数字化的快速发展，非结构化数据扮演起越来越重要的角色，图片、视频、语音蕴含的丰富信息将被广泛利用。然而，真正能够使用并且管理非结构化数据是现在人工智能领域的一大难题。

远程医疗、无人驾驶、智能机器人、森林防火无人机……

我们身边的一切正在经历着翻天覆地的变化，我们每天都在以各种方式生产和消费着各种数据。数据让社区、组织、城市、国家乃至整个地球变得更加灵动，更加智慧。

坐在高铁上，假如吸烟，会让传感器采集到的数据触发烟雾报警器，迫使列车停车。一串串的比特流构建着一张张巨大的神经网络，让冰冷的设备零件变得鲜活起来。

数据无处不在，无时不在；从远古渔猎时代的结绳计数，到摩斯电码；从老百姓的日用账本，到航空航天的北斗导航，时时处处都有数据的影子。

据IDC预测，2018—2025年之间，全球产生的数据量将会从33 ZB增长到175 ZB，复合增长率达到27%，预计到2030年全球数据总量将达到35 000 EB。

随着新兴技术的快速发展，全球各大科技公司也提高了行业对数据的重视程度。物联网、工业4.0、ADAS、自动驾驶和视频直播等领域的发展衍生出海量数据，而人工智能、机器学习、语义分析、图像识别等技术则需要大量的数据来开展工作。

如此海量的数据如何存储是一个非常重要的课题。

学习目标

- 掌握大数据存储系统的构建。
- 具备大数据存储系统规划、部署、优化、维护等能力。

知识体系

拓展篇

项目七　高校大数据决策分析系统

任务一　了解高校大数据决策分析系统及存储规划

任务二　高校大数据决策分析系统存储规划

项目七

高校大数据决策分析系统

任务一　了解高校大数据决策分析系统及存储规划

任务描述

随着高校业务信息系统的建设日趋完善，云计算、物联网、移动互联、大数据，以及知识管理与社交网络等新型信息技术的广泛应用，高校信息系统的建设已经迈入一个新的时代——智慧校园时代。

本项目数据存储以 Greenplum（PostgresSQL 底层架构）大数据集群为背景，提炼工程项目中的关键技术要素进行实现。

任务目标

- 了解高校大数据决策分析系统及系统架构。
- 理解数据存储规划。

高校大数据决策分析系统概述及存储规则

任务实施

一、了解系统

高校大数据决策分析系统对高校各业务系统数据进行采集、存储、分析、计算，为各业务部门提供决策服务。

数据模型遵循教育部颁发的《教育管理信息化标准》和相关行业信息标准，制定符合学校实际情况的校数据字典和信息编码标准，建立统一的数据交换体系，规范信息从采集、处理、计算、加载到综合利用的全过程，实现全校资源数据的有效存储与管理，完成全校范围数据的统一、集中和共享，为学校领导和有关部门信息利用、分析决策提供支持，为学校的长远发展奠定坚实基础。

二、了解系统架构

高校决策分析系统分为采集层、存储层、应用层。采集层从业务系统(教务、学工、一卡通等)中抽取数据;存储层对海量数据进行存储;应用层根据分析应用需求研发决策分析应用。系统架构如图 7-1-1 所示。

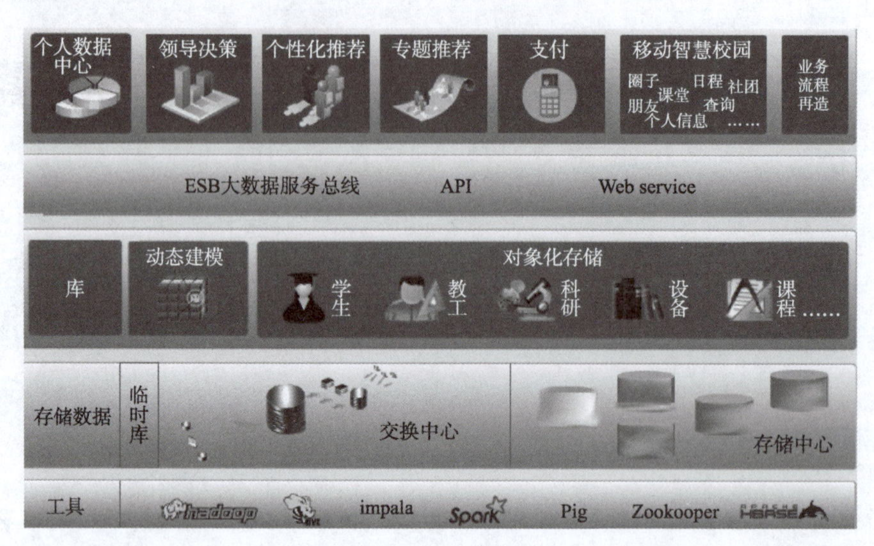

图 7-1-1　系统架构

三、理解数据存储规划

1. 主题数据

1)基础数据

(1)学校数据:包括学校基本数据、校区基本数据和班级数据等。

(2)学生数据:包括学生基本数据、学籍数据和毕业数据。

学生基本数据包括学习简历数据、工作简历数据、政治面貌数据、学历学位数据等扩展内容;学籍数据包括基本数据、异动数据、成绩数据、奖励数据和惩处数据;毕业数据包括毕业信息和就业信息数据。

(3)教职工数据:包括基本信息、资质任职数据、社会团体兼职数据等。

基本信息包括教职工基本数据;资质任职数据包括语言能力数据、专业技术职务数据、岗位证书数据、工人技术等级及职务数据、党政职务数据等;社会团体兼职数据包括社会兼职职务数据、学术团体兼职数据等。

(4)办学条件数据:包括办学经费数据、房地产与设施数据、仪器设备、软件资源与实验室数据等。

办学经费数据包括补助性收入数据、经营性收入数据、其他收入数据、工资福利支出数据、对个人和家庭的补助性支出数据、商品和服务支出数据、债务利息支出数据、其他资本性支出数据、债务资金来源数据、债务资金用途数据。

房地产与设施数据包括学校用地数据、学校建筑物基本数据、建筑物房间、建筑物修缮数据等。

仪器设备、软件资源与实验室数据包括:仪器设备基本数据、仪器设备附件数据、仪器设备管理数据、仪器设备报损、报废数据、软件资源数据、软件资源使用管理数据、实验室基本数据、实验项目数据。

2)行政数据

(1)学校信息:包括学校概况数据、学生数据、教职工数据等。

学校概况数据包括学校基本数据、校区数据、学校院系设置数据、学科点基本数据、学科点统计数据、专业基本数据等。

学生数据包括学生基本数据、学习简历数据、家庭经济情况数据、本专科新生数据、研究生新生数据、学籍基本数据、学籍异动数据、奖励数据、惩处数据、学位学历数据、结束学业数据、毕业生就业数据、经济资助数据。

教职工数据包括教职工基本数据、学习简历数据、工作简历数据、学历学位数据、岗位证书数据、专业技术职务数据、研究生导师数据、国内进修学习数据、出国(境)进修学习工作数据、奖励、惩处、组织考察(考核)、教职工考核、教师调动申请审批数据、离职数据、离退休数据、专家聘用数据等。

(2)外事管理:包括教育外事公共数据、留学人员公共数据、国家公派留学人员数据、自费留学人员数据、在外优秀尖子人才管理数据、学回国人员数据、教育外宣报刊礼品征订数据、外籍教师人员数据、外籍教师项目管理数据、外籍教师短期团组数据、来华留学数据、来华留学生证照数据、来华留学短期团组数据、留学中介服务与监管数据、中外合作办学服务与监管数据、外籍人员子女学校服务与监管数据、涉外监管专家系统数据、社会监督投诉系统数据。

3)学校数据

(1)学校概况:包括学校基本数据、校区基本数据、委员会(领导小组)、委员会(领导小组)成员、院系所单位基本数据、院系所单位变更、院系所单位概况、班级数据、学科点基本数据、学科点统计数据等。

(2)学生管理:包括学生基本数据、本专科生新生数据、研究生招生数据、研究生招生辅助数据、研究生非学历教育辅助数据、体检、防疫数据、学籍数据、学位、学历数据、实践活动数据、经济资助数据等。

(3)教学管理:包括专业信息数据、课程数据、教学计划数据、排课数据、选课数据、教室管理数据、教材数据、教学成果数据、研究生专业培养方案数据、评教数据、考试安排数据等。

(4)教职工管理:包括教职工基本数据、教学科研数据、岗位职务数据、教职工考核数据、聘用管理数据、工资数据、离校数据、专家管理辅助数据、兼职数据、学习进修数据等。

(5)科研管理:包括科技项目基本数据、项目协作单位、项目经费、项目人员、项目合同信息、科研机构基本数据、科研机构人员、科技成果人员、科技著作、科技论文基本数据、科技论文发表、科技论文报告、鉴定成果、专利成果基本数据、专利出售、技术转让基本数据、获奖成果基本数据、计算机软件著作权、学术交流数据等。

(6)财务管理:包括账务管理数据、账务数据、项目经费数据、往来账单数据、教职工个人收入数据、学生收费数据、票据数据等。

(7)资产与设备管理:包括学校用地数据、学校建筑物数据、设施数据、实验室管理数据、仪器设备管理数据等。

(8)外事管理:包括国(境)外院校及机构单位数据、来华留学数据、出国(境)留学工作数据、来访数据、出访数据、外籍专家数据、国际交流数据、国(境)内人员护照证件、签证(注)管理等。

4)拓展数据

结合实际业务需求制定各类扩展信息。部分扩展信息代码直接依附在相关数据表中进行扩展。在系统平台运行一段时间后产生的扩展信息代码,从不影响已上报数据的角度考虑,可以采取单独建表存放的形式处理。

目前拟增加的数据表及相关内容包括:重点专业情况数据、课程建设、校外课程成绩转换、住房数据、教师下企业实践锻炼、教研课题、一卡通基本数据、一卡通消费记录、一卡通充值记录、刷卡机信息等。

扩展信息代码的设置,使整套数据代码集能够不断地进行补充和扩展,更好地符合学校实际业务与数据服务需求。

2. 数据存储

结构化数据存储基于 Greenplum 集群架构,Greenplum 底层架构由 PostgresSQL 实现,项目开发环境基于 PostgreSQL 进行。通过 Python 连接 PostgresSQL 数据库,进行大数据存储应用开发实战。应用系统开发完毕,完成从 PostgreSQL 向 Greenplum 生产环境的迁移。

3. 数据管理

1)数据快照

通过数据快照方式,记录数据在不同时期的状态与数值。方便历史数据的回溯,增加数据安全。同时,通过数据的变动情况分析,了解对应主题内发展变化趋势。

对于要回溯到时间比较长的情况,可以用备份的数据回溯。

2)数据维护

通过权限控制,系统平台允许指定人员对数据中心内的数据进行维护,包括数据的修改、增加与软删除等。

系统提供修改记录痕迹保留,方便操作信息审计、保障数据安全。

3)数据备份与恢复

系统建立强大的数据库触发器以备份重要数据的删除操作,甚至更新任务。保证在任何情况下,重要数据均能最大限度地有效恢复。

数据库出现异常时,可以通过本地的备份软件服务器端利用备份数据进行数据恢复。在线备份历史记录使恢复过程变得简单,增量备份和事务日志备份会自动地以正确顺序进行恢复。先用最近一次的全备份恢复 + 恢复最近一次的增量备份 + 增量备份到断点的事务日志来恢复。

任务小结

通过本任务学习了高校大数据决策分析系统的系统架构和存储规划。系统采用分层架构,底层为数据源,包括教务系统、学工系统、一卡通系统等业务系统;工具层包括 Hadoop、impala、Spark、Pig、Zookooper 等平台工具;数据存储层包括交换中心和存储中心;模型层是针对业务构建的各种模型;接口层包括 API 等接口;最上层为应用层。

高校大数据决策分析系统的规划,主要围绕数据存储规划展开。从系统数据的特点、规模、业务应用的特性来构建数据的存储模型。

高校大数据决策分析系统数据源主要以业务系统结构化数据为主,业务应用对访问性能和并发有一定的要求，数据存储设计采用 Greenplum 集群设计。

任务二　高校大数据决策分析系统项目实战

任务描述

在任务一中介绍了这个系统能实现的功能和架构，这里通过一个简单的实现场景描述这个系统能实现的功能。

本任务以 PostgreSQL 数据库（Greenplum 基于 PostgreSQL 开源系统实现，开发测试阶段可以采用 PostgreSQL）作为开发环境，基于 Python 进行分析应用开发。

本任务选取高校课程成绩分析进行项目案例进行实战，呈现课程成绩分析的实现过程。在项目准备阶段以“计算机网络”课程成绩为例进行数据建模、数据连接、期末数据导入、数据检索；应用需求阶段对课程成绩进行分析计算，通过数据分析评估学生对该门课程知识和能力的掌握程度；最后通过分析计算和可视化对分析计算结果进行展示。

任务目标

- 了解大数据分析应用项目开发流程。
- 熟悉大数据分析应用开发。

任务实施

高校大数据决策分析系统项目实战

一、项目准备

1. 数据模型

以计算机网络期末成绩数据为例，计算机网络期末考试试卷共有五道题。其中，选择题满分 20 分；填空题满分 10 分；判断题满分 10 分；简答题和综合应用题满分 60 分；见表 7-2-1 score 数据模型。

选择题、填空题和判断题为客观题，主要考查学生对该课程理论知识的掌握程度，简答题和综合应用题为主观题，主要考查学生的实践能力和综合应用能力。

表 7-2-1　score 数据模型

字段名	字段类型	是否允许空	字段描述
SNO	CHAR(10)	否	学号
T1	CHAR(10)	是	第 1 题原始成绩
T2	CHAR(10)	是	第 2 题原始成绩
T3	CHAR(10)	是	第 3 题原始成绩
T4	CHAR(10)	是	第 4 题原始成绩
T5	CHAR(10)	是	第 5 题原始成绩

score 数据模型脚本如下：

```
postgres=#\c bigdata
You are now connected to database "bigdata" as user "postgres".
bigdata=# create table score(
bigdata=(# SNo char(10) not null,
bigdata=(# T1 CHAR(10), T2 CHAR(10), T3 CHAR(10), T4 CHAR(10), T5 CHAR(10)
bigdata=#);
CREATE TABLE
```

2. 数据连接

Python 可以通过第三方模块连接 postgresql，如 psycopg2。

```
pip3 install psycopg2
```

python 可以通过 psycopg2 连接 postgresql，代码如下：

```
import psycopg2
#数据库连接参数，数据库名称、用户密码、IP 地址和端口根据实际环境配置。
conn=psycopg2.connect(database="bigdata",user="postgres",password="postgres",
host="127.0.0.1", port="5432")
conn.close()
```

3. 数据导入

读取 csv 文件，将 csv 文件数据导入 score 原始数据表，代码如下：

```
import psycopg2
#使用 pandas 包读取 csv 文件，完成数据读取
import pandas as pd
#添加 pgsql 数据类型转换处理代码
import numpy from psycopg2.extensions
import register_adapter, AsIs
def addapt_numpy_float64(numpy_float64):
    return AsIs(numpy_float64)
def addapt_numpy_int64(numpy_int64):
    return AsIs(numpy_int64)
register_adapter(numpy.float64, addapt_numpy_float64)
register_adapter(numpy.int64, addapt_numpy_int64)
big_size=10000
#数据库连接参数，数据库名称、用户密码、IP 地址和端口根据实际环境配置
conn=psycopg2.connect(database="bigdata",user="postgres",password="postgres",
host="127.0.0.1", port="5432")
with pd.read_csv('c:\\score.csv',chunksize=big_size) as reader:
    for row in reader:
        datas=[]
        print('加载:',len(row))
        print(row)
        for i,j in row.iterrows():
```

```
        data = (j['SNo'],j['T1'],j['T2'],j['T3'],j['T4'],j['T5'])
        datas.append(data)
        _values = ",".join(['% s',]* 6)
        sql = """insert into score(Sno,T1,T2,T3,T4,T5) values(% s)""" % _values
        print(sql)
        print(datas)
        cursor = conn.cursor()
        cursor.executemany(sql,datas)
        conn.commit()
```

使用 Python 的 pandas 包进行数据导入,如图 7-2-1 所示。

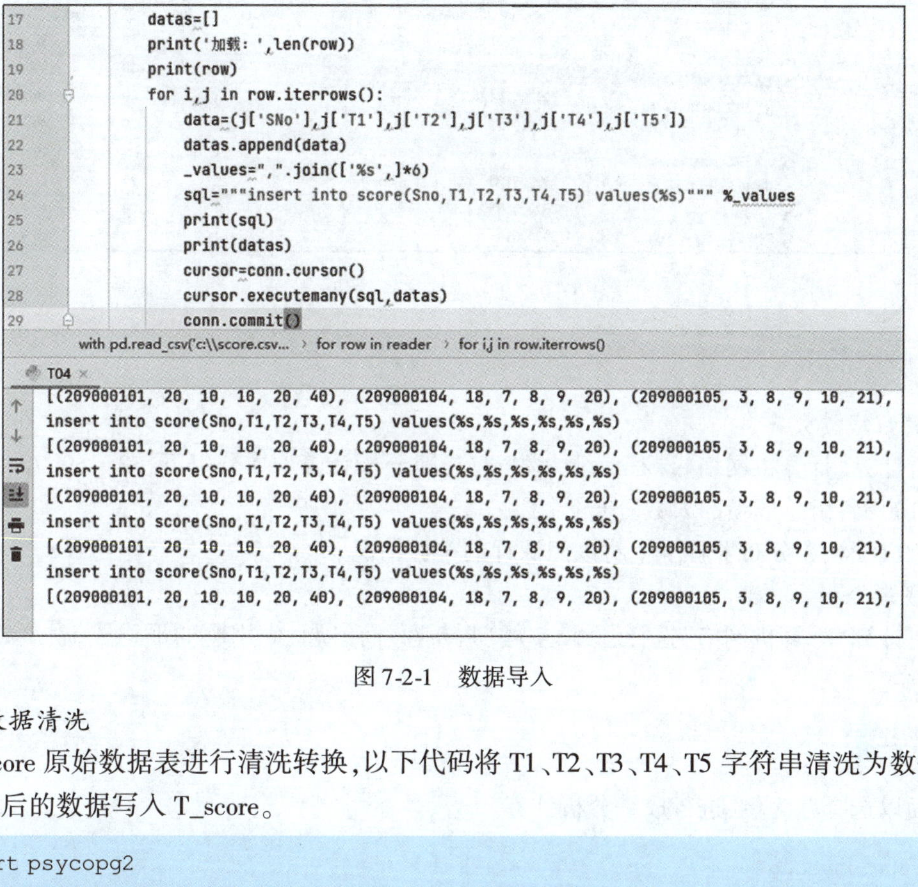

```
17        datas=[]
18        print('加载: ',len(row))
19        print(row)
20        for i,j in row.iterrows():
21            data=(j['SNo'],j['T1'],j['T2'],j['T3'],j['T4'],j['T5'])
22            datas.append(data)
23            _values=",".join(['%s',]*6)
24            sql="""insert into score(Sno,T1,T2,T3,T4,T5) values(%s)""" %_values
25            print(sql)
26            print(datas)
27            cursor=conn.cursor()
28            cursor.executemany(sql,datas)
29            conn.commit()
with pd.read_csv('c:\\score.csv... › for row in reader › for i,j in row.iterrows()
T04
[(209000101, 20, 10, 10, 20, 40), (209000104, 18, 7, 8, 9, 20), (209000105, 3, 8, 9, 10, 21),
insert into score(Sno,T1,T2,T3,T4,T5) values(%s,%s,%s,%s,%s,%s)
[(209000101, 20, 10, 10, 20, 40), (209000104, 18, 7, 8, 9, 20), (209000105, 3, 8, 9, 10, 21),
insert into score(Sno,T1,T2,T3,T4,T5) values(%s,%s,%s,%s,%s,%s)
[(209000101, 20, 10, 10, 20, 40), (209000104, 18, 7, 8, 9, 20), (209000105, 3, 8, 9, 10, 21),
insert into score(Sno,T1,T2,T3,T4,T5) values(%s,%s,%s,%s,%s,%s)
[(209000101, 20, 10, 10, 20, 40), (209000104, 18, 7, 8, 9, 20), (209000105, 3, 8, 9, 10, 21),
insert into score(Sno,T1,T2,T3,T4,T5) values(%s,%s,%s,%s,%s,%s)
[(209000101, 20, 10, 10, 20, 40), (209000104, 18, 7, 8, 9, 20), (209000105, 3, 8, 9, 10, 21),
```

图 7-2-1 数据导入

4. 数据清洗

对 score 原始数据表进行清洗转换,以下代码将 T1、T2、T3、T4、T5 字符串清洗为数值数据,并将清洗后的数据写入 T_score。

```
import psycopg2
#数据库连接参数,数据库名称、用户密码、IP 地址和端口根据实际环境配置
conn = psycopg2.connect(database = "bigdata",user = "postgres",password = "postgres",host = "127.0.0.1", port = "5432")
sql = "create table T_score as SELECT sno,cast(t1 as integer) as T1,cast(t2 as integer) as T2,cast(t3 as integer) as T3,cast(t4 as integer) as T4,cast(t5 as integer) as T5 FROM public.score;"
print(sql)
cursor = conn.cursor()
cursor.execute(sql)
conn.commit()
```

清洗后的结果如图 7-2-2 所示。

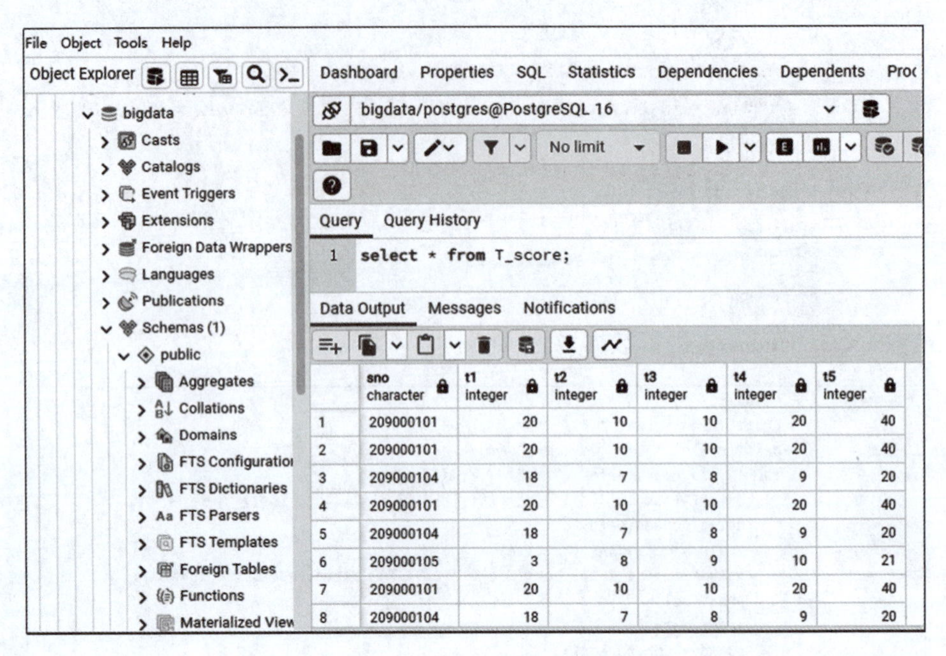

图 7-2-2 数据清洗结果

二、应用需求

1. 课程成绩分布

分析计算《计算机网络》课程成绩人数分布，即分析计算“60 分以下、60～69、70～79、80～89、90～100”各组总成绩的人数分布。

通过成绩人数分布了解学生对该门课程的掌握情况。

2. 成绩分析

分析计算“计算机网络”选择题、填空题、判断题、简答题、应用题的平均成绩、最高成绩、最低成绩。

三、分析计算

下面以选择题为例，进行成绩分析计算。

```
import psycopg2
#数据库连接参数,数据库名称、用户密码、IP 地址和端口根据实际环境配置
#min()函数计算最低成绩,max()函数计算最高成绩,avg()函数计算平均成绩
conn = psycopg2.connect(database = "bigdata", user = "postgres", password = "postgres",
host = "127.0.0.1", port = "5432")
score_max = 0;score_min = 0;score_avg = 0
cur = conn.cursor()
sql = "select max(T1),avg(T1),min(T1) from T_score"
cur.execute(sql)
for row in cur.fetchall():
```

```
    score_max = row[0]
    score_avg = row[1]
    score_min = row[2]
print("选择题最高成绩:",score_max)
print("选择题平均成绩:",score_avg)
print("选择题最低成绩:",score_min)
```

选择题成绩分析计算结果如图 7-2-3 所示。

```
15  #
16  score_max=0;score_min=0;score_avg=0
17  cur = conn.cursor()
18  sql="select max(T1),avg(T1),min(T1) from score"
19  cur.execute(sql)
20  for row in cur.fetchall():
21      score_max=row[0]
22      score_avg=row[1]
23      score_min=row[2]
24  print("选择题最高成绩:",score_max)
25  print("选择题平均成绩:",score_avg)
26  print("选择题最低成绩:",score_min)

T03 ×
C:\workDir\pythonProject\venv\Scripts\python.exe C:/workDir/pythonProject/Aurora/
选择题最高成绩: 9
选择题平均成绩: 12.071881606765327
选择题最低成绩: 1

Process finished with exit code 0
```

图 7-2-3　选择题成绩分析计算结果

四、数据可视化应用

1. 数据可视化组件

pyecharts 是 Apache ECharts 的 Python 的插件,可以使用 Python 程序实现对 Apache ECharts 组件的调用。

2. 选择题成绩分析可视化

根据应用需求,以选择题成绩分析可视化为例进行可视化应用设计、调试。

pyecharts 柱状图参考代码如下:

```
import  psycopg2
from pyecharts.charts import Bar
from pyecharts import options as opts
#数据库连接参数,数据库名称、用户密码、IP 地址和端口根据实际环境配置
#min()函数计算最低成绩,max()函数计算最高成绩,avg()函数计算平均成绩
conn = psycopg2.connect(database = "bigdata",user = "postgres",password = "postgres",
host = "127.0.0.1", port = "5432")
score_max = 0;score_min = 0;score_avg = 0
```

```
    cur = conn.cursor()
    sql = "select max(T1),avg(T1),min(T1) from T_score"
    cur.execute(sql)
    for row in cur.fetchall():
        score_max = row[0]
        score_avg = row[1]
        score_min = row[2]
    print("选择题最高成绩:",score_max)
    print("选择题平均成绩:",score_avg)
    print("选择题最低成绩:",score_min)
    c = (
        Bar()
        .add_xaxis(["最高成绩","最低成绩","平均成绩"])
        .add_yaxis("选择题成绩",[score_max,score_min,score_avg])  #自定义颜色
        .set_global_opts(
            title_opts = {"text":"成绩分析"},
            brush_opts = opts.BrushOpts(),        #设置操作图表的画笔功能
            toolbox_opts = opts.ToolboxOpts(),  #设置操作图表的工具箱功能
             yaxis_opts = opts.AxisOpts(axislabel_opts = opts.LabelOpts(formatter = "
{value}"),name = ""),
            #设置 Y 轴名称、定制化刻度单位
            xaxis_opts = opts.AxisOpts(name = "选择题成绩"),  #设置 X 轴名称
        )
             .render("成绩分析.html")
    )
```

Python 选择题成绩分析可视化执行过程,如图 7-2-4 所示,程序执行后生成“成绩分析.html”可视化页面。

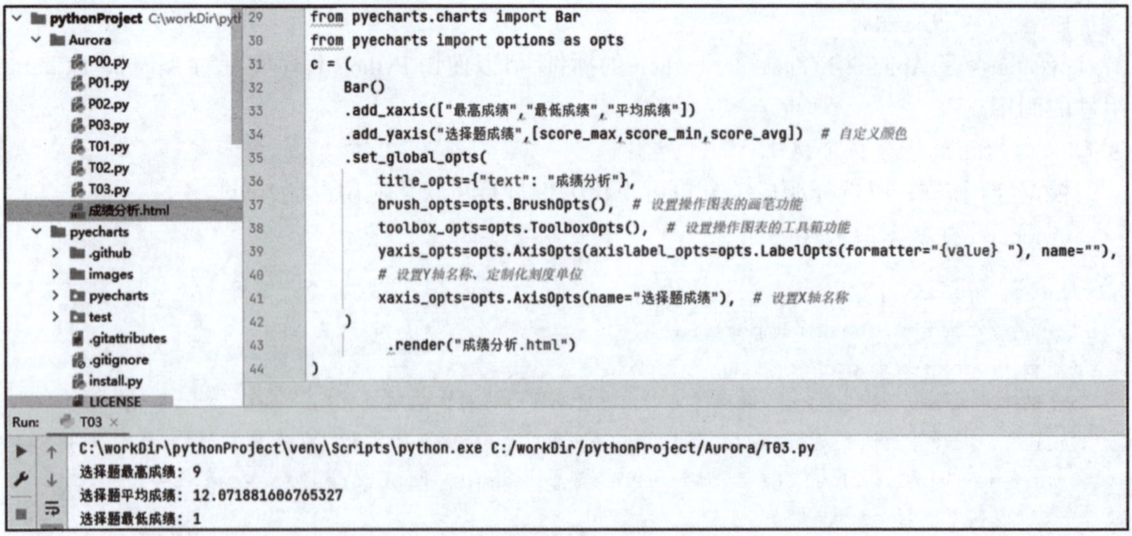

```
29  from pyecharts.charts import Bar
30  from pyecharts import options as opts
31  c = (
32      Bar()
33      .add_xaxis(["最高成绩","最低成绩","平均成绩"])
34      .add_yaxis("选择题成绩",[score_max,score_min,score_avg])  # 自定义颜色
35      .set_global_opts(
36          title_opts={"text": "成绩分析"},
37          brush_opts=opts.BrushOpts(),  # 设置操作图表的画笔功能
38          toolbox_opts=opts.ToolboxOpts(),  # 设置操作图表的工具箱功能
39          yaxis_opts=opts.AxisOpts(axislabel_opts=opts.LabelOpts(formatter="{value} "), name=""),
40          # 设置Y轴名称、定制化刻度单位
41          xaxis_opts=opts.AxisOpts(name="选择题成绩"),  # 设置X轴名称
42      )
43           .render("成绩分析.html")
44  )

Run: T03
C:\workDir\pythonProject\venv\Scripts\python.exe C:/workDir/pythonProject/Aurora/T03.py
选择题最高成绩: 9
选择题平均成绩: 12.071881606765327
选择题最低成绩: 1
```

图 7-2-4　可视化程序执行过程

右击“成绩分析. html”,通过浏览器访问数据可视化页面,如图 7-2-5 所示。选择题成绩分析可视化界面如图 7-2-6 所示。

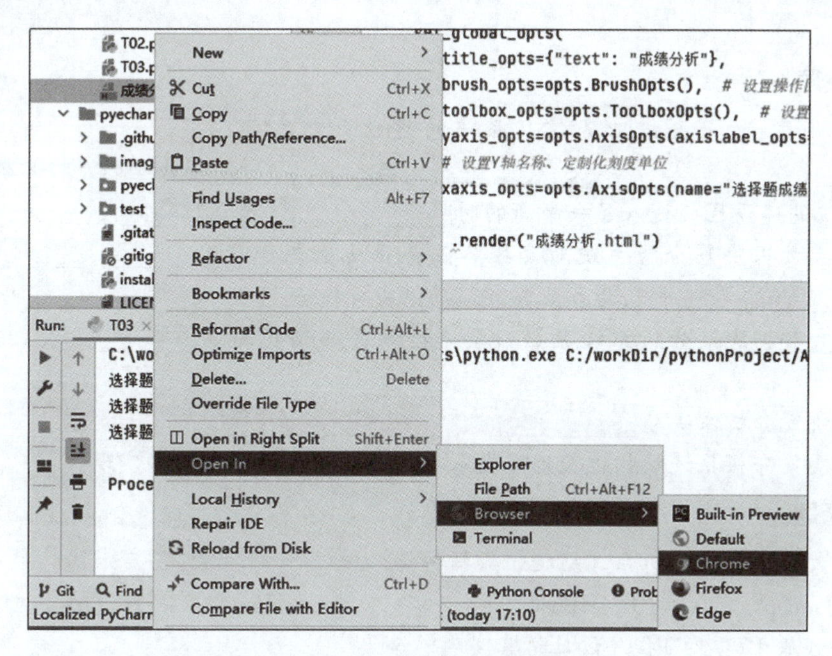

图 7-2-5　选择成绩分析页面

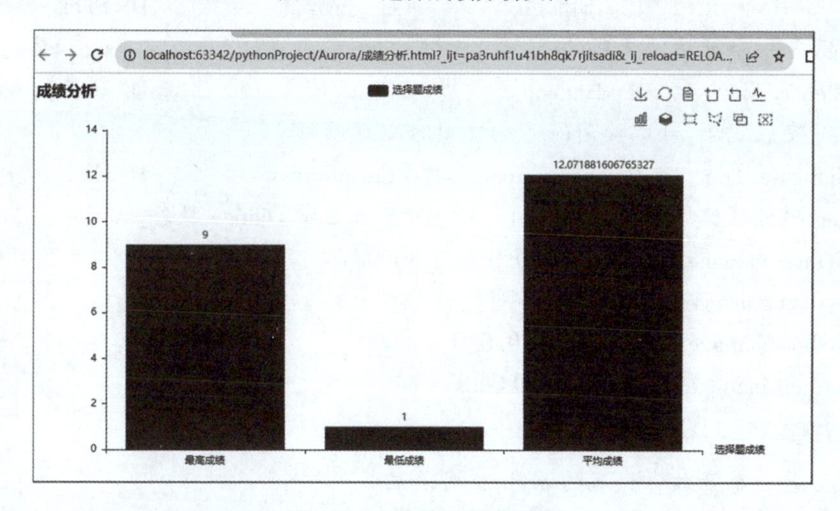

图 7-2-6　成绩分析可视化

任务小结

本任务介绍了高校大数据决策分析系统的项目实战,系统开发可以基于 PostgreSQL、Python、Apache ECharts 展开。

项目准备阶段对成绩数据建模、数据连接、数据导入、数据分析检索进行了讲解。应用需求部分针对课程成绩分析、选择题成绩分析进行了讲解。分析计算部分讲解了关键分析指标的计算方式,并以选择题成绩分析为例进行分析计算。最后,以 pyecharts 组件实现数据可视化分析应用。

※思考与练习

一、填空题

1. 最近几年,随着高校业务信息系统的建设日趋完善,__________、__________、__________、__________,以及__________与__________等新型信息技术的广泛应用,高校信息系统的建设已经迈入了一个新的时代__________智慧校园时代。

2. 高校大数据决策分析系统对高校各业务系统数据进行__________、__________、__________、__________,为各业务部门提供决策服务。

3. 高校大数据决策分析系统数据模型遵循教育部颁发的__________和相关行业信息标准。

4. 高校决策分析系统分__________、__________、__________构建。

5. 高校决策分析系统结构化数据存储基于__________集群架构实现。

二、选择题

1. 高校大数据决策分析系统结构化数据存储采用(　　)。

　A. Hadoop　　B. HBase　　C. Greenplum　　D. Oracle

2. Django 基于(　　)程序设计语言实现。

　A. C　　B. Python　　C. Java　　D. Shell

3. Django 是一个开放源代码的(　　)框架。

　A. Web 应用　　B. Hadoop　　C. 云计算　　D. 云存储

4. Django 安装完毕,可以使用(　　)工具来创建项目。

　A. django-admin　　B. django-root　　C. admin　　D. django-crt

5. Django 项目创建完毕,可以使用(　　)指令来启动 Django 服务。

　A. python manage. py runserver 0. 0. 0. 0:8000

　B. python runserver 0. 0. 0

　C. python manage. py startserver 0. 0. 0. 0:8000

　D. python manage. py startserver 8000

三、判断题

1. Django 是一个开放源代码的 Web 应用框架。(　　)

2. Django 大部分代码由 Python 编写,少部分核心代码由 C 语言编写完成。(　　)

3. Django 是 2005 年 7 月在 BSD 许可证下发布。(　　)

4. 高校决策分析系统项目开发环境基于 ProgreSQL 搭建。(　　)

5. 高校决策分析系统数据模型不需要遵循教育部颁发的《教育管理信息化标准》。(　　)

四、简答题

1. 简述高校决策分析系统分层架构。

2. 简述高校决策分析系统的数据快照策略。

3. 简述高校决策分析系统的数据维护策略。

4. 简述高校决策分析系统的数据备份恢复策略。
5. 简述 Greenplum 集群架构。
6. 高校决策分析系统 Web 应用采用什么框架。
7. 简述 Django 应用框架。
8. 简述 Python 如何连接 PostgreSQL。
9. 简述如何创建 Django 项目。
10. 简述如何启动 Django 服务。

一、案例背景

高校大数据决策分析系统在许多高校均有应用。

二、问题描述

基于高校海量数据构建决策分析系统，为高校管理决策提供服务。

三、分析与对策

基于 Greenplum 构建决策分析数据平台，对业务数据进行采集、归档、处理和分析。

四、处理结果

高校以结构化数据为主，Greenplum 实现海量数据存储，以 Django 框架进行应用层研发。

五、总结提炼

数据分层设计和核心层数据建模尤为重要，在规划设计阶段需要进行反复验证。

附录 A

缩略语

缩　写	英 文 全 称	中 文 全 称
ETL	extract-transform-load	数据抽取、转换、加载
NVR	network video recorder	网络硬盘录像机
PC	personal computer	个人计算机
EXIF	exchangeable image file format	可交换图像文件格式
POSIX	portable operating system interface	可移植操作系统接口
VFS	virtual file system	虚拟文件系统
JFS	journaling file system	日志文件系统
RAID	redundant array of independent disks	磁盘阵列
SCSI	small computer system interface	小型计算机系统接口
SAS	serial attached SCSI	串行连接 SCSI
DFT	drive fitness test	驱动器健康检测
E-R	entity-relationship	实体-关系模型
RDBMS	relational dataBase management system	关系数据库
SQL	structured query language	结构化查询语言
DDL	data definition language	数据定义语言
DML	data manipulation language	数据操纵语言
DCL	data control language	数据控制语言
PDW	parallel data warehouse	并行数据仓库产品

附录B 思考与练习答案

项目一

一、填空题

1. volume(大量)、velocity(高速)、variety(多样)、veracity(真实性)、value(价值)
2. 结构化数据、半结构化数据、非结构化数据
3. 关系数据库存储、键值数据库存储、列式数据库存储、图数据库存储、文档数据库存储
4. 分析、应用
5. 实时处理数据、准实时处理数据、批量处理数据。

二、判断题

1. × 2. √ 3. √ 4. × 5. √

三、选择题

1. A 2. A 3. B 4. C 5. D

四、简答题

1. 答:在信息技术中,大数据(big data)是指使用传统数据管理工具和数据处理技术很难处理的大型而复杂的数据集。

2. 答:大数据具有五个典型的特征,分别是volume(大量)、velocity(高速)、variety(多样)、veracity(真实性)、value(价值)。

3. 答:大数据的处理流程主要包括大数据采集、大数据治理、大数据存储、分析与应用等环节。

4. 答:大数据的采集通常采用多个数据库来接收终端数据,包括智能硬件端、多种传感器端、网页端、移动App应用端等,并且可以使用数据库进行简单的处理工作。可以使用MySQL、Oralce等来存储关系数据;Redis、MongDB、Linux文件系统、Hadoop HDFS也常用于数据采集。

5. 答:利用大数据分析计算、数据可视化等技术对海量数据进行分析计算和应用。

6. 答:大数据存储架构,按照采用技术的不同可以分为嵌入式架构、x86架构和云存储架构。

7. 答:基于嵌入式架构的存储系统,如典型的NVR(network video recorder,网络硬盘录像机)、小型车载监控系统等。采用嵌入式架构所设计的系统中通常没有大型的存储监控机房,数据存储容量相对较小,系统功能的集成度较高。

8. 答:云存储(cloud storage)是一种基于云计算技术架构实现的存储系统。典型的云计算技术有基于VMware技术实现的云存储系统、开源OpenStack实现的云存储系统、开源

CloudStack 实现的云存储系统等。

9. 答:结构化数据可以基于关系型数据库存储。典型的结构化数据存储系统有 PostgreSQL 数据存储系统、GreenPlum 并行数据存储系统等。

10. 答:非结构化数据存储是指为文档、视频、音频等非结构化数据设计的存储架构。

11. 答:医疗大数据平台可帮助医院取得打通信息孤岛、构建患者档案、管理医务绩效、支持高效决策等几方面的成果和业务价值。

项目二

一、填空题

1. 日志文件
2. IRIX 5.3
3. Linux 发行版、Linux 发行版
4. 回写(writeback)、顺序(ordered)、数据(data)
5. 物理位置

二、判断题

1. √ 2. √ 3. √ 4. √ 5. √

三、选择题

1. A 2. D 3. C 4. C 5. A

四、简答题

1. 答:文件系统是一种存储和组织数据的方法。

2. 答:使得对数据的访问和查找变得容易。

3. 答:日志文件系统(journaling file system)是指在文件系统发生变化时,先把相关的信息写入一个被称为日志的区域,然后再把变化写入主文件系统的文件系统。

4. 答:在很多日志文件系统(如 ext3、ReiserFS)中,可以选择三个级别的日志,即回写(writeback)、顺序(ordered)和数据(data)。

5. 答:XFS(X file system,新一代文件系统),是一种高性能的日志文件系统,最早于 1993 年,由 Silicon Graphics 为他们的 IRIX 操作系统而开发,是 IRIX5.3 版的默认文件系统。2000 年 5 月,Silicon Graphics 以 GNU 通用公共许可证发布这套系统的源代码,之后被移植到 Linux 内核上。XFS 特别擅长处理大文件,同时提供平滑的数据传输。

6. 答:每一位计算机使用者都会有这样的经验,一旦在操作过程中按错了一个键,几个小时,甚至是几天的工作成果便有可能付之东流。据统计,80% 以上的数据丢失都是由于人们的错误操作引起的。但这样的错误操作对人类来说是永远无法避免的。

7. 答:数据备份包括手动备份、使用程序备份、备份到云端。

8. 答:块级备份是以磁盘块为基本单位将数据从主机复制到备机,也就是说每次备份数据都是以一个扇区(512B)为单位来进行备份。

文件备份是以文件为基本单位将数据从主机复制到备机。同样,我们是以一个完整的文件作为备份单位的。而大小是由文件本身来决定。

9. 答:rsync 是类 UNIX 系统下的数据镜像备份工具——remote sync。

10. 答:S. M. A. R. T 的全称为(self-monitoring analysis and reporting technology,自我监测、分

析及报告技术)。支持 S. M. A. R. T 技术的硬盘可以通过硬盘上的监测指令和主机上的监测软件对磁头、盘片、电动机、电路的运行情况、历史记录及预设的安全值进行分析、比较。当出现安全值范围以外的情况时,就会自动向用户发出警告。

11. 答:一是外接式磁盘阵列柜,二是内接式磁盘阵列卡,三是利用软件仿真。

12. 答:RAID 0 又称条带化(Stripe)存储,可以把多块硬盘连成一个容量更大的硬盘组,可以提高磁盘的性能和吞吐量。RAID 0 没有冗余或错误修复能力,成本低,要求至少两个磁盘,一般只在那些对数据安全性要求不高的情况下才被使用。RAID 0 连续以位或字节为单位分割数据,并行读/写于多个磁盘上,在所有的级别中,RAID 0 的速度是最快的。

13. 答:RAID 1 又称镜像(Mirror)存储,把一个磁盘的数据镜像到另一个磁盘上,在不影响性能情况下最大限度地保证系统的可靠性和可修复性,具有很高的数据冗余能力,但磁盘利用率为 50%。当原始数据繁忙时,可直接从镜像复制中读取数据,因此 RAID 1 可以提高读取性能。RAID 1 是磁盘阵列中单位成本最高的,但提供了很高的数据安全性和可用性。

14. 答:RAID 5 又称奇偶校验(XOR)条带存储、校验数据分布式存储,数据条带存储单位为块。RAID 5 不单独指定奇偶盘,而是在所有磁盘上交叉地存取数据及奇偶校验信息。在 RAID 5 上,读/写指针可同时对阵列设备进行操作,提供了更高的数据流量。RAID 5 更适合于小数据块和随机读/写数据。在 RAID 5 中有“写损失”,即每一次写操作将产生四个实际的读/写操作,其中两次读旧的数据及奇偶信息,两次写新的数据及奇偶信息。

15. 答:目前有两大类存储快照,一种是即写即拷快照,另一种是分割镜像快照。

项目三

一、填空题

1. 网络
2. 降低
3. 云计算
4. 添加、移除
5. 冗余磁盘阵列
6. 内接式磁盘阵列卡、软件
7. 三
8. inode 号
9. 读、写、执行
10. 直连式存储
11. 快照
12. 层次结构

二、选择题

1. A　2. B　3. C　4. A　5. A

三、判断题

1. √　2. √　3. ×　4. √　5. √

四、简答题

1. 答:可扩展、低成本、高性能、易用。

2. 答:云存储的定义由以下两部分构成。

(1)在面向用户的服务形态方面,它是提供按需服务的应用模式,用户可通过网络连接云端存储资源,实现用户数据在云端随时随地的存储。

(2)在云存储服务构建方面,它是通过分布式、虚拟化、智能配置等技术,实现海量、可弹性扩展、低成本、低能耗的共享存储资源。

3. 答:在云存储的服务架构方面,近年来,随着云存储技术及应用的快速发展,已经突破了原IaaS层的单点定义,形成了包含云计算三层服务架构(IaaS、PaaS、SaaS)的技术体系。目前,云存储提供的服务主要集中在IaaS和SaaS层。站在IaaS和SaaS的角度看,其内涵是不一样的。站在IaaS的角度,云存储的服务提供的是一种对数据存储、归档、备份的服务;而站在SaaS的角度,云存储服务就显得非常多姿多彩,有在线备份、文档笔记的保存、网盘业务、照片的保存和分享、家庭录像等。

4. 答:存储系统的动态伸缩性主要包含读/写性能和存储容量的扩展和缩减。随着业务量的增加,存储系统需要提高其读/写性能和存储容量来满足新的需求。有时候因为季节因素或者市场变化,为了节约成本,存储系统可以根据实际情况缩减其性能和容量。

5. 答:卷其本质就是硬盘上的存储区域。一个硬盘包括好多卷,一卷也可以跨越许多磁盘。在Windows系统中,可以使用一种文件系统(如FAT或NTFS)对卷进行格式化并为其分配驱动器号。

6. 答:DAS(直连式存储)是一种直接与主机系统相连接的存储设备,如作为服务器的计算机内部硬件驱动。到目前为止,DAS仍是计算机系统中最常用的数据存储方法。

7. 答:NAS是一种采用直接与网络介质相连的特殊设备实现数据存储的机制。由于这些设备都分配有IP地址,所以客户机通过充当数据网关的服务器可以对其进行存取访问,甚至在某些情况下,不需要任何中间介质,客户机也可以直接访问这些设备。

8. 答:SAN(存储区域网络)是指存储设备相互连接且与一台服务器或一个服务器群相连的网络。SAN由服务器、后端存储系统和SAN连接设备组成;后端存储系统由SAN控制器和磁盘系统构成,控制器是后端存储系统的关键,它提供存储接入、数据操作及备份、数据共享、数据快照等数据安全管理,以及系统管理等一系列功能。后端存储系统为SAN解决方案提供了存储空间。使用磁盘阵列和RAID策略可为数据提供存储空间和安全保护措施。

9. 答:OpenStack Object Storage(Swift)是OpenStack开源云计算项目的子项目之一。Swift的目的是使用普通硬件来构建冗余的、可扩展的分布式对象存储集群,存储容量可达PB级。

10. 答:Swift不是一个传统的文件系统,也不是一个块存储系统,而是一个可以存放大量非结构化数据的、支持多租户的、可以高扩展的持久性对象存储系统。Swift通过REST API来存放、检索和删除容器中的对象。开发者可以直接通过Swift API使用Swift服务,也可以通过多种语言的客户库程序中的任何一个进行使用,如Java、Python、Ruby、PHP和C#。

项目四

一、填空题

1. MPP

2. 数据水平分布、并行查询执行、专业优化器、线性扩展能力、多态存储、资源管理、高可用、高速数据加载。

3. TEMPLATE

4. TRUNCATE

5. 网络层。

二、选择题

1. A 2. B 3. A 4. A 5. A

三、判断题

1. √ 2. √ 3. √ 4. √ 5. ×

四、简答题

1. 答:PostgreSQL是以加州大学伯克利分校计算机系开发的POSTGRES版本4.2为基础的对象关系型数据库管理系统(ORDBMS)。POSTGRES领先的许多概念在很久以后才出现在一些商业数据库系统中。

2. 答:PostgreSQL是最初的伯克利代码的开源继承者。它支持大部分SQL标准并且提供了许多新特性:

①复杂查询;

②外键;

③触发器;

④可更新视图;

⑤事务完整性;

⑥多版本并发控制。

3. 答:PostgreSQL数据类型包括数值类型、货币类型、字符类型、日期/时间类型、布尔类型、枚举类型、几何类型、网络地址类型、位串类型、文本搜索类型、UUID类型。

4. 答:CROSS JOIN(交叉连接)、INNER JOIN(内连接)、LEFT OUTER JOIN(左外连接)、RIGHT OUTER JOIN(右外连接)、FULL OUTER JOIN(全外连接)。

5. 答:1. CREATE DATABASE SQL;2. CREATEDB 命令;3. PGAdmin 工具。

6. 答:MPP(massively parallel processing,大规模并行处理)也称为Shared Nothing架构,指有两个或者多个处理器协同执行一个操作的并行系统,每一个处理器都有其自己的内存、操作系统和磁盘。GreenPlum使用这种高性能系统架构来分布数太字节(TB)数据负载并且能够使用系统的所有资源并行处理一个查询。

7. 答:GreenPlum大数据平台基于MPP架构设计,GreenPlum强大的内核技术特性包括:数据水平分布、并行查询执行、专业优化器、线性扩展能力、多态存储、资源管理、高可用、高速数据加载等。

8. 答:GreenPlum数据库用户访问接口包括PSQL客户端和JDBC、ODBC、LIBPQ(PostgreSQL的C语言API)等应用编程接口(API)。

9. 答:(1)GreenPlum的Master。GreenPlum数据库的Master是GreenPlum数据库系统的入口,它接受连接和SQL查询并且把工作分布到Segment实例上。

GreenPlum数据库用户访问接口包括PSQL客户端和JDBC、ODBC、LIBPQ(PostgreSQL的C语言API)等应用编程接口(API)。

(2)GreenPlum的Segment。Segment是独立的PostgreSQL数据库,每一个都存储了GreenPlum部分数据并且并行执行由Master分发的数据处理任务。

(3)GreenPlum的Interconnect。Interconect是GreenPlum数据库架构中的网络层。

10. 答:INSERT语句向GreenPlum数据表中添加数据。

项目五

一、填空题

1. 非关系型
2. 键/值、列族、文档
3. 表结构、连接、ACID
4. 水平
5. MapReduce

二、选择题

1. A 2. B 3. D 4. A 5. C

三、判断题

1. √ 2. √ 3. √ 4. √ 5. √

四、简答题

1. 答:NoSQL是一种不同于关系数据库的数据库管理系统设计方式,是对非关系型数据库的统称。它所采用的数据模型并非传统关系数据库的关系模型,而是类似键/值、列族、文档等非关系模型。NoSQL数据库没有固定的表结构,通常也不存在连接操作,也没有严格遵守ACID约束。因此,与关系数据库相比,NoSQL具有灵活的水平可扩展性,可以支持海量数据存储。此外,NoSQL数据库支持MapReduce风格的编程,可以较好地应用于大数据时代的各种数据管理。NoSQL数据库的出现,一方面弥补了关系数据库在当前商业应用中存在的各种缺陷,另一方面也撼动了关系数据库的传统垄断地位。

2. 答:灵活的可扩展性、灵活的数据模型、与云计算紧密融合。

3. 答:键值数据库、列族数据库、文档数据库、图数据库

4. 答:NoSQL的三大基石包括CAP、BASE和最终一致性。

5. 答:ElasticSearch安装部署需要Java JDK支撑。ElasticSearch的版本如下:

(1)ElasticSearch 5. x,需要Java JDK 8及以上版本。

(2)ElasticSearch 6. 5,需要Java JDK 11及以上版本。

(3)ElasticSearch 7. x,内置了Java JDK。

6. 答:主要配置文件包括JVM参数配置文件、日志配置文件。

7. 答:日志配置文件位于cofnig/log4j2. properties,主要用于配置Elasticsearch日志相关参数。

8. 答:启动浏览器,输入验证地址进行验证,如http://127. 0. 0. 1:9200。

9. 答:输入http://localhost:9200/_cat/nodes? v地址,可以查看ElasticSearch伪集群各节点的运行情况。

10. 答:(1)开源的分布式、可扩展和高可用的实时文档存储。

(2)实时搜索和分析能力。

(3)功能多样的Restful API。

(4)横向扩展的简易性和云基础设施的易集成性。

项目六

一、填空题

1. 文本、图像、音频、视频、PDF、电子表格

2. 海量存储、智能检索、知识挖掘、内容保护、增值开发利用
3. 采集、存储、管理
4. 体积大、增长快、标准多样化
5. 了解现状、分析趋势、新出现的问题。

二、选择题

1. A　2. D　3. A　4. A　5. A

三、判断题

1. √　2. √　3. √　4. √　5. √

四、简答题

1. 答:体量大、价值高、可分析。

2. 答:数据分析不需要一个专业性很强的数学家或数据科学团队,终端用户有能力、也有权利和动机去改善商业实践,并且视觉文本分析工具可以帮助他们快速识别最相关的问题,及时采取行动,而这都不需要依靠数据科学家。

3. 答:针对非结构化数据体积大、增长快、格式标准多样化的特点,非结构数据存储技术必须具备以下功能。

①能够快速地对大体积的非结构化数据进行读/写操作。

②存储容量能根据需要适应非结构化数据的快速增长,能进行动态弹性的扩容。

③能存储多种格式或标准的非结构化数据。

4. 答:分布存储是 Glusterfs 默认使用的存储卷类型。文件会被分布到存储到逻辑卷中的各个存储块上。以两个存储块的逻辑卷为例,文件 file1 可能被存放在存储块 1 或存储块 2 中,但不会在每个块中都存一份。分布存储不提供数据冗余保护。

5. 答:在镜像存储逻辑卷中,数据至少会在不同的存储块上存储两份,具体采取存储几份的冗余数据则可以在创建镜像存储卷时由客户端进行设置。镜像存储可以有效地防止存储块损坏引发的数据丢失风险。

6. 答:分布式复制 GlusterFS 逻辑卷中,文件是跨镜像存储块的集合进行分布式存储,即文件可能被存储在某一个镜像存储块集合中,但不会同时存储到多个集合。而在一个镜像存储块的集合内,文件在每个存储块上各存一份。

7. 答:分布式分片存储卷是在分片式存储卷的基础上扩展而来,根据设置的分片参数(一个文件分成几片)和为逻辑卷加入的存储块数量可以组成多个分片存储块集合,形成了分布式分片存储卷。每个分片存储块集合中存储的数据不同。

8. 答:GlusterFS 具有以下技术特性。

①容量:GlusterFS 集群可以拓展支持 PB 别的存储容量。

②并发:可处理成千上万的客户访问。

③兼容性:使用通用的商用硬件,与 POSIX(portable operating system interface,可移植操作系统接口)兼容,可以使用任何支持扩展属性的 On-Disk 文件系统,可以使用 NFS 和 SMB 等行业标准协议进行访问。

④易管理性:Self-Heal NFS 类磁盘布局,提供复制、配额、地理复制、快照和 Bitrot 检测,允许针对不同工作负载进行优化。

⑤开源:开放源代码。

9. 答:使用 yum install -y flex bison openssl openssl-devel acl libacl libacl-devel sqlite-devel

libxml2-devel python-devel make cmake gcc gcc-c ++ autoconf automake libtool unzip zip 命令安装

10. 答:下载文件 wget https://codeload.github.com/urcu/userspace-rcu/zip/master;编译后安装。

项目七

一、填空题

1. 云计算、物联网、移动互联、大数据、知识管理、社交网络
2. 采集、存储、分析、计算
3. 教育管理信息化标准
4. 采集层、存储层、应用层
5. Greenplum

二、选择题

1. C　2. B　3. A　4. A　5. A

三、判断题

1. √　2. ×　3. √　4. √　5. ×

四、简答题

1. 答:高校决策分析系统分采集、存储、应用层构建,采集层从业务系统(教务、学工、一卡通等)中抽取数据;存储层对海量数据进行存储;应用层根据分析应用需求研发决策分析应用。

2. 答:通过数据快照方式,记录数据在不同时期的状态与数值。方便历史数据的回溯,增加数据安全。同时,通过数据的变动情况分析,了解对应主题内发展变化趋势。对于要回溯到时间比较长的情况,可以用备份的数据回溯。

3. 答:通过权限控制,系统平台允许指定人员对数据中心内的数据进行维护,包括数据的修改、增加与软删除等。系统提供修改记录痕迹保留,方便操作信息审计、保障数据安全。

4. 答:系统建立强大的数据库触发器以备份重要数据的删除操作,甚至更新任务。保证在任何情况下,重要数据均能最大限度地有效恢复。

5. 答:数据存储以 Greeplum(ProgresSQL 底层架构)大数据集群为背景,提炼工程项目中的关键技术要素,进行实现。

6. 答:Django。

7. 答:Django 是一个开放源代码的 Web 应用框架,由 Python 编写完成,2005 年 7 月在 BSD 许可证下发布。

8. 答:连接方法如下。

```
conn = psycopg2.connect(dbname = "数据库名",
    user = "用户名",
    password = "密码",
    port = "Greenplum 服务端口号",
    host = "服务器 IP 地址",
    client_encoding = "UTF-8")
```

9. 答:使用管理工具 django-admin 创建项目。

10. 答:启动方法如下。

```
python manage.py runserver 0.0.0.0:8000
```